权威·前沿·原创

皮书系列为
"十二五""十三五"国家重点图书出版规划项目

贵州蓝皮书
BLUE BOOK OF
GUIZHOU

贵州大数据战略发展报告（2019）

ANNUAL REPORT ON BIG DATA STRATEGY DEVELOPMENT
IN GUIZHOU (2019)

主　　编／吴大华
执行主编／张　可
副 主 编／罗以洪　陈加友　吴月冠　陈　讯

社会科学文献出版社
SOCIAL SCIENCES ACADEMIC PRESS (CHINA)

图书在版编目（CIP）数据

贵州大数据战略发展报告. 2019 / 吴大华主编. ——
北京：社会科学文献出版社，2019.5
（贵州蓝皮书）
ISBN 978 – 7 – 5201 – 4812 – 2

Ⅰ. ①贵… Ⅱ. ①吴… Ⅲ. ①数据管理 – 研究报告 –
贵州 – 2019 Ⅳ. ①TP274

中国版本图书馆 CIP 数据核字（2019）第 085131 号

贵州蓝皮书

贵州大数据战略发展报告（2019）

主　　编／吴大华
执行主编／张　可
副 主 编／罗以洪　陈加友　吴月冠　陈　讯

出 版 人／谢寿光
责任编辑／薛铭洁
文稿编辑／王丽丽

出　　版／社会科学文献出版社·皮书出版分社（010）59367127
　　　　　地址：北京市北三环中路甲 29 号院华龙大厦　邮编：100029
　　　　　网址：www. ssap. com. cn
发　　行／市场营销中心（010）59367081　59367083
印　　装／天津千鹤文化传播有限公司

规　　格／开 本：787mm × 1092mm　1/16
　　　　　印 张：22.5　字 数：337 千字
版　　次／2019 年 5 月第 1 版　2019 年 5 月第 1 次印刷
书　　号／ISBN 978 – 7 – 5201 – 4812 – 2
定　　价／158.00 元

贵州蓝皮书·大数据卷编委会

主要编撰者简介

吴大华 男，1963 年生，侗族，法学博士后，经济学博士后；贵州省社会科学院院长，贵州大数据政策法律创新研究中心主任，贵州省社会科学院重点学科"大数据治理学"学科带头人；二级研究员；华南理工大学、云南大学、贵州民族大学、贵州师范大学博士生导师；中国社会科学院、北京大学、西南政法大学博士后合作导师；国家哲学社会科学"万人计划"领军人才、全国文化名家暨"四个一批"人才、国务院政府特殊津贴专家、贵州省核心专家。主要研究方向：刑法学、民族法学（法律人类学）、循环经济、大数据治理学。主要社会兼职：中国法学会常务理事、中国法学会民族法学研究会常务副会长、中国人类学民族学研究会副会长暨法律人类学专业委员会主任委员、贵州省法学会副会长兼学术委员会主任、贵阳仲裁委员会副主任，国家民委以及贵州省人大常委会、贵州省人民政府、贵州省高级人民法院、贵州省人民检察院咨询专家、法律顾问。

先后出版《西部大开发的法律制度建设研究》《依法治省方略研究》等个人专著 13 部，合著《法治中国视野下的政法工作研究》等 35 部，主编 23 部；发表法学论（译）文 300 余篇；主持国家社会科学基金重大项目"建设社会主义民族法治体系、维护民族大团结研究"、中宣部"马工程"重点课题暨国家哲学社会科学重点项目"贵州省牢牢守住发展与生态两条底线实践研究""贵州省建设国家大数据综合试验区实践经验研究"、国家社会科学基金重点项目"中国共产党民族法制思想研究"等国家级科研课题 6 项；"民族地区精准扶贫法律问题研究"等省部级科研课题 10 余项。

张 可 男，1975 年生，汉族，贵州省社会科学院大数据政策法律创新研究中心副主任，法律研究所副研究员，法学博士。研究方向：大数据法、民族法、金融法、地方法治。兼任贵州省法治研究与评估中心研究员，贵州省法学会建设工程与房地产法学研究会常务理事，贵州省法学会金融法学研究会常务理事，贵阳仲裁委员会仲裁员。合著《法治中国视野下的政法工作研究》《贵州法制史》《法治贵州建设研究》等，主持国家社会科学基金重大项目"建设社会主义民族法治体系、维护民族大团结研究"子课题"边疆地区、民族地区法治专门队伍建设"以及省部级课题、省领导圈示课题多项，撰写的研究报告获得省领导肯定性批示多次，发表《大数据众筹法律问题研究》《大数据交易环节的法律问题探讨》等多篇论文。

罗以洪 男，1968年生，土家族，贵州省社会科学院大数据政策法律创新研究中心副主任，区域经济研究所副研究员，管理科学与工程博士。研究方向：区域经济、大数据、供给侧结构性改革、工业经济、民营经济、创新管理。兼任中国区域经济学会少数民族地区经济专业委员会理事，贵州省大数据管理局专家库专家。主持国家级、省级课题多项，出版专著1部，负责并参与"贵州省'十三五'工业发展规划""贵州省数字经济规划""贵州省'十三五'现代服务业发展总体规划"等多项经济发展规划课题，承担的科研项目阶段性成果获得省领导的肯定性批示，执行主编《贵安新区发展报告》《贵州省民营企业社会责任蓝皮书》《贵州省民营经济改革开放40年》等，在《管理科学学报》《技术经济》《经济日报》《光明日报》等发表多篇文章。

陈加友 男，1980年生，汉族，贵州省社会科学院大数据政策法律创新研究中心副主任，工业经济研究所副研究员，应用经济学博士后。研究方向：宏观经济、产业经济、大数据。主持和参与"贵州省十三五工业发展规划""贵州省十三五服务业发展规划""贵州省十三五质量发展规划""贵州省文化旅游规划""贵州省乡村振兴战略规划"等多项经济社会发展项目，主持起草的《贵州内陆开放型经济试验区总体方案》《茅台酒"双线同涨"存在一定合理性》《茅台高市值潜在风险及引发的深层次问题值得关注》得到中央领导批示，在《光明日报》和核心期刊等发表多篇文章。

吴月冠 男，1981 年生，汉族，贵州省社会科学院大数据政策法律创新研究中心副主任，党建研究所副研究员。研究方向：民商法学、网络与信息法学、大数据领域法律问题、高新技术领域法律问题。主持省部级课题 4 项，参与国家级和省部级课题 5 项，主持省领导圈示指示课题 7 项，获省领导肯定性批示 6 项，在省级以上公开出版物发表学术论文 18 篇。

陈 讯 男，1980 年生，土家族，贵州省社会科学院大数据政策法律创新研究中心副主任，社会学研究所副研究员，社会学博士。研究方向：农村社会学（婚姻家庭）、政治社会学（大数据与政府治理）。兼任武汉大学中国乡村治理研究中心研究人员、华中乡土派成员、贵州大学 MSW（社会工作硕士点）授课教师。主持国家社科基金青年项目、民政部课题、省软科学课题、省领导圈示指示课题、省网信办课题 9 项，出版专著 1 部，撰写或参与撰写的研究报告获中央、省领导肯定性批示 8 项，在《光明日报》《经济日报》《民俗研究》《中国青年研究》《妇女研究论丛》《农村经济》等刊物发表学术论文 20 余篇。

出版说明

　　为深入阐释贵州在习近平新时代中国特色社会主义思想指引下，认真贯彻落实习近平总书记对贵州工作的重要指示，落实高质量发展要求，守好发展和生态两条底线，推进大扶贫、大数据、大生态三大战略行动，加快国家大数据综合试验区、国家生态文明试验区、国家内陆开放型经济试验区建设方面的生动实践，中共贵州省委宣传部、贵州省社会科学院策划推出贵州实施大扶贫、大数据、大生态三大战略行动蓝皮书。

　　《贵州大数据战略发展报告（2019）》结合贵州实施大数据战略行动的具体实践，对大数据在贵州经济发展、社会治理、党建工作、政府管理、司法改革等方面的应用进行了研究，并对一些具有理论前瞻性的大数据问题进行了探索，同时辅之以贵州实施大数据战略行动的创新法规、典型案例和大事记，是贵州干部群众和大数据学习爱好者了解贵州大数据战略行动的重要参考读物。

编　者

2019 年 5 月

摘　要

党的十八大以来，贵州省委、省政府坚决贯彻落实习近平新时代中国特色社会主义思想，牢牢守住发展和生态两条底线，全省上下按照党中央、国务院部署要求，抢抓建设国家大数据（贵州）综合试验区重要机遇，深入实施大数据战略行动，把发展大数据作为后发赶超、弯道取直的一项战略选择，持续推动大数据探索实践，大数据战略行动助推全省经济社会发展取得了显著成效。

《贵州大数据战略发展报告（2019）》由总报告、大数据治理、专题报告、附录四大部分组成。总报告主要反映了贵州发展大数据的理论基础及重大意义，2013 年以来贵州发展大数据的主要成效，贵州大数据战略行动向纵深推进的机遇和挑战，大数据发展亟须解决的突出问题及相关对策建议。大数据治理主要探索大数据治理模式；紧紧围绕大数据战略，推进大数据与党建工作相结合，完善党建工作信息化平台建设，创新党建工作途径，提升党建工作成效；加强意识形态治理，抢占意识形态治理阵地、增强意识形态治理实效；创新社会风险防控理念，推动大数据在有效预警、精准识别、实时监控、科学评估等社会风险方面先行先试；打造"大数据聚通用"升级版，破除政府各部门信息孤岛，实现政府公共管理流程再造，建立应急管理体系和完善权力监督机制，不断提升地方政府公共管理能力；不断探索和总结大数据在司法实践中的有效路径和成功经验，为贵州共享经济发展和供给侧结构性改革保驾护航。专题报告分别对大数据产业发展、立法创新、国际交流合作、民事权利属性、网络舆情传播、共享交通应用、媒体融合发展、知识产权保护、交易等方面进行研究；在分析贵州现状、做法、经验与不足基础上，提出要紧扣"五个围绕、五个加快"加快建设"数字贵州"，继续保持贵州大数据地方立法领跑优势，有的放矢、紧跟实际推进大数据国际交流合作，构建数据财产权的理论基础和实现路径，充分实现大数据在网络舆情中的社会应用与社会价值，充分运用法律制度来保障共享交通领域经济快速发展，运用大数据促进贵州县级媒体融合发展，加强大数据知识产权司法保护，完善大数据交易法律规范等对策建议。附录部分设有地方法规汇编、典型案例和发展大事记，对近年来贵州发展大数据的法制建设、典型应用和主要事件做了梳理，供读者和研究人员参考、了解更多贵州大数据战略行动情况。

进入新时代，贵州省要高举大数据这面旗帜，擦亮大数据这块金字招牌，展示大数据这张靓丽名片，推进大数据战略行动向纵深发展，切实加强信息基础设施建设，加快培育大数据产业集群，推进大数据与实体经济深度融合，推动大数据关键技术研发应用，完善大数据支撑保障体系，推进数据资源的开放共享，扩大国际国内交流与合作，助推全省经济社会发展实现历史性突破，谱写贵州经济社会发展新篇章，开创百姓富、生态美的多彩贵州新未来。

关键词：贵州省　国家大数据战略　大数据战略行动　国家大数据综合试验区

Abstract

Since the 18th National Congress of the Communist Party of China, Guizhou Provincial Party Committee and the Provincial Government resolutely implemented Xi Jinping Thought on Socialism with Chinese Characteristics for a New Era, and firmly adhered to the two bottom lines of development and ecology. In accordance with the requirements of the Party Central Committee and the State Council, Guizhou province seized the important opportunity of building National Big Data (Guizhou) Comprehensive Experimental Area and implement the Big Data Strategic Action in depth. Guizhou developed big data as a strategic choice for catching up the opportunity and straightening development, continue to promote the practice of big data exploration, Big Data Strategic Action have promoted the province's economic and social development achieved remarkable results.

Blue Book of Guizhou · Annual Report on Big Data Strategy Development in Guizhou (2019) is mainly composed of the general report, sub-report, special report and appendix. The general report mainly reflects the theoretical basis and significance of Guizhou's development of big data. The main achievements of Guizhou's development of big data since 2013, the opportunities and challenges of Guizhou's Big Data Strategic Action, and the outstanding problems that need to be solved in the development of big data and relevant countermeasures are recommended. The sub-reports mainly explore the models of government governance promoted by big data. Focusing on the big data strategy, we should promote the combination of big data and party building work, improve the construction of party building work information platform, innovate the ways of party construction work, thus to improve the results of party building work. We also should improve ideological governance, seize ideological governance positions, and enhance the effectiveness of ideological governance. We should innovate the concept of social risk prevention and control in the early warning of effective warning, accurate identification, real-time monitoring, scientific assessment and other social risks. In order to continuously improve the local government's public management capabilities, we should create an upgraded version of data collecting and using, break through the information islands of various government departments, realize the government's public management process reengineering, establish an emergency management system and improve the power supervision mechanism. These reports constantly explore and summarize the effective path and successful experience of big data in judicial practice, and escort Guizhou's shared economic development and supply-side structural reform. In the part of the thematic reports, the development of big data industry, legislative innovation, international exchange and cooperation, civil rights, network public opinion dissemination, shared traffic application, media integration, intellectual property rights, transactions and so on are studied respectively. On the basis of analyzing the present situation, practice, experience and deficiency of Guizhou, these reports put forward that we should build Digital Guizhou, keep the leading edge of local legislation in big data, keep the big data international exchange and cooperation moving well, construct the theory of property rights, realize the social application and social value of big data in the net-mediated public sentiment, make full use of the legal system to ensure the rapid economic development in the field of shared transportation, use big data to promote the integration and development of county media in Guizhou, strengthen the judicial protection of big data intellectual property rights, and improve the legal norms of big data trading. The appendix includes a compilation of local regulations, typical cases and main events of the development of big data in Guizhou in recent years, in order to help the readers and researchers to understand more information on the strategic action of big data in Guizhou.

In the new era, Guizhou Province should hold high the banner of big data, polish the golden signboard of big data, display the beautiful business card of big data, advance Big Data Strategy Action to develop in depth, strengthen the construction of information infrastructure, accelerate the cultivation of big data industry clusters, advance the deep integration of big data and the real economy, promote the research and development of key technologies for big data, improve the support system for big data, promote the opening and sharing of data resources, expand international and domestic exchanges and cooperation, promote the province's economic and social development and achieve a historic breakthrough, write a new chapter in Guizhou's economic and social development, and construct a colorful new future of Guizhou with rich people and ecological beauty.

Keywords: Guizhou Province; National Big Data Strategy; Big Data Strategic Action; National Big Data Comprehensive Experimental Area

目 录

Ⅲ　专题报告

Ⅳ　附录

皮书数据库阅读**使用指南**

CONTENTS

I General Report

II Big Data Governance

III   Special Reports

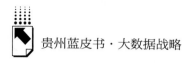

IV Appendices

总 报 告

General Report

B.1

2018~2019年贵州大数据战略行动报告

"贵州大数据战略发展报告"课题组*

摘　要： 2013年以来，贵州全省上下按照党中央、国务院部署要求，

* 课题组组长：吴大华，贵州省社会科学院院长，贵州省社会科学院大数据政策法律创新研究中心主任，二级研究员，省核心专家，法学、经济学博士后，博士生导师，研究方向：刑法学、民族法学、循环经济、大数据法学；执行组长：张可，贵州省社会科学院大数据政策法律创新研究中心副主任、法律研究所副研究员，法学博士，研究方向：民族法、金融法、大数据法学；课题组主要成员：罗以洪，贵州省社会科学院大数据政策法律创新研究中心副主任、区域经济研究所副研究员，管理学博士，研究方向：区域经济、工业经济、大数据；陈加友，贵州省社会科学院大数据政策法律创新研究中心副主任、工业经济研究所副研究员，经济学博士，研究方向：工业经济、大数据；吴月冠，贵州省社会科学院大数据政策法律创新研究中心副主任、党建研究所副研究员，法学硕士，研究方向：民商法学、大数据法学；陈讯，贵州省社会科学院大数据政策法律创新研究中心副主任、社会学研究所副研究员，社会学博士，研究方向：大数据与政府治理，农村社会学；陈玉梅，贵州财经大学文法学院党委常务副书记、教授，法学博士，研究方向：民商法学、大数据法学；曹务坤，贵州财经大学文法学院教授，法学博士，研究方向：金融法学、大数据法学；张菲菲，贵州省社会科学院传媒与舆情研究所助理研究员，法学硕士，研究方向：传媒与舆情；王向南，贵州省社会科学院法律研究所助理研究员，法学硕士，研究方向：民商法学、共享经济；赵燕燕，贵州省社会科学院党建研究所助理研究员，法学硕士，研究方向：马克思主义中国化、大数据。

牢牢守住发展和生态两条底线，抢抓获批建设国家大数据（贵州）综合试验区重要机遇，深入实施大数据战略行动，持续推动大数据探索实践，夯实大数据发展基础，培育大数据企业主体，促进大数据商用、政用、民用，大数据战略行动助推全省经济社会发展取得了显著成效。进入新时代，贵州应继续抢抓大数据战略发展机遇，加强信息基础设施建设，加快培育大数据产业集群，推进大数据与实体经济深度融合，推动大数据关键技术研发应用，完善大数据支撑保障体系，推进数据资源的开放共享，扩大国际国内交流与合作。

关键词： 国家大数据战略　贵州大数据战略行动　国家大数据（贵州）综合试验区

党的十八大以来，贵州省深入贯彻习近平新时代中国特色社会主义思想，按照党中央、国务院部署要求，牢牢守住发展和生态两条底线，抢抓获批建设国家大数据（贵州）综合试验区重要机遇，深入实施大数据战略行动，持续推动大数据探索实践，将"融合"作为大数据发展的最大特征和价值所在，大数据促进经济社会发展取得巨大成就，是我国改革开放40年取得伟大成就的缩影。

一　大数据是贵州后发赶超的重要举措

（一）大数据是时代发展的必然

大数据随着信息化技术的发展应运而生。通过对全球60种模拟和数字技术跟踪研究发现，1986～2007年，世界上存储、通信和计算技术能力发生了巨大的变化。2007 年，人类能够存储 2.9×10^{20} 字节的最佳压缩信息，能够通信 22×10^{21} 字节的信息，在通用计算机上每秒可执行 6.4×10^{18} 个指令。一般用途计算能力以每年 58% 的速度增长，全球双向通信能力每年增长 28%，全球存储信息年均增长 23%，人类通过广播渠道进行单向信息传播的能力以 6% 年增长率增长。1990 年以来，通信技术逐渐从模拟技术转向了数字通信技术，到 2007 年，电信通信技术已经由数字技术主导，其中数字格式占比达 99.9%，2000 年以后，大部分存储技术都实现了数字化，至 2007 年，数字化的比例达到 94%。[①] 1986～2007 年全球信息存储能力变化如图 1 所示。

大数据一直都存在，只是名称不同而已，以前的数据主要由计算机产生，如今手机、监控摄像机、生产设备、传感器和其他设备也能生成各种数据，包括医院数据、工作文件数据等，IT 技术特别是计算机的发展使数据能够被收集和共享，并能够通过计算机进行处理，由此产生了海量数据资源。

大数据（Big Data）又称巨量数据，是指大规模、高增长率和多元化的信息资产，这些资产需要新的处理模式才具有更大的决策权、洞察力和流程优化能力。在维克托·迈尔·舍恩伯格编著的《大数据时代》中提出，大数据将所有数据用于分析和处理，是全样本数据，而不是仅用抽样调查使用随机分析方式来处理。[②] 维基百科认为：大数据是如此庞大和复杂的数据集，传统的数据处理应用软件无法满足对大数据的处理要求，对大数据的挑战主要包括数据获取、数据存储、数据分析、搜索、信息隐私、数据源选择等。[③] 麦肯锡认为：大数据是一种大规模的数据集合，在数据采集、存储、管理和分析方面大大超过了传统数据库软件工具功能，

---

① Hilbert M., López P.: The world's technological capacity to store, communicate, and compute information, *Science* Year: 2011, Item No. 6025, pp. 60–65.

② 〔英〕维克托·迈尔·舍恩伯格：《大数据时代——生活、工作与思维的大变革》，浙江人民出版社，2013，第 261 页。

③ Wikipedia: *Big data*, 2018, https://en.wikipedia.org/wiki/Big_data.

它具有四个主要特征：海量数据规模，数据流转快，数据类型多和价值密度低。[①] 国务院《促进大数据发展行动纲要》（国发〔2015〕50 号）中将大数据定义为：大数据是以容量大、类型多、存取速度快、应用价值高为主要特征的数据集合[②]。

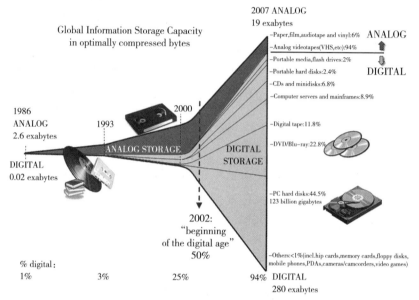

图 1　1986～2007 年全球信息存储能力变化

大数据是集移动互联网、物联网、云计算、智慧城市等于一体的新技术、新模式发展的产物，是不能够有限承担的时间范围内用传统数据库软件工具来进行捕捉、处理和管理的数据集合。大数据的核心内涵可从以下几个方面理解。

1. 大数据的主要特征体现在"大"

IBM 公司等将大数据的特征归纳为 5V + C 特征：①大量性（Volume）；②高速性（Velocity）；③多样性（Variety）；④价值性（Value）；⑤真实性

---

① James Manyika M. C. B. B.：Big data：The next frontier for innovation, competition, and productivity, *McKinsey Global Institute*, Year：2011, Page：156.

② 国务院：《国务院关于印发促进大数据发展行动纲要的通知》（国发〔2015〕50 号），2015，第 20 页。

（Veracity）；⑥复杂性（Complexity）。大数据的数据容量大，数据存储容量由 TB 扩大到 ZB。随着计算机技术的发展，大数据的数据处理速度越来越快，数据流响应时间基本上为毫秒缩短到微秒时间窗口。从内容上看大数据具有许多数据种类，主要包含有结构化、非结构化、半结构化、多媒体数据等。大数据具有较高的商业价值，但不同的大数据类型有不同的价值体现。

2. 大数据的战略意义在于数据增值

大数据通过数据处理来实现数据的价值增值，其战略意义并非掌握了大量的信息，而是在于如何专业化地处理这些有价值的数据。如果大数据是一个产业，那么最关键问题就是如何使这个产业实现盈利，怎么提高数据的"处理能力"，通过对数据的"处理"实现"数据增值"。大数据与云计算相互关联密不可分，通过云计算的分布式处理、分布式数据库、云存储和虚拟化技术对海量数据进行分布式处理，最终实现数据的增值。

3. 大数据因为云计算而备受关注

云计算是指通过互联网完成的相关服务增加、使用、交付的一种模式，主要涉及通过互联网提供动态可扩展且经常虚拟化的资源。随着云时代的到来，各种应用产生的巨量数据需要处理和分析，挖掘有价值的信息，云计算是一种技术解决方案，利用这种技术解决计算、存储、数据库等一系列 IT 基础设施的按需构建需求。大数据是云计算非常重要的应用场景，云计算为大数据的处理和数据挖掘提供了最佳的技术解决方案。

（二）贵州发展大数据意义重大

贵州发展大数据，是国家实施大数据战略的前瞻性、全局性部署，对贵州实现跨越式发展具有重大意义。

1. 落实国家大数据战略的重要举措

2013 年 7 月，习近平总书记视察中国科学院时指出："大数据是工业社会的'自由'资源，谁掌握了数据，谁就掌握了主动权。"2014 年 3 月，贵州正式拉开大数据发展序幕。2015 年 6 月，总书记在视察贵州时指出："贵州发展大数据确实有道理。"2015 年 8 月，国务院《促进大数据发展行动纲要》明确"鼓励贵州等地推进大数据综合试验区的建设"。2015 年 10 月，党的十八届五中全会提出实施国家大数据战略。2016 年 2 月，国家批复贵州建设全国首个国家大数据综合试验区。2016 年 3 月，国家《十三五规划纲要》提出"推进贵州等大数据综合实验区建设"。2017 年 10 月，党的十九大报告指出，要建设现代化经济体系，把发展经济的着力点放在实体经济上，推动互联网、大数据、人工智能和实体经济的深度融合。2018 年 5 月，习近平总书记在致 2018 中国国际大数据产业博览会的贺信中指出，要全面实施国家大数据战略，助力中国经济从高速增长转向高质量发展。发展大数据是国家赋予贵州的战略使命，贵州举贵州省之力开展大数据综合性、示范性、引领性等方面的先行先试，积极为国家大数据战略实施探寻新路径，积累新经验。

2. 欠发达地区弯道取直的赶超路径

习近平总书记指出，人类经历了农业革命、工业革命，正在经历信息革命，科学技术越来越成为推动经济社会发展的主要力量，创新驱动是大势所趋，形势所迫。长期以来，过分依赖自然资源、产业结构不合理、创新能力严重不足等是欠发达地区贫困落后、发展缓慢的主要特征，推动欠发达地区实现弯道取直、后发赶超是一个亟待解决的现实问题。全球大数据发展方兴未艾，但大数据、云计算、物联网等新一代信息技术，东西方几乎"零时差"，差不多处于同一起点、同一水平上，这对后发地区就是重大历史机遇，存在着后发赶超、后发先行的巨大空间。作为欠发达地区缩影的贵州，坚持五大发展理念，创新发展路径，以大数据改造提升传统产业，培育壮大新兴产业，不断增强创新驱动能力，推动经济社会实现跨越式发展，为欠发达地区实现弯道取直、后发赶超提供了有益探索。

3. 开创多彩贵州新未来的重大抉择

"欠发达、欠开发"是贵州的基本省情和经济社会发展最显著的特征，贵州整体发展水平较为落后，生态环境基础脆弱，面临着发展与生态环保之间的双重压力。发展大数据是贵州一场抢先机的突围战，是实现产业创新、寻找"蓝海"的战略选择，是推动贵州发展全局的战略引擎。贵州省按照党中央、国务院部署要求，牢牢守住发展和生态两条底线，抢抓获批建设国家大数据综合试验区的重要机遇，贯彻落实新发展理念，深入实施大数据战略行动，大力发展数字经济，真抓实干推进数字经济新发展。2012 年 11 月出台了《关于加快信息产业跨越发展的意见》；2013 年 7 月发布了《贵州省云计算产业发展战略规划》；2014 年 2 月，出台了《关于加快大数据产业发展应用若干政策的意见》及《贵州省大数据产业发展应用规划纲要（2014～2020 年)》；2014 年 5 月，颁布实施了《贵州省信息基础设施条例》；2014 年 11 月，印发了《信息基础设施建设三年会战实施方案》；2016 年 1 月，通过了《贵州省大数据发展应用促进条例》全国首部大数据地方法规；2016 年 2 月，国家大数据（贵州）综合试验区正式揭牌；2016 年 10 月，全国首个省人民政府正厅级直属事业单位贵州省大数据发展管理局正式成立；2017 年 3 月，出台了《中共贵州省委 贵州省人民政府关于推动数字经济加快发展的意见》，数字经济逐步成为贵州省经济社会转型发展、新旧动能转换的重要力量。2018 年 4 月，做出"一个坚定不移，四个强化，四个加快融合"新部署，要求把大数据这面旗子举得更高、牌子擦得更亮，坚定不移推动大数据战略行动向纵深发展，推动贵州大数据助推经济高质量发展，开创百姓富、生态美多彩贵州美好新未来。

（三）深入实施大数据战略行动

贵州省瞄准机遇、发挥优势、先行先试，大力实施大数据战略行动，大数据成为推动贵州省经济社会发展的战略引擎。

1. 将大数据提升到贵州省发展战略层面

2015 年 11 月 11～13 日，中共贵州省委十一届六次全会在贵阳举行，会议的主要任务是，深入学习贯彻党的十八届五中全会精神，听取贵州省委常委会工作报告，审议《中共贵州省委关于制定贵州省国民经济和社会发展第十三个五年规划的建议》。全会审议通过了《中共贵州省委关于制定贵州省国民经济和社会发展第十三个五年规划的建议》《中国共产党贵州省第十一届委员会第六次全体会议决议》，全会提出，"十三五"时期贵州经济社会发展的目标是 2020 年如期与全国同步全面建成小康社会，首次提出贵州省在"十三五"时期要实施大扶贫、大数据两大战略行动，大数据首次被提到贵州省发展战略层面。

2. 实施大数据战略行动拓展信息经济新空间

在《中共贵州省委关于制定贵州省国民经济和社会发展第十三个五年规划的建议》明确提出要全力打好大数据战略行动突围战。在《十三五规划纲要》中，明确提出实施大数据战略行动，拓展信息经济新空间。一是着力推进国家大数据综合试验区建设，构建大数据发展新格局，积极推进大数据应用试点试验，加快推进大数据平台建设。二是加快构建泛在高效的信息网络，大力推进高速光纤网络建设，积极构建先进泛在的无线宽带网，加快信息网络新技术应用。三是大力发展大数据产业，主要包括：打造数据存储加工等核心业态，发展智能终端等关联业态，培育大数据衍生业态，发展壮大电子商务，发展呼叫服务和大数据服务外包等。四是大力实施"互联网＋"行动计划，主要包括"互联网＋"创新引领行动，"互联网＋"产业升级行动，"互联网＋"服务普惠行动。五是强化信息安全保障，着力提升网络基础设施和业务系统安全防护水平，完善网络安全防护系统，落实信息安全管理责任制，加强互联网管理。

3. 发展大数据产业三类业态

贵州创新性地将大数据产业发展分为了三类业态：大数据核心业态、大数据关联业态、大数据衍生业态，如图 2 所示。①大数据核心业态。核心业态是指在大数据发展中主要围绕大数据核心业务、大数据关键技术、数据生命周期等所形成的产业状态，为整个大数据产业链的发展提供重要支撑。主要包括对大数据的收集、处理、存储、分析、交易、安全、服务、云平台构建及运营等。大数据核心业态的重点主要是发展存储业态，即是数据中心的建设等，然后是数据内容的聚集，在此基础上再抓好大数据的核心应用，如大数据交易、大数据安全、大数据云平台建设以及大数据教育培训等。②大数据关联业态。关联业态就是大数据核心业态与大数据产业链最相关联的电子信息产业，主要包括集成电路、智能终端、电子材料和元器件、电子商务、呼叫服务、软件和服务外包、互联网金融等。③大数据衍生业态。衍生业态是将大数据、"互联网＋"与其他各个行业、产业、领域的渗透、融合作用所产生的业态。衍生业态是核心业态的深化应用，是贵州省大数据战略行动中主要发展的业态，主要包括智能制造、智慧农业、智慧教育、智慧健康、智慧物流、智慧旅游、智慧交通、智慧能源、智慧环保等。

4. 建设大数据的四大中心

由贵州省大数据产业发展领导小组率先提出了建设"大数据内容中心、大数据服务中心、大数据金融中心、大数据创新中心"的发展目标。①全国大数据内容中心。利用贵州建设大型绿色数据中心的优势，加快数据资源集聚，建设中国南方数据中心，将贵州打造成为全国的大数据内容中心。②全国大数据服务中心。依托数据资源发展基础，加快大数据应用，将贵州打造成为立足西南、面向全国、辐射世界的全国性数据服务中心。③全国大数据金融中心。充分利用数据流吸引资金流，积极开展大数据交易和结算业务，努力把贵阳市打造成为大数据时代的金融中心。④全国大数据创新中心。集中资源突破大数据领域的创新，把大数据领域创新用到各行各业去，带动各行各业的技术创新、模式创新，吸引人才、资本、技术等创新要素汇聚。通过四个中心建设，使贵州实现大数据发展"跳起来摘桃子"的目标，改变贵州、贵阳在中国大数据发展中的格局和地位。

5. 建设"云上贵州"系统平台

按照贵州省大数据产业领导小组会议要求建设的系统平台，"云上贵州"系统性综合信息平台，在全国率先第一个实现了省级政府数据的"汇聚、融通、应用"，实现政府数据的统一存储和统一交换，将云上贵州系统平台相当于大数据时代的"水电煤"一样重要，作为大数据发展的重要信息基础设施。"云上贵州"已成为贵州大数据发展的统一品牌，成立了云上贵州云平台实验室和科学应用研究中心，与苹果、阿里、华为、浪潮等多家大数据知名企业结成了伙伴关系。

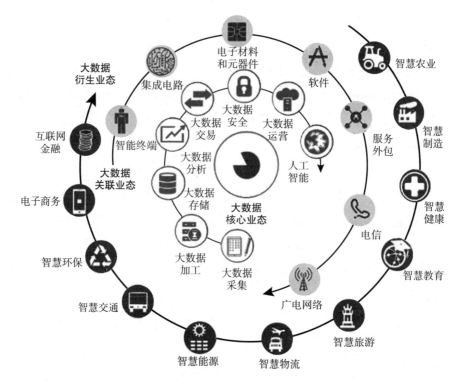

图 2　大数据三大业态

二　大数据发展成效显著亮点纷呈

贵州大数据，从无到有、从小到大，从总书记称赞"贵州发展大数据确实有道理"到成为"世界认识贵州的新名片"，大数据推进贵州经济社会发生了历史性变化。

（一）促进大数据商用，推动贵州省经济高质量发展

贵州把大数据作为弯道取直、后发赶超的战略引擎，深入实施大数据战略行动，以大数据引领经济社会和各项事业发展，大数据与各行各业深度融合，全力推动数字产业化和产业数字化，各项工作取得显著成绩。

1. 数字经济蓬勃发展

2014~2017年，贵州省规模以上电子信息制造业增加值、软件业务收入和网络零售交易额年均分别增长57.7%、35.9%和32.2%，大数据对贵州省经济增长的贡献率超过20%。2018年，贵州省软件和信息技术服务业（全口径）收入348.5亿元、同比增长31.8%，高于年度目标（30%）1.8个百分点，其中，规上电子信息制造业总产值706.6亿元，增加值69.4亿元、同比增长11.2%，占规上工业增加值的比重为1.9%，[①] 虽较2017年同期明显回落，但仍高于贵州省工业（9%）2.2个百分点。电信业务总量191.2亿元、同比增长165.5%，增速排名全国第六；电信业务收入298.2亿元、同比增长10.1%，增速连续23个月排名全国第一，成为支撑贵州省GDP增长的重要因素。网络零售额180.4亿元、同比增长37.1%。[②] 中国信息通信研究院发布的数字经济白皮书显示，2015~2017年贵州省数字经济增速连续三年全国第一，其中2017年贵州省数字经济增速达到37.2%。

2. 大数据与实体经济深度融合

深入开展"万企融合"大行动，大数据与实体经济深度融合成为贵州省经济转型升级、提质增效新动能，贵州省大数据与实体经济深度融合发展水平指数为36.9，比2017年提升3.1个点，贵州省两化融合发展水平指数为44.5，比2017年提升1.2个点。大数据与工业、农业、服务业的融合发展水平指数分别为37.7、34.6、36.1，比2017年提高3.5、3.5、4.5个点。[③]

（1）大数据推动工业转型升级

大数据推进贵州工业向智能化生产、个性化定制、网络化协同、服务化延伸转型，促进大数据、物联网、云计算、人工智能等新技术、新设备在制造业应用，推动企业全流程和全产业链智能化改造。近年来，贵州省信息化

---

① 贵州省统计局：《2018年贵州省国民经济和社会发展统计公报》，2018。
② 贵州省大数据发展管理局：《2018年全省大数据产业运行情况》，http://www.guizhou.gov.cn/xwdt/dt_ 22/bm/201903/t20190312_ 2300075.html。
③ 《贵州省2018大数据与实体经济深度融合及两化融合发展水平双提升》，当代先锋网，http://www.ddcpc.cn/news/201902/t20190215_ 383704.shtml。

发展指数、两化融合指数在全国排名持续上升，2017年两化融合指数达到72.24，全国排名从2014年第29位提升到第19位。"贵州工业云"作为全国制造业与互联网融合典型进行全国推广，截至2018年底，贵州省企业云平台应用率37.7%，其中，工业企业云平台应用比例38.4%，达到全国中上水平；贵州海信、贵州航天电器等企业入选国家级智能制造试点示范；[①]贵州振华新云数字化车间、同济堂中药制剂全流程应用入选工信部智能制造新模式应用项目；贵航电器建设精密电子元器件智能制造样板车间，销售收入增长20.44%，运营成本相对降低20%以上。

（2）大数据推动服务业深度融合

大数据推动贵州服务业向平台型、智慧型、共享型深度融合发展及转型升级。发展了基于大数据、互联网的旅游、医疗、健康、养老、教育、物流、商务、金融、文化等新兴服务，智慧旅游应用在贵州省旅游服务中的占比达到90%以上，贵州省60%的涉旅企业、84家4A级及以上旅游景区接入"一站式平台"服务，成为贵州旅游业"井喷"发展的重要推手。中航电梯通过物联网使电梯在出现故障时的应急救援时间从国家标准的30分钟缩短到5~15分钟；传化公路港通过大数据融合实现货车配货时间减少24小时左右，空载率降低了30%；培育大数据新金融业态，贵州金融城已吸引了100多家众筹金融、大数据征信、移动支付等创新金融企业入驻。

（3）大数据推动农业向智能化转型

大数据推动贵州农业向生产管理精准化、质量追溯全程化、市场销售网络化融合升级智能化发展。积极构建集大数据、云计算、互联网、物联网技术为一体的现代农业发展模式，推动农业生产实时监控、精准管理、远程控制和智能决策，积极培育农村电商主体，有效推动"网货下乡""农货进城""黔货出山"，助推乡村振兴，大数据在农业产业革命、脱贫攻坚等工作中主动找位置做贡献。一是建成500亩以上坝区农业大数据平台。按照

① 《贵州省2018大数据与实体经济深度融合及两化融合发展水平双提升》，当代先锋网，http://www.ddcpc.cn/news/201902/t20190215_383704.shtml。

"一平台三系统"总体架构开发建设，实现了空间分布、统计分析、决策调度、进度管理、数据采集等功能，提供决策支撑，平台已于 2018 年 12 月 25 日建成并移交农业部门投入使用。二是积极投身脱贫攻坚。按照"春风行动""夏秋攻势"工作部署，全力推动党建扶贫点丹寨县联盟村、高要村脱贫攻坚各项工作顺利开展，确保如期实现脱贫出列。建好用好贵州省数据共享交换平台，切实发挥"贵州省精准扶贫大数据支撑平台"作用，提供精准数据服务。

表 1 贵州省大数据与实体经济深度融合部分优秀服务商（排序不分先后）

序号	服务商名称	主要服务及产品
1	贵州航天云网科技有限公司	基于工业互联网的智能制造一体化实施及数据分析服务
2	贵州阿里云计算有限公司	工业大数据分析及云服务器、云数据库等基础层云产品服务
3	金蝶软件(中国)有限公司贵阳分公司	企业生产、经营、管理解决方案及应用层云产品服务
4	用友网络科技股份有限公司贵州分公司	企业云应用软件定制开发及智能制造解决方案服务
5	思爱普(中国)有限公司	工业关键环节数据采集、共享及决策分析解决方案服务
6	华为技术有限公司	软件开发云平台应用及云服务器、云数据库等基础层云产品服务
7	黔西南州中信大数据开发有限公司	面向中小企业的经营管理一体化云平台服务
8	贵州优特云科技有限公司	面向中小企业的工业大数据改造及云服务器、云数据库等基础层云产品服务
9	贵州电子商务云运营有限责任公司	覆盖生产、流通、销售等电子商务全产业链的一体化平台服务
10	深圳市腾讯计算机系统有限公司	面向旅游景区、建筑工地等人员密集场所的人脸核身等人工智能产品服务

（二）促进大数据政用，提升政府治理能力现代化

建立健全大数据辅助科学决策和社会治理机制，推进政府管理和社会治理模式创新，实现政府决策科学化、社会治理精准化、公共服务高效化。充

分利用大数据技术和手段，更便捷高效地解决民生"痛点""堵点""难点"，在全国省级政府网上政务服务能力排名中，贵州省 2017 年名列第二，2018 年名列第三，荣获全国"互联网 + 政务服务"综合试点示范省。

1. 搭建云上贵州系统平台

率先探索一体化数据中心建设，建成全国首个"统筹标准、统筹存储、统筹共享、统筹安全"的服务平台——云上贵州系统平台，深入开展"迁云"专项行动和政府数据资产登记，逐步把分散、独立的信息系统整合迁移到"云上贵州"平台上，将分散的政府数据统筹汇聚。截至 2018 年，省市两级政府 736 个非涉密应用系统接入"云上贵州"平台，数据集聚量从2015 年的 10TB 增长到 1128TB。①

2. 搭建数据共享交换平台

通过数据互通共享来支撑"一网通办"，自主开发了贵州省统一的数据共享交换平台——贵州省数据共享交换平台，各市州开设数据共享分平台，建成人口、法人、宏观经济、空间地理四大基础库和健康卫生、社会保障、食品安全、公共信用、城乡建设、生态环保六个主题库，形成贵州省政府数据共享资源池。截至 2018 年底，上架政务数据资源目录 2210 个，信息项36789 项，15 家省直部门和市县政府门户与省政府门户实现数据交换。贵州成为 9 个国家政务信息系统整合共享应用试点省份之一，《中国大数据发展指数报告（2018 年)》显示，贵州在数据资源开放共享方面处于全国领先水平。

3. 搭建政府数据开放平台

2016 年 9 月，建成全国首个省级政府数据开放平台——贵州省政府数据开放平台（http://www.gzdata.gov.cn/），截至 2018 年底，省市县数据资源目录 100% 上架，已开放贵州省 67 个部门 1915 个数据资源，其中 1223个 API 接口可直接调用，② 贵州成为 5 个国家公共信息资源开放试点省份之

---

① 贵州省大数据发展管理局：《2018 年工作总结及 2019 年工作打算的报告》，2018，第 1 ～ 15页。

② 贵州省大数据发展管理局：《2018 年工作总结及 2019 年工作打算的报告》，2018，第 1 ～ 15页。

一。《2018中国地方政府数据开放报告》显示，贵州省在省级中排名第二，贵阳市在地市级中排名第一，数据质量、法规政策、风险管理等多个指标排名首位。[①] 在第五届世界互联网大会上发布的《中国互联网发展报告2018》蓝皮书显示，贵州省数据开放平台在数据采集开放数量以及开放部门数量上均位于全国第一。

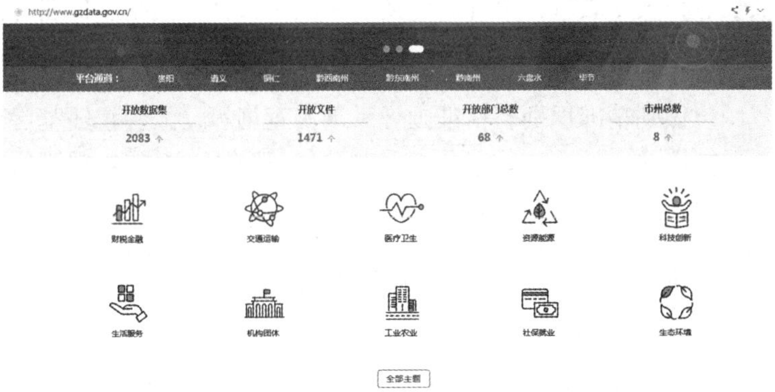

图3　贵州省政府数据开放平台界面

资料来源：贵州省政府数据开放平台（http：//www.gzdata.gov.cn/）。

（三）促进大数据民用，提高民生服务智能化水平

充分利用大数据技术和手段，通过政务数据共享交换和融合应用，更好地解决社会治理和民生服务痛点、难点，加快提升政府治理体系和治理能力现代化水平。

1. 打造一体化的政务服务体系

按照"全省一盘棋、平台一体化、办事一张网"的总体思路，建成了覆盖省市县乡村五级的贵州网上办事大厅，贵州省43万个政务服务事项在网上集中办理。日均办件量超过6万件，审批时限在法定时限基础上压缩了

---

① 复旦大学数字与移动治理实验室：《中国地方政府数据开放报告》，《中国开放数林指数2018》，2018，第1～96页。

50%，实际办理时限仅为法定时限的 1/5，获批全国"互联网 + 政务服务"试点示范省，在全国省级政府网上政务服务能力排名中，贵州连续两年排名前三。

2. 大数据助推脱贫攻坚

建设精准扶贫大数据支撑平台，以贫困人口建档立卡数据为基础，打通了省级扶贫、公安、教育、卫计、工商、民政、人社、国土、住建和三大运营商等 17 家部门的数据，实现了部门间数据互联互通、自动比对、自动预警，对贫困户做到精准识别、精准画像、准确查询等，大幅减轻基层干部填表统表等方面的工作量，提高了精准识别率。贵州省运用大数据助力精准扶贫的做法成为 2017 年 12 月中央政治局第二次集体学习时的应用案例，国家标准委把"精准扶贫云"平台上升为国家标准。

3. 大数据推动政府放管服改革

运用大数据技术手段倒逼政府业务流程再造，提升管理效率，涌现了"数据铁笼""信用云""党建红云""社会和云"等一批典型应用，把权力关进"数据铁笼"，让失信违法行为无处遁形。"公共资源交易平台"实现公共资源交易活动多维度分析、预警、监测，精准识别"陪标""围标""串标"等痕迹，被国家发改委作为公共资源交易互联互通服务平台国家级试点。

4. 大数据提高政府科学决策能力

运用大数据推动政府决策超前性、准确性和科学性，涌现了"东方祥云""电梯应急处置服务平台""贵州省公路水路安全畅通与应急处置平台""社科云"等典型应用。"东方祥云"小流域洪灾预警大数据应用，成为国内首个可为全球提供服务的洪水预报系统，可将山洪小流域洪灾预警预见期从传统的几十分钟提高到 72 小时。"社科云"是全国社会科学院系统的首家社会科学大数据平台，是贵州省社会科学知识需求信息与知识供给信息的集散中心，通过"社科云"让社会科学知识的社会价值和经济价值得以充分体现，提高政府科学决策能力。

5. 大数据改善公共服务方式

运用大数据分析优化公共服务方式，推动公共服务向均等化、普惠化、便捷化提升，涌现"医疗健康云""税银贷""通村村"智慧交通云平台等典型应用。"通村村"智慧交通云平台，解决了村民出行难、农村学生上学返家难、农村货运物流难问题，成为乡村版"滴滴打车"，被交通运输部列为全国农村客运示范项目向全国推广。

（四）培育大数据企业，构建大数据发展全生态链

贵州瞄准世界科技前沿，加快构建自主可控的大数据产业链，狠抓产业和企业发展，推动大数据战略变为实实在在的行动。

1. 加快培育市场主体

贵州省大数据企业从2013年的不足1000家增长至2018年的9551家，苹果、高通、微软、戴尔、惠普、英特尔、甲骨文等世界知名企业，阿里巴巴、华为、腾讯、百度、京东等全国大数据、互联网领军企业扎根贵州发展。从2018年2月开始，苹果中国用户云服务，改为由云上贵州公司提供。贵州大数据，从简单数据中心建设走向云服务运营，从留住数据走向留住资金结算。华为全球设备数据中心开工建设，腾讯核心数据中心一期启用，三大运营商南方数据中心建成运营。货车帮、白山云、朗玛信息、易鲸捷、华芯通、数联铭品等本土企业快速成长。白山云作为国内云分发、云存储、云聚合龙头服务提供商，入选全球顶级CDN服务商。朗玛互联网医院视频问诊量突破日均5000例，两次入选中国互联网百强企业。表2所示为贵州大数据本土部分优秀企业（排名不分先后）。

2. 加快推动核心技术创新

坚持以大数据为突破口，大力推进核心创新，获批建设首个大数据国家工程实验室，正在成为大数据领域一些前沿技术的实验场，陆续产生了一批技术创新成果。易鲸捷公司研发了具有自主知识产权的融合分布式数据库产品和技术，处于全球领先水平。

表 2   贵州大数据本土部分优秀企业（排名不分先后）

序号	所属地区	具体领域	公司名称
1	贵阳市	大数据采集加工	贵州数联铭品科技有限公司
2	贵安新区	大数据采集加工	贵州贝格计算机数据服务有限公司
3	贵阳市	大数据交易	贵阳大数据交易所有限责任公司
4	贵阳市	信息安全	贵州亨达集团信息安全技术有限公司
5	贵阳市	区块链	贵州远东诚信管理有限公司
6	贵阳市	人工智能	世纪恒通科技股份有限公司
7	贵阳市	人工智能	贵州翰凯斯智能技术有限公司
8	贵阳市	人工智能	贵州小爱机器人科技有限公司
9	贵阳市	人工智能	贵州腾迈信息技术有限公司
10	贵阳市	物联网	梯联网(贵州)科技股份有限公司
11	贵阳市	物联网	贵州高新翼云科技有限公司
12	贵阳市	云服务	贵州力创科技发展有限公司
13	贵阳市	云服务	贵州阿里云计算有限公司
14	贵阳市	云服务	贵州航天云网科技有限公司
15	贵州省	云服务	云上贵州大数据产业发展有限公司
16	贵阳市	云服务	贵州云上新为科技有限公司
17	黔南州	云计算	贵州迦太利华信息科技有限公司
18	贵阳市	云计算	贵阳中科点击科技有限公司
19	黔西南州	云计算	贵州指趣网络科技有限公司
20	贵安新区	云链服务	贵州白山云科技有限公司
21	贵阳市	数据库	贵州易鲸捷信息技术有限公司
22	贵阳市	资产运营	贵阳思普信息技术有限公司
23	贵安新区	智慧地理	贵州迈普空间信息技术有限公司
24	贵阳市	智慧健康	贵阳朗玛信息技术股份有限公司
25	贵阳市	智慧水文	贵州东方世纪科技股份有限公司
26	贵阳市	智慧物流	贵阳货车帮科技有限公司

3.加快推动新兴业态发展

坚持以应用为中心，推动大数据在各行各业应用，不断丰富数据资源应用模式和种类。贵州省数据采集、加工、交易、安全、呼叫服务等产业从无到有、从小到大，共享经济、互联网金融、网络约车、移动支付等新业态快速涌现。全国首个大数据交易所——贵阳大数据交易所，为大数据交易提供了公平、可靠、诚信的数据交易环境，2015～2018年，贵阳大数据交易所累计交易额突破1亿元。建成了贵阳、贵安两个大数据清洗加工基地及贵阳经济技术开发区大数据安全基地。"中国天眼"（FAST）通过数据分析处理，探测到数十颗优质脉冲星候选体，54颗已经得到认证。

（五）夯实大数据基础，增强大数据支撑保障能力

贵州从大数据发展实际出发，完善设施、搭建平台、创造环境，为大数据发展提供强有力的支撑保障。

1. 稳步推进信息基础设施

2014年出台《贵州省信息基础设施条例》，实施信息基础设施建设三年攻坚会战，加快构建"出省宽、省内联、覆盖广、资费低"的信息基础设施体系，信息基础设施大幅改善，进入全国第二方阵。截至2018年底，全省数字设施建设累计完成投资121.8亿元，新增光纤到户覆盖家庭14万户，全省累计覆盖家庭达2324万户；新增通信光缆总长度达95.5万公里，全省通信基站累计达18.8万个；3G/4G基站达14万个，同比增长13.9%，实现全省行政村100%4G网络覆盖，出省带宽超过了8000Gbps，新增9329个30户以上自然村完成4G网络覆盖。①

2. 营造良好的"试验田"环境

通过开放资源、鼓励创新、鼓励探索，营造容错试新的"试验田"环境。政府带头和大数据创新创业者一起研究大数据、应用大数据、推广大数据，一起解决遇到的新问题，应用大数据积极推动大众创业、万众创新、要素集聚。搭建"数博会"高端平台，连续几年成功举办中国国际大数据产业博览会。促进大数据创业创新，开展大数据商业模式大赛、中国痛客大赛、中国国际信息创客大赛。引进一批知名大数据专家、领军人才、创新创业人才和专业技术人才，在贵州形成了"贵漂""贵居""贵定"现象，每

————————

① 贵州省大数据发展管理局：《2018年工作总结及2019年工作打算的报告》，2018，第1～15页。

年到贵州生活工作的"贵漂"以数万人次增长。

3. 健全大数据发展保障机制

贵州省委、省政府将大数据纳入重要议事日程,成立了以省政府主要领导为组长、各地各部门一把手为成员的省大数据发展领导小组。组建省属国有大型企业云上贵州大数据集团公司,重点建设运营云上贵州系统平台。实行省市县三级"云长制",省长担任"总云长",各市(州)、省级各部门一把手担任"云长",对本地、本部门的大数据发展工作负责。完善法规标准,颁布《贵州省大数据发展应用促进条例》《贵阳市政府数据共享开放条例》《贵阳市大数据安全管理条例》等地方法规,建设大数据国家技术标准创新基地,发布4项地方标准,参与2项国家标准制定。强化数据安全保障,提出大数据安全保护"1+1+3+N"总体思路和"八大体系"建设架构,建设贵阳国家级大数据安全靶场,贵阳获批建设全国首个大数据安全试点城市。

三　大数据发展的机遇和挑战

当前,贵州省大数据战略行动正在向纵深推进,要充分利用贵州发展大数据所具备的优势,抢抓新一轮信息技术产业发展的机遇,扬长避短,扎实高效推进贵州省大数据战略行动。

(一)得天独厚的优势

1. 生态优势——良好的自然生态环境

贵州自然生态环境良好,气候温暖湿润,属亚热带湿润季风气候,冬无严寒,夏无酷暑,最冷月(1月)平均气温3℃~6℃,比同纬度其他地区高,最热月(7月)平均气温22℃~25℃,比同纬度其他地区低,为典型的夏凉地区。全年风速以微风为主,空气质量常年优良,是发展大数据的理想之地。贵州远离地震带,地质结构稳定、灾害风险低,为绿色数据中心、数据交换等信息技术设备运行提供了较高的安全条件。贵州自然生态及民族文化绚丽多彩，拥有多处世界自然遗产、世界地质公园，传统文化丰富，红色文化、酒文化、饮食文化及音乐、舞蹈、戏剧、工艺、服饰等民族文化特色鲜明，为大数据的应用提供了丰富场景，有利于催生大数据产业的新业态、新模式。贵州具有较好的产业生态环境，拥有航空、航天、电子三大产业基地，三线建设老工业基地及多年来的积累使贵州积淀培养了大批优秀的IT产业专业人才，建成了我国西南地区最大的电子元器件生产基地。这些客观条件使贵州成为中国南方最适合建设绿色数据中心、灾备数据中心的省份，非常适合大数据相关产业的发展。

2. 机制优势——国家、省委、省政府高度重视

近年来，我国相继发布了《中国制造2025》《积极推进"互联网＋"行动指导意见》《关于深化制造业与互联网融合发展的指导意见》等一系列制造强国战略政策体系，两化融合向智能制造新阶段加速迈进，大数据发展已经成为国家战略。贵州省委、省政府高度重视大数据发展战略，将大数据上升为贵州省三大战略行动之一，破除大数据发展的体制机制障碍。贵州省先后获批建设全国第一个国家大数据综合试验区、大数据产业技术创新试验区、大数据产业发展集聚区，获批宽带乡村、远程医疗、物联网等重大应用试点示范，贵阳市也先后获批了电子商务、信息消费、信息惠民、移动金融等试点示范。

3. 基础优势——大数据发展基础逐渐夯实

经过探索与实践，贵州大数据风生水起、方兴未艾，大数据发展已经建立了较好的发展基础。"数聚贵州"成效明显，数据中心和国家绿色数据中心整合试点加快推进。贵州省引进北京供销大数据集团数据中心、国家旅游数据灾备中心、国家交通运输行业数据灾备中心、中科院上海贵安生物医药大数据中心等落地。三大运营商贵安数据中心正式投入运营，教育部、公安部、中科院和多家大型互联网企业的数据资源落户贵州。贵州大数据快速发展催生了共享经济、互联网金融等新兴服务业态的快速发展，丰富了数据资源的应用模式和发展创新。

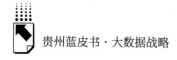
4. 后发优势——经济社会赶超发展

十八大以来，贵州省经济社会加速发展，综合实力快速提升，主要经济指标增速连续多年位居全国前列，在西部地区实现了赶超进位的历史性突破，工业实力明显增强，农业现代化步伐加快，旅游业井喷发展，一些优势产业在全国地位夯实，民生事业和社会治理全面发展，贵州省已进入后发赶超重要阶段。国家大数据综合试验区的快速发展引领数字经济产业规模加快发展，促进三次产业转型升级。大数据主体产业快速发展，正在成为经济增长新动能，实施好产业培育工程、项目裂变工程，大力发展大数据三类业态，一批大数据引领性、应用性、支撑性项目快速发展，大数据为贵州省经济发展提供了新空间。

（二）不容忽视的劣势

1. 实力劣势——实体经济发展滞后

贵州省 GDP 增速处于全国前列，但总量规模偏小，2018 年贵州省地区生产总值 14806.45 亿元，占全国 GDP 的 1.64%，位列全国第 25 位。能源原材料工业比重高，高新技术产业占比小，产业结构层次偏低，产业链条较短，市场主体小散弱状况比较严重，实体经济发展滞后，大数据产业发展的"土壤"还比较缺乏，严重制约着贵州实体经济发展。

2. 应用劣势——大数据产业市场发展艰难

尽管大数据相关产业在全球处于快速发展阶段，国内外众多龙头骨干企业和创新型企业在新技术、新业务、新业态方面的发展能力也迅速提高，商业模式逐渐成形，培育了规模巨大的用户群，占据了明显的市场优势。但与之相比，贵州大数据相关产业的应用创新和市场培育较为滞后，应用范围和领域亟待扩大，企业成长壮大困难重重。如果不能积极培育、挖掘市场、吸引用户并尽快拓展市场空间，贵州大数据产业发展的初级阶段可能会花更长的时间，贵州就有可能错失更好的发展良机。

3. 竞争劣势——区域发展竞争能力偏弱

全国各省、自治区、直辖市之间大数据产业的竞争趋于白热化，国家级大数据综合试验区已达 8 个,贵州周边省市四川、重庆、湖南的信息基础设施及综合发展基础都比贵州要强,长三角、珠三角、环渤海等区域重点城市均已形成各具特色的大数据、人工智能等发展优势,对大数据相关产业的发展要素和资源具有很强的吸引能力。贵州竞争能力偏弱,技术供给长期处于全国较低水平,2018 年贵州省综合科技创新水平指数为 41.24,比全国平均水平低 28.39 个百分点①。如何更好地在激烈的区域竞争中获取比较竞争优势,将成为贵州大数据发展面临的重大挑战。

(三)难得的发展机遇

1. 全球化机遇 ——世界大数据发展为贵州创造了良好动力与预期

对全球来讲,大数据就是大机遇,就是大发展。许多发达国家将大数据作为国家战略,许多国际大公司将目光聚焦到大数据,致力于在未来的市场竞争中在大数据领域占据制高点,社会上对大数据的关注度也持续增加,人们的生产生活也因大数据带来了巨大的改变。当今世界范围内互联网、大数据、人工智能等为引领的数字经济迅猛发展,我国大数据也已经进入快速发展期。国家信息中心《2018 中国大数据发展报告》指出,我国数字经济已形成五大聚集区,相关投资增加明显,2017 年中国大数据产业总体规模为4700 亿元人民币,同比增长了 30%,2017 年大数据核心产业规模为 236 亿元人民币,增速达到 40.5%,预计 2018～2020 年增速将保持在 30% 以上。中国信息通信研究院《中国数字经济发展和就业白皮书(2018)》显示,2017 年我国数字经济总量达 27.2 万亿元,占 GDP 比重达 32.9%,其中贵州省数字经济和就业吸纳能力两项增速均位居全国第一,成为我国数字经济发展最快的省份,数字经济已经成为我国经济增长的核心动力,贵州加快发展数字经济也是顺应世界和国家经济发展大环境的必然选择。

2. 新发展机遇——大数据的数据价值凸显为贵州经济发展带来新动能

随着数据挖掘、神经网络机器学习等大数据技术的快速发展,未来各种

---

① 《〈中国区域科技创新评价报告 2018〉发布:区域创新各具特色》,经济日报 – 中国经济网, http://www.ce.cn/xwzx/gnsz/gdxw/201810/29/t20181029_ 30653144. shtml。

各样的数据将在产品信息、交易信息、库存信息等方面实现海量的积累,对海量数据的运用意味新一波生产率增长方式和消费浪潮的到来。数字经济正成为驱动经济增长的新引擎,数字经济的发展已成为全球各个国家竞争的新高地。贵州省大数据应用发展突出,2017年中国省级数字经济发展指数平均为31.8,贵州数字经济指数(DEDI)在全国排名18位,DEDI综合指数排名显著高于GDP排名;2017年贵州省在中国数字经济资源指标得分中排名12位,贵州资源型数字经济快速发展使综合指数实现了整体提升。① 贵州省委、省政府针对大数据产业的提前布局,政府和苹果、阿里巴巴等行业巨头实现了深度合作,积极探索大数据的商用、政用、民用,并充分发挥加大信息基础设施建设、实现资源链接、市场开放的优势,不断释放数字红利,培育经济发展新动能。

3. 新兴产业机遇——"互联网+"挖掘贵州传统行业发展新潜力

世界经济论坛发布的《数字化转型倡议》指出,2016~2025年的10年内,各行业的数字化转型将可能带来超过100万亿美元的数字经济发展产业价值和社会价值。当前,贵州正大力实施"大数据+产业深度融合行动计划",贵州省大数据与制造业融合水平达35.8。随着"互联网+"在更多行业和业务职能领域的应用,将推动贵州制造业向智能化生产、网络化协同、个性化定制、服务化延伸融合升级,将推动覆盖制造业的研发设计、先进制造、市场营销服务等多个流程环节的工业互联网、智能制造等产业的生态系统形成。

4. 产业转移机遇——发达地区产业转移促进贵州大数据电子信息产业发展

当前以大数据为引领的电子信息产业从国外向国内、从国内东部向中西部转移已成为明显的趋势。人力资源密集型、资本密集型的中低端电子信息产业向中西部转移,对贵州发展大数据带来了良好的发展机遇。新兴产业助推了贵州的产业转型,贵州省统计局《十八大以来贵州工业经济发展情况》显示,电子信息产业的高速发展,对贵州省构建特色产业体系、助推工业经

---

① 工业和信息化部赛迪研究院:《2018中国数字经济指数白皮书》,2018,第1~82页。

济转型升级具有重要促进作用，2018 年贵州省规模以上计算机通信和其他电子设备制造业增加值比上年增长 11.2%，电子信息产业对贵州省工业的贡献作用突出。[①]

（四）面临的发展挑战

1. 创新发展挑战——构建创新型国家发展战略的影响

党的十九大报告提出："创新是引领发展的第一动力，是建设现代化经济体系的战略支撑。"这对贵州大数据相关产业发展带来诸多挑战。贵州科研力量薄弱，技术市场活力较低，科技投入相对较少，这对于依靠高科技及科研投入的大数据信息产业带来严重挑战，研发经费投入较少严重制约了贵州省大数据相关产业的发展。

2. 示范性发展挑战——大数据发展从跟随到示范引领引跑

贵州大数据发展已经成为贵州新经济发展的一张靓丽名片，贵州已不再是贫穷落后科技不发达的代名词，在短短几年时间，贵州的大数据发展方面的成功经验已经名声在外，不仅被西部欠发达地区所采纳，即使是长三角、珠三角、环渤海等沿海发达省份，也已经将贵州的大数据发展作为学习典范。但大数据领域的技术创新、模式创新和理念创新活跃，要求实现发展思路与体制机制方面的变革具有较大的创新性，贵州在新体制、新机制、新模式发展方面的经验尚显不足，对新技术、新概念、新业态的把握能力仍然不够，其发展面临被别人学习、效仿、跨越，贵州大数据战略行动对创新的高标准要求使得贵州发展面临严峻考验。

3. 同质化发展考验——各地竞相发展大数据对贵州产生"挤出效应"

全国各地掀起了大数据发展的热潮，长三角、珠三角、环渤海等地区重点城市均已形成各具特色的大数据发展优势。在贵州省获批全国首个国家大数据综合试验区后，2016 年 10 月第二批 7 个国家级大数据综试区获批建

[①] 贵州省统计局：《2018 年贵州工业经济运行报告》，http://www.gz.stats.gov.cn/tjsj_35719/tjfx_35729/201901/t20190123_3742368.html。

设，国内其他省份也纷纷开始推进大数据发展，据统计全国已经有23个省份出台了系列大数据相关的指导意见或规划。

（1）贵州大数据发展先行优势在逐渐减弱。从整体来看，贵州省大数据发展的先行优势正在逐渐减弱，其他7个国家级大数据综合试验区的亮点则逐渐显现。上海、珠三角、京津冀三个区域经济基础和信息化程度在全国领先，人才储备雄厚，大数据核心技术汇集；河南、沈阳、重庆的大数据电子信息产业基础雄厚、交通便利，信息化基础较强，尤其是重庆电子信息制造业具有明显的优势，已经成为世界上最大的笔记本电脑生产基地，建立长江经济带（上游）数据中心的区位优势也非常明显，大力发展与大数据密切相关的人工智能、智能智造、智能汽车等；内蒙古自治区则具备较明显的电力资源优势，且政策扶持力度大、干货多，数据中心服务器容量已经位居全国第一。如表3所示为我国八大大数据综合试验区发展对比。

（2）周边省区市重视大数据产业发展。在周边省区市高度重视大数据产业发展，四川、湖南、重庆大数据信息化发展快速推进，对贵州大数据促进供给侧结构性改革，大数据与实体经济深度融合，大数据战略行动向纵深发展带来挑战。

表3　中国八大大数据综合试验区发展对比

	政策环境	产业基础	人才状况	投资热度	推广力度	市场反响
贵　州	★★★★★	★★★	★★★	★★★★	★★★★★	★★★★★
京津冀	★★★★☆	★★★★★	★★★★★	★★★★★	★★★☆	★★★★★
珠三角	★★★★	★★★★☆	★★★★☆	★★★★☆	★★★★	★★★☆
上　海	★★★★	★★★★☆	★★★★☆	★★★★☆	★★★★	★★★★
河　南	★★★★	★★★	★★★	★★★★	★★★	★★★
重　庆	★★★☆	★★★★☆	★★★★	★★★☆	★★★★	★★★☆
沈　阳	★★☆	★★★☆	★★★☆	★★★	★★★	★★
内蒙古	★★★☆	★★★	★★☆	★★★	★★★	★★★★

四 大数据发展亟须解决的突出问题

（一）信息基础设施建设相对滞后

近年来，贵州省信息基础设施提升很快，但与发达地区相比，建设资金投入仍然不足，信息基础设施建设较为滞后，与大数据产业发展需求相比尚存在较大差距，信息网络覆盖面不广，区位"数字鸿沟"明显，骨干通信网络建设需进一步加快。[1] 中国信息通信研究院《贵州省数字设施水平评估报告》显示，贵州网络基础能力综合得分 63.89 分，在全国排名 17。作为网络基础能力指标的二级指标，贵州省人均互联网带宽在全国排名 19，人均光缆在全国排名 14，固定宽带可用下载速率在全国排名 25，4G 基站占比在全国排名 12。根据《贵州省数字设施水平评估报告》，贵州省固定宽带家庭普及率为 53.1%，在全国排名 26，是数字设施评估中的一个重要短板；移动宽带用户普及率为 76.9%，在全国排名 18；FTTH 普及率为 86.4%，在全国排名 13；高速率带宽用户渗透率为 76.5%，在全国排名 11。特别是在全球信息技术快速迭代、5G 等新一代通信技术加速落地应用的时代背景下，大数据发展对互联网带宽、覆盖率、下载速率等信息基础设施提出了更高要求，信息基础设施建设相对滞后仍是制约贵州大数据产业发展的短板之一。

（二）大数据支柱性产业尚未形成

贵州大数据产业虽然得到飞速发展，但仍然存在龙头性企业不多，支撑性、带动性强的大项目少等问题。数据采集、分析、挖掘、可视化、交易和安全等关键环节的大数据产业全生态链尚不健全，特别是"互联网＋"与"智慧＋"项目刚刚起步，对经济社会转型升级的引领带动能力还不够强，

---

[1] 陈加友：《国家大数据（贵州）综合试验区发展研究》，《贵州社会科学》2017 年第 12 期。

大数据产业对经济发展的贡献率还需进一步提升。[①]

1. 电子信息制造业规模不够大

虽然贵州省计算机、通信和其他电子设备制造业工业增加值占规模以上工业增加值比重从 2013 年 0.3% 提升到 2018 年 1.9%，[②] 但与江苏、浙江等发达地区相比差距还很大，体量小、附加值较低、竞争力不强。手机等终端产品中很大部分是面向非洲、东南亚的低端产品，产品附加值较低，同时还存在继续向外转移的趋势。

2. 软件和信息技术服务业总量小

贵州省软件和信息技术服务业虽然增速较快，但总量还比较小，与四川、重庆等周边省份相比也仍有不小差距，工信部数据显示，2018 年贵州省 500 万元口径以上软件企业仅为 225 家。从产业链条看，数据采集、加工、分析和应用全链条的大数据产品和服务的供给体系尚未形成良性循环，大数据产业对经济发展的贡献率还较小。

3. 产业发展层次较低，产业布局亟须完善

大数据产业整体发展层次较低，大数据产业链布局亟须完善。由于产业基础较为薄弱、经济发展水平较低等原因，大数据龙头企业相对较少，细分行业对个别企业依存度过高。总体来看，大数据大项目少，本土高成长性大数据企业规模小、实力弱，产业聚集成效不足，贵州省大数据产业整体竞争力的迸发提升需要一个过程。

（三）与实体经济融合水平还不高

贵州省通过深入开展"万企融合"大行动，推动大数据与各行各业各领域融合，有效促进了传统行业和领域的转型升级，但大数据与三次产业融合发展的关键环节亟待突破。

1. 大数据与工业融合发展的深度有待加强

贵州省工业企业实现智能化生产、网络化协同、个性化定制、服务化延

[①] 陈加友：《国家大数据（贵州）综合试验区发展研究》，《贵州社会科学》2017 年第 12 期。
[②] 贵州省统计局：《2018 年贵州省国民经济和社会发展统计公报》，2018。

伸的比例分别为 4.3%、25.0%、5.2%、17.5%。从产业链环节看，2018年实现大数据与研发、生产、销售、管理等关键业务环节全面融合的工业企业只占 33.9%，大数据与研发设计、生产管理、关键设备等环节的融合仍是难点，工业转型升级的压力较大。

2. 大数据与农业融合发展的能力亟待突破

贵州省农业企业实现生产管理精准化、质量追溯全程化、市场销售网络化的比例分别为 27.7%、12.2%、57.9%。基于农业物联网实现数据采集的农业企业只占 18.9%，实现农产品种养、初加工、运输、销售全程质量追溯的农业企业只占 12.2%。数据采集和保存成本较高，大多数农业企业在信息资源建设和信息技术应用方面刚刚起步。

3. 大数据与服务业融合发展的水平亟须提升

服务业企业基于数据开展平台型、智慧型、共享型创新的比例分别为34.8%、29.5%、28.1%。除旅游、电商融合较好，其他服务行业融合不足，实现企业间关联信息共享交互的服务业企业只占 18.5%，搭建或应用行业信息交互平台的物流企业只占 31%。服务业企业与用户在线实时双向开展精准营销的企业不多，大数据与服务业融合的模式及业态有待创新。

（四）数据共享开放水平仍需加强

在信息时代，数据已经成为继劳动力、土地、资本、技术等生产要素之后的新型生产要素，并日益成为经济社会发展的新动力源泉，推进数据资源共享开放是实现数据价值的前提和保障。贵州在数据资源共享开放方面走在了全国前列，但共享开放水平仍需加强。一些地方和部门仍未按照"统筹存储、统筹标准、统筹共享、统筹安全"的工作要求迁移系统到"云上贵州"系统平台。部分核心应用系统未通过系统平台实现数据共享交换，"数据壁垒"仍然存在。有的部门仅公开了一些陈旧、不实时的"死数据"，即使少量对外提供共享，也是采取较为传统复杂的点对点交换方式进行交换，甚至采取定期拷贝数据方式进行，跨部门、跨行业、跨层级的数据共享仍不顺畅，有些部门内部系统之间数据也不通。实际用户访问量少，系统活跃度低。云计算资源浪费严重，据统计，部分单位迁入"云上贵州"系统平台应用系统，开通的云服务器 CPU 使用率低。

（五）科技支撑保障能力尤显不足

大数据产业的快速健康发展离不开必要的科技支撑保障，尤其是在全球科技创新日新月异、信息技术快速迭代、5G 等新一代通信技术加速应用，在全国乃至世界各地纷纷抢滩部署大数据技术新产业，抢占人才、技术等优势资源的背景下，贵州省大数据发展的支撑保障能力亟待提升。

1. 高层次专业技术人才匮乏

随着大数据产业的快速发展，贵州对大数据人才的需求非常迫切，尤其是数据分析、数据安全、区块链等方面的高层次专业技术人才更是短缺。从人才培训看，省内有影响的大数据企业不多，大数科研机构少，开设大数据相关专业的高校也不多，13 所本科院校在 2018 年大数据专业招生合计约为 1500 人，短时间难以培养出大数据发展所需的人才。技术性、基础性人才储备不足，电子技术、通信、计算机、互联网、电子商务、大数据、人工智能等专业人才和复合型人才的缺失成为影响贵州大数据发展的重要因素。

2. 科技及研发投入严重不足

科学技术部《2017 年全国科技经费投入统计公报》显示，2017 年，贵州省共投入研究与试验发展经费 95.9 亿元，仅占全国总数的 0.54%，与四川、重庆等周边城市也存在着一定的差距。[①]《中国大数据发展指数报告（2018 年）》显示，2017 年贵州省大数据技术研发创新指数在全国排名 22，其中创新投入指数、创新基础指数、创新水平指数分别在全国排名 26、20、25。[②]

[①] 国家统计局：《2017 年全国科技经费投入统计公报》，http：//www.stats.gov.cn/tjsj/zxfb/201810/t20181009_1626716.html。

[②] 贵州省大数据发展管理局：《〈中国大数据发展指数报告（2018 年）〉发布，贵州多项指数位居全国前列》，http：//www.guizhou.gov.cn/xwdt/dt_22/bm/201808/t20180831_1577344.html。

五　大数据向纵深发展的对策建议

以建设国家大数据（贵州）综合试验区为载体，坚定不移推进大数据战略行动，运用大数据推动质量变革、效率变革、动力变革，助推贵州省经济社会高质量发展。

（一）推进信息基础设施升级版建设

要继续强力推进信息基础设施建设，加快提升推动高质量发展的数字化支撑。

1. 深入实施"数字设施"攻坚战

统筹"光网贵州、满格贵州、数聚贵州、宽带乡村、提速降费"等重点工程建设。巩固贵州网络的骨干节点地位，发挥好贵阳·贵安国家级互联网骨干直联点作用。加快建设"光网贵州"，推进"百兆光网城市"建设，实施光纤接入网建设或改造，推进城乡高速宽带网络覆盖。发挥中国南方数据中心优势，积极引进一批企业、机构的数据中心落户贵州，提升数据中心节能环保水平。争取国家顶级域名服务器、IPv6 根服务器、镜像服务器落地，加强人工智能、工业互联网、物联网等新型基础设施建设。

2. 深入实施"数字安全"攻坚战

强化云上贵州平台安全防护，初步建成电子政务外网安全态势感知系统，支持贵阳市国家安全示范城市和安全靶场建设。形成大数据发展安全体系，提升关键信息基础设施防护水平，省内重要信息系统纳入监管保护，国家关键信息基础设施纳入等级保护。

3. 积极推进5G 商用基础建设

加快推进5G 网络部署，大力推动5G 终端快速普及，为5G 商用奠定基础，加快5G 商用步伐，推动网络共建共享。推进率先在国家大数据综合试验区部署5G 通信网络，支持打造5G 典型场景示范应用。

（二）提升大数据支柱性产业竞争力

依托贵阳·贵安大数据产业集聚区建设，聚焦人工智能、5G、物联网、云计算、区块链等新一代信息技术发展新领域，大力开展产业化创新提升，培育和发展新的产业集群。

1. 加快培育大数据产业集群

加大资源整合，支持有条件的高新技术产业园、电子信息产业园、软件信息服务产业园、数据中心基地等携手共建大数据产业基地，形成互补效应，补齐产业链短板，合理引导大数据产业链上下游企业加速集聚，进一步优化贵州省大数据产业布局。支持货车帮、易鲸捷、华芯通、汉能等企业加快发展，加快苹果云服务、华为数据中心和智能终端及服务器、腾讯数据中心、FAST数据中心等重大项目建设。通过基金培育、大赛挖掘、寻苗行动、数据资源开放、应用场景提供等，培育一批大数据"独角兽""小巨人"企业以及专注细分市场的"单项冠军"，着力培育一批具有较强成长力的大数据企业加快发展。

2. 加快推进新一代人工智能发展

积极发展计算机视听觉、生物特征识别、复杂环境识别、智能决策控制、智能客服系统等产品和服务。以贵安新区、贵阳高新区、遵义新蒲新区等为重点，支持工业机器人本体、控制器、减速器、伺服电机等关键零部件产品的研发和应用。积极采用国内外先进的人工智能基础技术，重点研发面向农业、工业、物流、金融、旅游、健康医疗、电子商务等领域的人工智能应用技术。强化大数据与人工智能在智慧城市中的应用，积极研发生产智能软硬件、智能机器人、智能运载工具、智能终端等产品，推进智慧旅游、智慧交通、智慧教育、智慧医疗、智慧家居等发展，初步形成具有一定竞争力和影响力的智能制造产业集群。

3. 大力发展智能终端、芯片和新型电子材料等数字化研发制造业

加快打造贵阳、贵安新区、遵义等智能终端产业集聚区，支持国产操作系统、终端芯片及智能终端产品技术研发与产业化，大力发展国产化 ARM

架构服务器处理器芯片、智能手机、平板电脑、智能家居、服务器等数字终端产品。大力发展软件和信息技术服务业，积极推动软件开发、信息系统集成、集成电路设计等发展，大力发展数据库、行业应用软件和特色软件服务产品等产业发展。

4. 大力发展云计算、物联网等数字经济相关产业

建设贵安新区超算中心等云计算重点项目，依托数据中心建设，引进云计算服务龙头企业，建设集基础设施即服务（IaaS）、平台即服务（PaaS）、软件即服务（SaaS）于一体的综合型云计算公共平台，提供弹性计算、存储、应用软件、开发平台等服务，提升云计算服务能力，面向政府和社会提供云计算服务。组织实施国家物联网重大应用示范工程区域试点，在工业制造、生态环保、旅游文化、商贸流通、农业、建筑等重点行业开展一批物联网重大应用示范项目，推进贵阳市、贵安新区等重点区域开展物联网应用试点，推动传感器、仪器仪表、多类条码、射频识别、多媒体采集、地理坐标定位等物联网智能感知技术设备的应用。

（三）推动大数据实体经济深度融合

深入实施"万企融合"大行动，坚持全面覆盖、分业施策，坚持示范引领、典型带动，针对贵州省大多数企业处于单项覆盖阶段初期的实际，从夯实基础着手，大力推动单项应用技术推广。

1. 推动"大数据＋工业"向纵深融合，促进"贵州制造"升级

实施以制造服务、个性化定制等为代表的智能制造服务新业态新模式试点示范项目。积极部署和发展工业互联网，加快发展智能制造，推动企业全流程和全产业链智能化发展。加快发展网络化协同制造，发展网络化协同制造模式。发展个性化定制，鼓励企业运用大数据充分整合市场信息和客户个性化需求。发展服务型制造，鼓励传统企业推进服务功能商业化剥离，从产品制造型企业向制造服务型企业转变。

2. 推动"大数据＋农业"向纵深融合，助力乡村振兴战略实施

发展信息技术与农业生产全面结合的新型农业，充分利用物联网、云计

算、卫星遥感与通信等技术挖掘数据资源，建立农业生产环境、生产资料、生产过程、市场流通等数据库，实现数据自动化采集、标准化处理、可视化运营，助力乡村振兴战略实施。加快建立适合我国农业产业发展的数据标准化体系，构建农业数据指标、样本标准、采集方法、分析模型、发布制度等标准体系。积极开展农业部门数据开放、数据质量、数据交易等关键共性标准制定和实施。加快推进农业质量追溯全程化，运用大数据打通农产品生产、加工、流通等流程，形成完善的农产品安全信息追溯闭环。加快推进农业市场销售网络化，积极培育农村电商主体，构建农产品冷链物流、信息流、资金流的网络化运营体系，切实解决农村电商"最后一公里"和"第一公里"。

3. 推动"大数据＋服务业"深度融合，推进服务业向平台型、智慧型、共享型发展

创新大数据与服务业融合应用场景，不断扩展融合的深度和广度。加快发展平台型服务业，建立健全旅游、物流、信息咨询、商品交易等领域平台经济，融合各领域综合管控系统、流量监控预警系统、应急指挥调度系统、视频监控系统、电商平台、微信平台等，将数据资源转化为新型融合服务产品。加快发展智慧型服务业，培育智慧物流、智慧工业设计等生产性服务业，持续壮大智慧旅游、智慧健康、智慧医疗、智慧养老等生活性服务业。加快发展共享型服务业，推动共享经济产品服务体系创新、平台创新和协同方式创新。

（四）进一步促进数据资源共享开放

加快打造"聚通用"升级版，积极构建推动高质量发展的数据共享开放新模式。

1. 推进"一云一网一平台"建设

围绕解决企业群众"办事难、办事慢、办事繁"等问题，消除"信息孤岛""数据烟囱"为重点，推进"一云一网一平台"建设工作，提升政府管理、社会治理和民生服务水平。打造承载全省政务数据和应用的云上贵州

"一朵云","一朵云"基本实现省级政府"部门云"和"市州云"全部接入；构建全省政务信息系统互联互通的政务服务"一张网",加快国家"互联网＋政务服务"试点示范省建设,深入推进政务信息系统整合共享,通过"一张网"基本实现电子政务网络省、市、县、乡、村五级全覆盖；建设全省政务服务和政务数据智能工作"一平台",贵州省各级各部门自建业务服务系统全部接入政务服务平台,政务数据平台上线试运行,实现"服务到家"；创新政务信息化建设工作新机制,实施"四变四统、健全监管"政务信息化建设工作新机制,通过企业投资建设、政府购买服务,推进信息化建设全生命周期的闭环管理,从源头上打破"数据烟囱",避免"建用脱节",确保"一云一网一平台"建设目标如期实现。

2. 增强"云上贵州"平台服务能力

完善平台建设、接入、管控规范,启动多节点规划建设,加快扩容。启动建设统一身份认证体系。积极推动国产数据库、服务器芯片等试点应用。推动一批国家部委、省内应用系统和数据汇聚南方节点,提升和发挥南方节点服务能力。

3. 持续提升政务数据共享开放水平

完善政务数据调度机制,建好贵州省数据调度中心,强化数据共享交换平台服务能力,实现省级政府"部门云"和"市州云"与贵州省数据共享交换平台互通互联。增强政务数据资源服务能力,进一步完善人口、法人、空间地理、宏观经济四大基础数据库,建成电子证照、公共信用、电子文件和政务服务事项等政务服务库,完善精准扶贫、智能交通、生态环保、卫生健康、食品安全等主题库,建设政务数据平台,打通数据接口,推动各级政务部门业务信息系统接入贵州政务服务网。

（五）推动大数据关键技术研发应用

超前布局战略性前沿技术,加强量子通信、未来网络、类脑计算、人工智能、全息显示、虚拟现实、大数据认知分析、无人驾驶、区块链、基因编辑等新技术基础研发和前沿布局,为大数据发展提供技术支撑。

1. 加速推动大数据领域核心技术突破

加快基础性技术、通用性技术攻关突破，体系化推进高端芯片、核心器件、操作系统、数据库、高端服务器等关键软硬件的研发应用。支持集成电路、移动智能终端、信息通信设备、智能工控系统、智能装备、工业机器人等核心产业，加快发展物联网、云计算和大数据、移动互联网等新一代信息技术产业，加速北斗、遥感卫星商业化应用，积极推动虚拟现实（VR）、网络文化等新兴产业发展。统筹推进基础研究、技术创新、产业发展、市场应用、标准制定各环节联动协调发展，强化创新链整合协同、产业链协调互动和价值链高效衔接，打通基础研究和技术创新衔接的绿色通道。

2. 积极打造创新平台

加强大数据国家工程实验室和科技创新中心、区块链测试中心、贵州伯克利大数据创新研究中心等科研平台建设，申建国家超算贵安中心、国家生物医学大数据中心、SKA 亚洲区域中心。支持省内科研院所、高等院校、企业设立大数据科研机构，联合国内外科研机构，共同建设一批大数据工程研究中心、工程实验室、企业技术中心和院士工作站。建设大数据、云计算、人工智能领域的"双创"平台，组建一批科技企业孵化器、众创空间，汇聚全球大数据、云计算、人工智能创新企业和人才。加强国家重点实验室和科技创新中心建设，共建一批军民融合创新研发平台。引导建立云计算大数据产业创新发展联盟，汇聚多方资源，推动政产学研用协同创新。

3. 千方百计提升企业创新能力

利用大学城、科学城等创新平台，建设创新中心，强力推进以大数据融合发展为引领的科技创新，制定实施大数据应用和产业转型对策方案，针对企业创新能力不足等问题，发挥重点工程实验室及孵化平台作用，发布一批技术榜单，大力支持企业创新，培育一批核心技术能力突出、集成创新能力强、引领重要产业发展的创新型企业。

（六）完善大数据人才支撑保障体系

加大人才培养引进力度，有针对性地培养引进大数据人才，并按规定给予奖励或支持。采取公开选拔、引进挂职、引进任职、市场招聘、柔性引才等多种方式，引进一批大数据、云计算、人工智能领域的人才。推广"智力收割机"模式，推行技术榜单制，开展百项重大关键技术攻关等，广纳天下英才。以场景应用为导向，开放数据资源，支持大数据人才及团队应用相关数据创新产品、技术和服务。鼓励省内高校、科研机构与国内外知名企业、科研院所开展大数据人才培养工作。不断创新大数据人才培养和引进模式，通过大数据产业发展，吸引、培养、成就大数据人才。加强干部大数据教育和培训，培养一批懂大数据的干部队伍。建立人才服务中心，提供政策咨询、政策落实督查、人才引进跟踪服务等一站式保障。

（七）扩大大数据国际国内交流合作

继续高规格办好数博会，把其打造成全球大数据领域的重要会展交流、高端对话平台和永久性品牌，形成与世界互联网大会"东西呼应、错位发展"的总体格局。开展网络空间命运共同体、中国—欧盟合作框架、中国—东盟全面经济合作框架等体系内的大数据国际合作，引导国内外企业共同开展关键技术研发。开展离岸信息技术服务外包、离岸软件外包、离岸数据外包、数据资源流通等业务，推动我国大数据企业"走出去"。加强与京津冀、珠三角、上海、河南、重庆、沈阳、内蒙古等大数据综合试验区的区域内协同发展。探索推进数字"一带一路"，加快构建面向"一带一路"的信息枢纽服务体系。

大数据治理

Big Data Governance

B.2

大数据战略促进贵州供给侧结构性改革研究

罗以洪 *

摘　要： 党的十九大报告明确指出，要深化供给侧结构性改革建设现代化经济体系。本研究以习近平新时代中国特色社会主义思想为引领，以贵州大数据战略行动为主要研究对象，研究经济新常态下以大数据促进贵州供给侧结构性改革路径理论基础及亟须突破的关键问题，提出了加强大数据促进供给侧结构性改革的理论及应用研究，夯实大数据信息基础设施打造信息基础设施建设2.0版，大数据促进实体经济发展推进实体经济提质增效，大数据促进内陆开放型经济发展打造内陆

---

* 罗以洪，贵州省社会科学院大数据政策法律创新研究中心副主任、区域经济研究所副研究员，管理学博士，研究方向：区域经济、工业经济、大数据、创新管理。

开放新高地，大数据促进政府效能提升国家治理能力，大数据推进"三去一降一补"降低实体企业成本，大数据助力精准扶贫打赢扶贫攻坚战等方面的大数据促进贵州供给侧结构性改革对策建议。

关键词： 贵州"三大战略"行动　大数据战略　供给侧结构性改革

党的十九大报告指出，要深化供给侧结构性改革建设现代化经济体系，必须把发展经济的着力点放在实体经济上，把提高供给体系质量作为主攻方向，推动互联网、大数据、人工智能和实体经济深度融合，培育新增长点、形成新动能。党的十九大对供给侧结构性改革的经济发展和经济工作主线的新定位、新要求，充分体现了以习近平同志为核心的党中央以新发展理念为指导，推进供给侧结构性改革的坚定决心和历史担当。贵州在供给侧结构性改革及大数据战略行动上取得了一定成就，但仍然存在主要经济指标增速不足，资源和能矿企业要素成本偏高、产品市场竞争力弱、亏损面大等结构性问题。贫困落后仍然是贵州的主要矛盾，加快发展是贵州发展的根本任务，贵州既要"赶"又要"转"的双重任务没有变。深刻领会十九大关于供给侧结构性改革精神实质，准确把握深化供给侧结构性改革的方向和基本要求，切实增强推进供给侧结构性改革自觉性和使命感，以国家大数据战略建设国家大数据（贵州）综合试验区为契机，以大数据战略行动推进全省供给侧结构性改革，为全省守底线、走新路、奔小康凝聚正能量，为决战脱贫攻坚、决胜同步小康，开创百姓富、生态美的多彩贵州新未来奠定坚实的基础。

一　大数据促进供给侧结构性改革理论分析

大数据促进供给侧结构性改革的理论是学界讨论的一个重点。通过对大数据促进供给侧结构性改革的文献梳理，发现研究的主要问题，分别从经济学理论、供给侧结构性改革系统结构的视角对大数据促进供给侧结构性改革理论予以分析，探讨大数据战略促进供给侧结构性改革的理论基础。

（一）研究综述

国内外大数据促进供给侧结构性改革、大数据促进产业转型升级方面的成果主要聚焦于具体产业的研究，对全国供给侧结构性改革系统性的研究成果不多，结合贵州大数据战略行动研究贵州供给侧结构性改革问题的研究更是缺乏。

1. 大数据促进产业的转型升级发展

斯坦福大学经济学教授、胡佛研究所高级研究员罗默（Paul M. Romer）认为国家或地区在资源有限的情况下，需要将有限的资源集中，用优势技术或产业带动其他产业快速发展，实现产业的经济结构优化升级和全面发展[①]。哈佛大学商学院教授迈克尔·波特（Michael E. Porter）认为通过产业结构的转型与升级，促进了经济全面、快速、健康、可持续地发展[②]。刘文剑，卿苏德从农业、工业和服务业三个方面，阐述了大数据对传统产业结构的深刻影响，认为大数据产业正成为一个新的经济增长极，促进经济的转型升级发展[③]。刘强就基于大数据的制造业转型升级进行分析，认为在大数据发展形势下，制造业行业应当使行业尽快实现转型升级，从而使制造业能够得到更加稳定良好发展[④]。陈德余，汤勇刚提出建立以政府为主导、以企业为主体的大型数据中心，构建"大数据产业＋大数据互联网＋大数据物流＋大数据金融"四位一体产业链，全力推动大数据资源共享等，促进产

---

① Paul，M. Romer：Endogenous Technological Change，*Journal of Political Economy* Year：1990，Iterm No. 3210，pp. 71 – s102.

② Michael E. Porterl：The Competitive Advantage of Nations，New York：Simon and Schuster，Year：2011，p. 896.

③ 刘文剑、卿苏德：《大数据促进我国产业转型升级》，《电信科学》2015 年第 11 期。

④ 刘强：《基于大数据的制造业转型升级》，《科技经济导刊》2016 年第 7 期。

业结构转型升级①。

2. 大数据助推供给侧结构性改革

国内外学者对助推供给侧结构性改革问题研究成果不多。国外学者研究中国大数据促进供给侧结构性改革的成果不多，2016 年以来，国内学者对大数据促进供给侧结构性改革有一定探讨。秋缬滢提出通过大数据和智能化打造智能政府，创新政府环境管理模式，促进生态环境供给侧改革，推进国家环境治理体系和治理能力现代化②。秦如培提出，贵州运用大数据提升了的政府决策能力、政府的管理能力、政府的服务能力，通过国家大数据综合试验区建设推动了供给侧结构性改革，促进了贵州省经济的转型发展③。赵爱清认为在信息和数字技术时代，生产和交易方式发生了巨大变革，应高度重视大数据的应用，将大数据应用作为实现供给侧结构性改革的重要途径，借助大数据和云计算实现供需匹配和交易方式的精准化④。

通过研究分析发现，国内外大数据促进供给侧结构性改革、大数据促进产业转型升级方面的成果主要聚焦于具体产业的研究，对全国供给侧结构性改革系统性的研究成果不多，结合贵州大数据战略行动研究贵州供给侧结构性改革问题的研究更是缺乏。本研究研究了大数据与供给侧结构性改革关系，通过大数据对全产业链供需结构性问题的分析，探讨贵州大数据战略行动促进全省供给侧结构性改革的对策建议参考。

（二）经济学理论的供给侧结构性改革

由微观经济学理论可知⑤，市场的需求来源于消费者，产品价格决定于

---

① 陈德余、汤勇刚：《大数据背景下产业结构转型升级研究》，《科技管理研究》2017 年第 1 期。

② 秋缬滢：《以大数据运用促生态环境供给侧改革》，《环境保护》2016 年第 13 期。

③ 秦如培：《加快建设国家大数据综合试验区　推动供给侧结构性改革走出新路》，《行政管理改革》2016 年第 12 期。

④ 赵爱清：《供给侧结构性改革与大数据应用》，《中国高校社会科学》2017 年第 5 期。

⑤ Robert S. P., Daniel L. R.：Microeconomics（8th Edition），America：Pearson，Year：2012，p. 768.

供给与需求的状态，消费者对商品的需求反映了某一特定时期消费者在某种价格下愿意购买商品的数量。若将供给侧结构性改革中的供给定义为某种需求提供的产品或服务，那么不同的产品及服务供给就是向市场满足不同的需求。图1所示为经济学理论解释的供给侧结构性改革原理示意。

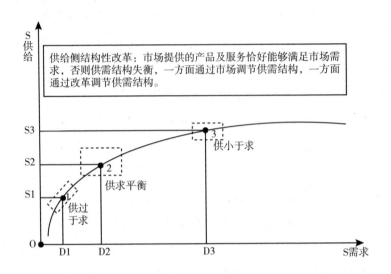

图1　经济学理论解释的供给侧结构性改革示意

供给的目的是为了满足需求，在自由竞争下产品及服务应满足市场规律，最佳状态是确保供给的产品及服务不浪费，避免供过于求导致产能过剩。理想化的状态是实现精准供给，也就是需要多少产品及服务就供给多少产品及服务，不多也不少。供给侧结构性改革通过调整经济结构，使要素实现最优配置，提升经济增长的质量和数量，在保证较好社会平均利润的条件下，理想状态是处于供求平衡点"2"。当供小于求点"3"时，由于这时供给能力不足，就需要提高有效供给，通过提高供给能力及供给质量，让供给较好地满足消费者的需求。当处于供过于求点"1"时，作为生产及服务方，就需要调整产品及服务策略，减少无效供给、提升供给质量、改善产品及服务结构，但在完全的自由市场竞争条件下，企业作为社会大生产的主体，并不一定能够恰好满足产品及服务的有效供给，使供给与需求不会出现供过于求的状态，作为宏观调控的主体，政府就需要通过宏观调控措施，实现社会总需求及社会总供给的平衡，让生产与消费在自由的市场竞争中处于良性循环。供给侧结构性改革通过"三去一降一补"等措施，切实改革投资、消费、出口三驾马车需求侧，劳动力、土地、资本、制度创造、创新等要素供给侧的结构和组成，提高社会大生产的有效供给和供给质量，使供求平衡点从"1"向"2""3"移动，从而使社会化大生产的社会总供给与社会总需求"供求平衡"或处于"供小于求"的状态，持续实现社会平均利润的增加，生产与消费实现良性循环。

（三）大数据促进供给侧结构性改革系统结构

我国的经济活动主要包括宏观经济及微观经济两个层面。宏观经济反映了整个国民经济或国民经济总体及其经济活动和运行状态，微观经济则主要反映了个量经济活动[1]。我国经济处于新常态，经济处于转型期，整个经济转型是一个复杂的系统性工程，各种基本经济关系处于不断变化之中，经济运行中也会呈现出许多新问题、新特征，通过改革不断解决经济发展中的各种新问题、新挑战，稳步实现社会经济全面发展。

1. 大数据战略行动促进经济发展原理

尽管部分专家学者对信息通信技术对经济的促进作用有一定研究[2][3][4]，但研究大数据对经济发展促进作用机理的成果不多。本研究认为大数据采用的核心技术及载体是以数字化知识和信息、现代网络、ICT（信息通信技术）、人工智能等为主的核心技术，对经济发展在多个不同方面具有促进作用。除了信息技术相关核心技术本身产生的业态对经济发展直接贡献外，其

---

[1] 卢炯星：《论我国宏观经济法的理论及体系》，《经济法研究》第 2 卷，北京大学出版社，2001。

[2] 蔡跃洲、张钧南：《信息通信技术对中国经济增长的替代效应与渗透效应》，《经济研究》2015 年第 12 期。

[3] 何枭吟：《数字经济发展趋势及我国的战略抉择》，《现代经济探讨》2013 年第 3 期。

[4] Baller S., Dutta S., Lanvin B.：Global Information Technology Report 2016. Innovating in the Digital Economy, Switzerland：Palgrave Macmillan, Year：2016, pp. 17 - 24.

核心技术对其他产业业态的替代作用和渗透作用也为经济增长提供了新动能。从经济增长函数分析看，决定经济增长潜力的主要因素为包括劳动、资本等在内的要素投入和全要素生产率提高，大数据根据自己所具有的核心业态、关联业态、衍生业态等，通过替代效应和渗透效应影响产业的要素投入结构，通过提高全要素生产率促进经济增长。大数据对经济的促进作用主要表现在三个方面，图2所示为大数据对经济的促进作用原理模型。

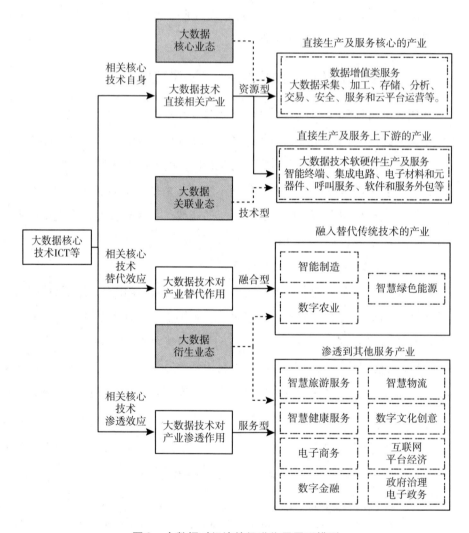

图2 大数据对经济的促进作用原理模型

（1）大数据自身核心技术促进经济增长。由自身大数据核心技术形成的产业，促进经济增长，主要包括两个部分：一是大数据核心业态形成的直接生产及服务产业，是大数据增值类服务，属于资源型数字经济。由大数据相关核心技术本身，产业涉及大数据采集、加工、存储、分析、交易、安全、服务和云平台运营等，这些直接相关产业促进了经济增长。二是大数据关联业态形成的产业，是直接生产及服务上下游的产业，属于技术型数字经济。大数据技术软硬件生产及服务，主要包括智能终端、集成电路、电子材料和元器件、呼叫服务、软件和服务外包等。

（2）发展替代作用产业促进经济增长。通过大数据相关核心技术对传统产业技术的替代作用产生了新型业态，是大数据的衍生业态，这些新业态替代了原来陈旧、落后的生产力，提高了企业劳动生产率，提高了产品质量、企业效益，从而促进了经济发展，形成融入型数字经济。这些产业包括智能制造、数字农业、智慧绿色能源等。

（3）发展渗透作用产业促进经济增长。通过大数据相关核心技术对其他传统产业的渗透作用所产生的新型业态，这些新兴技术不是对原有产业中某些技术的替代，而是渗透，主要原因是将原来效率较低的技术和设备等用大数据相关数字化技术替代和改造，或者融入数字化技术后使企业劳动生产率提高、产品综合成本降低、产品价格降低、产品市场核心竞争优势增加。如在旅游产业中通过大数据技术的渗透，使传统旅游管理效率提升、客户体验增强、服务质量提升，企业经济效益和社会效益提高，促进经济增长和社会进步，属于大数据的衍生业态，这些产业包括电子商务、数字文化创意、远程医疗、云服务的远程视频会议、电子政务、大数据政府治理等。

2.国民经济部门间的关系

按照经济学相关理论，将国民经济的部门分为几大部门，从而有两部门经济学、三部门经济学、四部门经济学。

四部门经济学，就是把两部门经济再加上两个部门形成的经济学，四部门经济，如图3所示。

在四部门经济中，增加了政府及国外两个部门，因为存在对外贸易，所

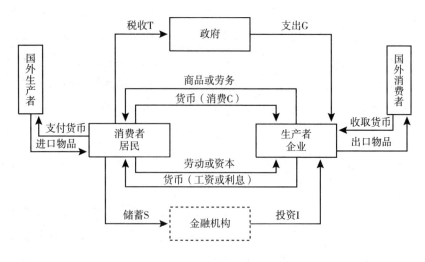

图3　四部门经济模型

以从支出的角度看，形成了如下的平衡结构：国民收入 Y = 消费 C + 投资 I + 政府购买 + 净出口（X - M）。公式为公式1：

$$Y = C + I + G + (X - M) \qquad 公式1$$

在公式1中，Y 表示国民收入，C 表示消费，I 表示投资，G 表示政府购买，X 表示进口，M 表示出口。

由于净出口表示收入，从外国流入本国的进口货物支出（X），并用于购买本国产品的出口货物支出（M），所以净出口应计入总支出。

从收入角度看：国民收入 = 工资利息等生产要素收入 + 非公司企业主收入 + 公司税前利润 + 企业转移支付及企业间接税 + 资本折旧。假设存在四个部门，则宏观经济均衡条件为公式2：

$$C + I + G + X = AD = Y = AS = C + S + T + M \qquad 公式2$$

在公式2中，AD 表示总需求，AS 表示总供给，Y 表示国民收入，C 表示消费，I 表示投资，G 表示政府购买，X 表示进口，S 表示储蓄，T 表示税收，M 表示出口。

由于总需求 = 总收入 = 总供给，所以方程的左边就是总支出或总需求。

X可认为是外国对本国产品的需求，这些需求是通过外贸进出口的形式获得，这里也就是进口物品。在方程右边表示的是总收入或总供给，这里的总收入不仅要用于消费、储蓄和纳税，还要从外国去购买需要的一些产品或服务，因此M可认为是外国部门收入，也就是在外贸活动中出口产生的收入。宏观经济在四部门经济中的均衡条件公式仍然是："总支出＝总收入或者总需求＝总供给"，在公式两边去掉消费C，移项整理，宏观经济在四部门经济中的均衡条件按照"投资＝储蓄"表述，则如公式3所示。

$$I = S + (T - G) + (M - X)$$ 公式3

在公式3中，I表示投资，S表示储蓄，G表示政府购买，X表示进口，T表示税收，M表示出口。

公式3中的左边仍然为投资，右边为储蓄，S表示私人储蓄，$(T-G)$就表示政府储蓄，$(M-X)$就表示通过对外贸易实现的外贸收入，也就是从外国部门处所获得的收支差额的净收入，也就相当于外国储蓄。可见，要使宏观经济实现均衡，就必须满足条件：总支出＝总收入，或总需求＝总供给，投资＝储蓄。如果这些条件不具备，宏观经济运行就会出现非均衡状态。若"投资＞储蓄"，则存在过度需求，也就是"总需求＞总供给"，就会导致资源短缺，引发通货膨胀。相反来看，如果"投资＜储蓄"，就存在需求不足，也就是"总需求＜总供给"，这时又会导致失业，引发通货紧缩。因此，国民经济运行的最佳状态就是满足条件："投资＝储蓄"或"总需求＝总供给"，这样宏观经济才能实现均衡，也就是$I = S + (T - G) + (M - X)$。在实际的国民经济运行中，"投资＝储蓄，总需求＝总供给"这只是理想条件，不是绝对存在，那么就只有通过自由的市场竞争或者是政府的宏观调控来实现供求平衡、投资与储蓄的平衡。

3. 大数据促进供给侧结构性改革模型

从前述经济模型分析可知，国民经济运行的最佳状态是"投资＝储蓄"或"总需求＝总供给"，这样宏观经济才能实现均衡，也就是满足公式2，公式3的条件。

在实际的国民经济运行中，由于投资与储蓄，总需求与总供给的平衡只是理想条件，不是绝对均衡，一旦失去供求平衡，就需要调整，调整途径主要包括两种：一是市场竞争方式自动调整。在完全竞争的市场经济条件下，通过自由的市场竞争方式，使供求关系得到平衡。二是通过政府宏观调控的方式。政府的宏观调控来配置资源，使国民经济的各个部门保持良性循环，对资源进行配置。在自由的市场竞争中，供给与需求、生产与消费、投资与储蓄、进口与出口等之间的匹配并不是那么好绝对掌握，通过大数据应用，解决了投资与储蓄、总需求与总供给之间的精准匹配问题。

（1）大数据提升了四大部门的有效供给。在图4四部门经济的大数据促进供给侧结构性改革系统模型，及"大数据战略行动促进经济发展原理"部分可知，大数据在国民经济四大部门间通过大数据的直接作用、替代效应、渗透作用，提高了各部门的效率，也就是说大数据促进经济发展的原理主要是提高了四大部门的社会劳动生产率，让供给和需求之间更加能够保持平衡，提高了有效供给能力，通过大数据的精准分析、预测与判断，为决策者的精准决策提供了支撑，从大数据对国民经济四大部门影响来看，就是提高了国民经济四大部门的效率，效率的提高就是成本的降低，在行业者之间，掌握了大数据就提高了其核心竞争水平，从而取得了相对优势。

通过大数据，增加了一个因为大数据对供给与需求产生影响的变量，大数据对供给与需求的影响使公式2发生了改变，如果 $AD = AS$，则得到公式4

$$C + I + G + X + BD\_AD = AD = Y = AS = C + S + T + M + BD\_AS \qquad 公式4$$

公式4中，BD_AD 为大数据对总需求的影响变量，BD_AS 为大数据对总供给的影响变量。其中 BD_AD 为：

$$BD\_AD = BD\_C + BD\_I + BD\_G + BD\_X \qquad 公式5$$

公式5中，BD_AD 为大数据对总需求的影响变量，BD_C 为大数据对消费的影响变量，BD_I 为大数据对投资的影响变量，BD_G 为大数据对政府购买的影响变量，BD_X 为大数据对国外生产者也就是对进口的影响

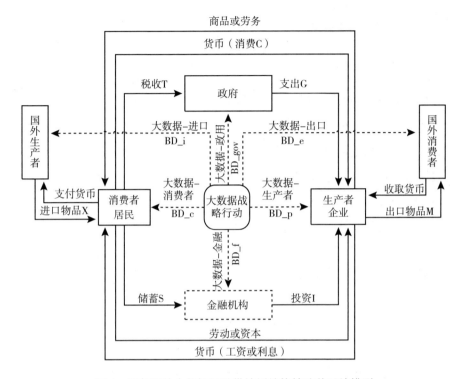

图4 四部门的大数据促进供给侧结构性改革系统模型

变量。

其中 BD_AS 为:

$$BD\_AS = BD\_C + BD\_S + BD\_T + BD\_M \qquad 公式6$$

公式6中，BD_AS 为大数据对总供给的影响变量，BD_C 为大数据对消费的影响变量，BD_S 为大数据对储蓄的影响变量，BD_T 为大数据对政府税收的影响变量，BD_M 为大数据对国外消费者也就是对出口的影响变量。

同样，假设四部门经济中不是传统的经济运行方式，而是受到大数据的影响，由于大数据是一种创新的要素，但是宏观经济的均衡条件还是这样："总支出＝总收入"或者"总需求＝总供给"，将公式4两边去掉消费C，并移项整理，可见四部门经济中新的宏观经济均衡条件还是可用"投资＝

储蓄"表述,公式4演变为公式7。

$$I = S + (T - G) + (M - X) + (BD\_S - BD\_I) + (BD\_T - BD\_G) + (BD\_M - BD\_X)$$

公式7

公式7中,I 表示投资,S 表示储蓄,G 表示政府购买,X 表示进口,T 表示税收,M 表示出口,BD_S 为大数据对储蓄的影响变量,BD_I 为大数据对投资的影响变量,BD_T 为大数据对政府税收的影响变量,BD_G 为大数据对政府购买的影响变量,BD_X 为大数据对国外生产者也就是对进口的影响变量,BD_M 为大数据对国外消费者也就是对出口的影响变量。

为减少无效供给,可借助大数据手段调节供需之间的平衡,提高产品质量、提高政府效率、降低消费者成本,对企业,提高核心竞争力,对金融机构,则提高投资及储蓄的效率,使其效益最大化。

二 亟须突破的关键问题

大数据促进供给侧结构性改革的核心问题是充分发挥大数据相关业态作用,切实提升实体经济的高质量发展水平,但目前仍然存在制约全省大数据相关产业发展的瓶颈问题。

(一)基础设施有待进一步夯实

贵州省信息基础设施三年会战实现了圆满收官,关键信息网络基础设施取得了突破,建成了国家级互联网骨干直联点,但与发达地区仍然有一定差距,信息基础设施建设结构不均衡。

1. 与发达地区差距较大

尽管贵州信息基础设施建设取得了长足发展,但与发达国家及发达地区相比仍较薄弱,与数字经济发展需求相比尚存在较大差距。贵州省信息化整体水平在全国排名及数字生活指数在全国排名处于靠后水平,贵州省家庭普及的宽带,不及浙江省普及率的一半,农村贫困面较大,群众数字素养较低,数字生活参与程度低。

2. 信息基础设施建设结构失衡

信息基础设施的改善并未完全惠及全体群众，特别是贫困边远地区，信息网络覆盖面不广。随着数字技术及大数据与其他产业融合发展的速度加快，新一代无线通信、虚拟现实、物联网等新应用对信息基础设施提出了更高要求，信息基础设施状况制约了大数据相关产业的快速发展，对供给侧结构性改革产生了一些影响。

（二）市场开发存在较大短板

大数据应用与运营，特别是市场化的商用是贵州省最突出的"短板"，与发达地区比较有较大差距。尽管贵州拥有了人数据"钻石矿"，但正确发掘数据富矿蕴含的价值转化为现实的财富，仍是需进一步努力解决的核心问题。贵州省大数据与实体经济融合发展总体水平较低，主要表现为融合应用范围不广、应用程度不深、应用动力不足。

1. 融合应用范围不广

大数据与贵州的工业、农业、服务业的融合应用程度不深，大数据的应用主要是在重点行业或主要领域应用行业为主，与全面推广应用还有较大距离。

2. 融合应用程度不深

贵州三次产业都开展了一些大数据融合应用，但与销售、采购、研发设计、生产制造等关键环节的融合深度还不够。

3. 融合应用动力不足

部分企业由于对大数据推动转型升级认识不足、方法不明，加上大数据与产业融合存在前期投入大、人员要求高、数据收集时间长等特点，中小企业由于资金、人才缺乏等原因，对应用大数据推动产业发展的意愿不强、动力不足。

（三）大数据产业规模小散弱

贵州大数据实体产业发展起步基础差、速度高，但规模总量小、产业散、产品弱。

1. 实体经济发展滞后

近几年来，贵州省 GDP 增速处于全国前列，但总量规模偏小，2018 年贵州省地区生产总值 14806.45 亿元，仅占全国 GDP 的 1.64%，位列全国第 25 位。① 能源原材料工业比重高，高新技术产业占比小，产业结构层次偏低，产业链条较短，市场主体小散弱状况比较严重，实体经济发展滞后，大数据产业发展的"土壤"还比较缺乏，严重制约着贵州实体经济发展。

2. 数字经济规模小

赛迪智库 2018 年 4 月发布的《2018 年中国数字经济指数白皮书》报告数据显示，贵州 2017 年数字经济发展指数在全国 31 个省级行政区中排 18 位，分别低于四川、陕西、重庆。②

3. 大数据相关产品散

贵州省大数据相关硬件产品单一，产品附加值较低，缺乏龙头产品带动。从产品种类看，贵州除了部分手机生产外，微型电子计算机、显示器、打印机、iPad、iPod 等电子产品很少涉及，硬件产品单一。从产品质量看，虽然贵州近年来电子产品产量快速增加，2018 年贵州省电子元件 30.83 亿只，同比增长 74.4%，智能电视 126.91 万台，同比增长 2.8%，但由于不掌握核心技术，产品线单一、产品附加值较低。③

4. 大数据相关产品竞争力弱

大数据相关的软件产品市场竞争力较弱，发展水平层次不高。从软件和信息服务产业综合发展看，2018 年贵州全省软件和信息技术服务业（全口径）收入 348.5 亿元、同比增长 31.8%，④ 但仍然远远落后于江苏、广东和上海等发达地区，与周边西部省份相比也仍有不小差距。从软件类别看，贵

---

① 贵州省统计局：《2018 年贵州省国民经济和社会发展统计公报》，2018，第 1～28 页。
② 工业和信息化部赛迪研究院：《2018 中国数字经济指数白皮书》，2018，第 1～82 页。
③ 贵州省统计局：《2018 年贵州省国民经济和社会发展统计公报》，2018，第 1～28 页。
④ 贵州省大数据发展管理局：《2018 年全省大数据产业运行情况》，http：//www.guizhou. gov.cn/xwdt/dt_ 22/bm/201903/t20190312_ 2300075.html。

州应用软件和基础软件有所发展，但规模仍然较小，对技术运用程度较高的软件产品生产仍显滞后，核心竞争能力较弱。

（四）数据资源开放共享有待加强

贵州大数据战略行动的推进在数据资源开放共享方面还存在不足，数据资源开放共享体系尚未建立完善。

1. 政府数据资源开放不足

从"云上贵州"数据开放平台和贵阳大数据开放服务平台的情况来看，开放的数据集仍然偏少，数据开放质量还待进一步提升。政府数据资源的集聚程度还需要加强，部分部门和地区数据仍未实现向"云上贵州"迁移。政府部门数据资源集聚与数据统筹管理有待加强，在数据资源的集中提质、清洗脱敏、分析应用等方面还缺乏必要的规则和规范，影响了跨部门的数据共享。

2. "数据烟囱"依然存在

垂管部门的"数据烟囱"依然是数据资源"聚、通、用"的拦路虎。部分部门垂管系统无法与"云上贵州"平台兼容。据贵阳市政务服务中心反映，进驻大厅的45家单位中，有近20家的数据资源无法与中心的政务审批服务系统实现共享。在全省大数据扶贫的扶贫云系统中，相关职能部门的数据开放程度也比较低。

3. 社会数据资源亟待开发

正确引导企事业单位、社会团体对外共享数据资源，对这些数据资源的采集存储、开放共享进行制度安排，还缺少系统的思路和规划，这是需要系统解决的问题。

（五）科技及人才投入不足

大数据促进供给侧结构性改革需要科技的支撑和人才的保障，人才及技术资源优势投入不足，是大数据促进供给侧结构性改革面临的突出问题。

1. 缺乏高层次专业技术人才

促进大数据产业发展的关键是人才，随着大数据产业的快速发展，对大数据人才的需求更加迫切，尤其是数据挖掘、数据分析、数据安全、系统架构、区块链等方面的高层次专业技术人才更是短缺。省内大数据人才培训较少，省内有影响的大数据企业不多，大数据科研机构少，开设大数据相关专业的高校也不多，本省内短时间难以培养出大数据发展所需的专业技术人才。技术性、基础性人才储备不足，电子技术、通信、计算机、互联网、电子商务、大数据、人工智能等专业人才和复合型人才的缺失是影响贵州大数据促进供给侧结构性改革的重要因素。

2. 科技及研发投入严重不足

科学技术部《2017 年全国科技经费投入统计公报》显示，2017 年，贵州省共投入研究与试验发展经费 95.9 亿元，仅占全国总数的 0.54%，与四川、重庆等周边城市也存在较大的差距。[1]《中国大数据发展指数报告（2018 年）》显示，2017 年贵州省大数据技术研发创新指数在全国排名 22，其中创新投入指数、创新基础指数、创新水平指数分别在全国排名 26、20、25，贵州省在大数据科技投入、研发投入严重不足。[2]

三　对策建议

围绕国家大数据战略和"数字贵州"建设，运用大数据手段提升农产品有效供给能力、推进工业提质增效、推动山地特色旅游为主的现代服务业发展、提升大数据生态产品供给、以大数据推进"三去一降一补"、提升军民融合产业供给质量、助力精准扶贫打赢扶贫攻坚战、建设高素质大数据人才队伍，推动经济发展质量变革、效率变革、动力变革。

---

[1] 国家统计局：《2017 年全国科技经费投入统计公报》，http://www.stats.gov.cn/tjsj/zxfb/201810/t20181009_1626716.html。

[2] 贵州省大数据发展管理局：《〈中国大数据发展指数报告（2018 年）〉发布，贵州多项指数位居全国前列》，http://www.guizhou.gov.cn/xwdt/dt_22/bm/201808/t20180831_1577344.html。

（一）加强大数据促进供给侧结构性改革的理论及应用研究

在研究大数据核心技术、区块链、人工智能等自然科学学科的同时，加强大数据对供给侧结构性改革、核心竞争力提升、经济高质量发展等社会科学问题的深入研究，重点研究贵州省经济社会发展战略与大数据发展战略的战略匹配，大数据促进国民经济高质量发展的理论基础，大数据战略行动及供给侧结构性改革中存在制约瓶颈及对策建议等，充分依托大数据这一创新发展手段，促进贵州省经济社会发展迈向新时代。

（二）夯实大数据信息基础设施，打造信息基础设施建设2.0版

提升全省骨干网络支撑能力，以贵阳·贵安国家级互联网骨干直联点为依托，拓宽互联网出省带宽，重点提升县（区）、镇（乡）信息基础设施条件。推动宽带网络基础升级，实现城镇及乡村高速宽带网络的全覆盖，4G信号全覆盖，5G网络率先试验及试点。发展新型应用基础设施，推进智能化综合数字基础设施建设，推进新型绿色数据中心建设，在贵州提前布局智能汽车数据中心、智能汽车云，打造全国最大的绿色数据中心基地。构建新型数字网络体系，布局物联网智能化感知设施，推动物联网、工业互联网的规模部署与集成应用，规划和推进IPv6在贵州省的商用试点。

（三）大数据促进实体经济发展，推进实体经济提质增效

1. 推进互联网与实体经济融合

以"互联网＋"改造提升传统企业，有效激发传统企业的创新活力；提升传统企业的信息化水平，构建以互联网为依托的实体经济新生态。

2. 推进大数据与实体经济深度融合

推进"大数据＋电子信息产业"融合，大力发展电子信息制造业、软件和信息技术服务业、云计算产业、人工智能产业、物联网产业；推进"大数据＋工业"深度融合，与新兴产业融合培育新动能促进新增长、与传

统产业融合助推企业转型升级、与工业科技研发融合提升创新能力。推进"大数据＋农业"深度融合。以发展贵州特色优势农业的数字化、智慧化，促进"互联网＋"现代农业快速发展。推进"大数据＋服务业"深度融合，以100个现代服务业集聚区为试点，培育服务业数字经济，实现大数据金融、生产性和生活性高端服务业等融合发展。

3. 推进云计算与实体经济深度融合

跟踪研究云计算技术发展，使用云服务促进传统政务发展，云计算推动电子政务、政府网络采购等政府公共服务的电商化、无线化、智慧化应用，催生带动一批省级示范云计算创新创业企业发展壮大。

4. 推进人工智能与实体经济深度融合

重点围绕人工智能发展出台相关的规划和政策措施，推动人工智能在金融保险、智能制造、教育医疗、安防等领域的广泛应用，以人工智能的应用提高公共服务精准化水平，全面提高社会治理能力。

5. 推进物联网与实体经济深度融合

重点推动制造业的转型升级，积极探索和发展智能制造，培育发展物联网与产业融合的新模式、新业态。

6. 推进区块链与实体经济深度融合

充分利用区块链技术打造"价值互联网"，推动全省经济体系实现技术变革、组织变革和效率变革。发挥区块链作用，降低实体经济成本，提高产业链协同效率，构建诚信产业环境。

（四）大数据促进内陆开放型经济发展，打造内陆开放新高地

1. 力争建设中国（贵州）省域自由贸易实验区

争取建立面向全省对外开放的中国（贵州）自由贸易实验区，构建"1＋8＋9＋10＋N"的"一核八区九地十港多点"的对外开放空间布局。一核：贵安新区。八区：贵州双龙航空港经济区（贵阳临空经济示范区）、贵阳国家高新技术产业开发区、安顺国家高新技术产业开发区、贵阳国家经济技术开发区、遵义国家经济技术开发区、贵阳综合保税区、贵安综合保税区、遵

义综合保税区。九地：就是指九个市州，包括贵阳市、遵义市、毕节市、铜仁市、安顺市、六盘水市、黔东南州、黔南州、黔西南州。十港：龙洞堡双龙航空港，遵义、毕节、兴义、铜仁、六盘水、安顺、黎平、荔波、黄平九大支线机场航空港。

2. 充分发挥1＋8对外创新平台功能

紧紧围绕大数据战略行动，依托1＋8对外开放平台推进供给侧结构性改革，建设贵州现代化经济体系，扩大对东部沿海地区开放，积极对接融入国家"一带一路"倡议，密切与周边地区合作，积极承接中高端产业转移。

3. 拓展对外开放的国际合作空间

依托人数据战略及对外开放战略，以数博会为平台开拓大数据战略的国际化视野，积极参与数字经济国际交流合作，推动大数据业务领域国际合作，强化大数据国际合作支撑能力，推进省内企业"走出去"，促进全省外向型经济发展。

（五）大数据促进政府效能提升，提升国家治理能力

1. 充分发挥政府与市场的作用

充分发挥政府及市场两只手对资源配置的作用，处理好政府与市场的关系，充分发挥政府的宏观调控作用，坚持以对市场资源配置的作用，提高行政效能，以大数据促进国有企业改革，以大数据促进非公有制企业改革。

2. 运用大数据提升政府治理"三种能力"

以大数据提升政府管理能力，有效管好公共权力，推动司法公平公正，有效管好公共资源，有效推进放管服改革。以大数据提升政府决策能力，利用大数据建立起用数据说话、用数据决策的机制，切实改变重要决策中领导主观判断、拍脑袋决策的现象，提升政府决策的精准性、预见性、科学性。

（六）大数据推进"三去一降一补"，降低实体企业成本

1. 建设大数据服务平台促进供需精准对接

将大数据作为未来供给需求匹配的主要技术力量，建立完善适应供给侧结

构性改革的全球领先大数据服务平台，提高企业与消费者的供应链效率，促进行业大数据、云计算服务平台快速发展，研究推进一批关键大数据技术和核心产品。

2. 以大数据推进"三去一降一补"

围绕"三去一降一补"五大任务，以全省大数据战略行动促进供给侧结构性改革，寻找更大市场空间去产能、去库存，创新融资模式去杠杆，以大数据推广应用降低实体企业成本。

（七）大数据助力精准扶贫，打赢扶贫攻坚战

1. 推广应用升级版大数据精准扶贫系统平台

在"贵州省精准扶贫大数据支撑平台"基础上，进一步完善系统功能，整合国家、省、市州扶贫系统资源，推广应用升级版的大数据精准扶贫应用系统平台。

2. 建立全省统一标准及管理的大数据精准扶贫应用

在新的大数据精准扶贫云系统下，通过建立全省统一标准及管理的扶贫大数据运用管理机制，加大运行标准化培训，强化政策及法律支撑，建立动态监督机制，促进大数据创新应用。

3. 有效打通各个部门间的数据共享开放壁垒

协调有关部门，建立完善扶贫数据共享交换机制、统筹推进数据共享交换、简化跨部门数据资源共享流程、深化跨部门数据资源开放程度，有效打通各个部门之间的数据共享开放壁垒。

4. 加强大数据精准扶贫应用的线上线下支持

优化大数据精准扶贫模式，加强扶贫数据的动态分析和结果共享，有效推进产业扶贫进程，使线下的最佳扶贫工作与线上大数据平台功能优势互补，实现大数据精准扶贫模式的创新。

B.3
贵州省共享经济发展现状及
政策法律规定

王向南　吴俊杰*

摘　要： 我国共享经济继续保持稳定高速增长，共享经济是经济体制中活跃的新动能，体现了经济理念、经济技术和经济制度创新的内在要求。"鼓励创新、包容审慎"已经成为规范共享经济发展的基本原则。贵州省在大数据战略指引下，致力于形成数据驱动型创新体系和发展模式。省委、省政府高度重视大数据相关科技的产业输出和转化。大数据、物联网、人工智能、云计算等信息技术在贵州省的深入发展，引领了贵州省共享经济的创新。

关键词： 贵州　共享经济　政策法律

一　共享经济概念

（一）共享经济的本质分析

1.共享经济定义

所谓共享经济，也称为分享经济，是指将社会上分散在个人、组织或者企业手中的海量资源，通过基于互联网、信息通信技术等平台，实现资源元

---

* 王向南，贵州省社会科学院大数据政策法律创新研究中心、法律研究所助理研究员，法学硕士，研究方向：民商法学、大数据法学；吴俊杰，贵州贵达律师事务所律师。

素的快速流动与高效配置，大众广泛参与的适应信息社会发展的满足社会多样化需求的经济活动的总和。广义上包括利用平台进行商品租赁或提供服务并获得收益的经济形式；狭义上指分散的供给者通过互联网平台的撮合在没有所有权转移的情况下与消费者形成交易的经济业态。[①] 商务部认为共享经济是通过信息系统上的平台匹配供需双方，利用基于用户的打分系统控制质量，必须利用技能或资产来提供服务的一种经济分类。[②]

2. 共享经济的主要特点

（1）共享经济是通过信息平台对资源的共享行为。智能手机、移动支付、大数据、云计算、社会征信和数字货币的快速发展，为共享经济奠定了实现基础。共享经济是以网络为基础媒介，在"网约车"和"共享单车"中都存在着基于公共需求的大众生产使用和基于私人所有的平台之间的冲突。

（2）共享经济强调所有权与使用权的相对分离。所有权人的物品能够与他人共享重复使用，倡导共享利用、集约发展、灵活创新、物尽其用，体现了以人为本和物尽其用的消费理念。

（3）共享经济实行供给侧与需求侧之间直接匹配。能够精准高效、动态及时的供需链接，是进行高效供需配置的最优形式，极大降低了交易成本。注重生产服务与消费者之间进行的深度对接，建立公众参与、公众共享的发展模式。

（二）发展共享经济的优势分析

1. 共享经济节约资源能源

现实世界的资源总量有限，大量资源短缺，而生活中资源的闲置与浪费现象也普遍存在，如闲置的房间、汽车、工业设备等。分享经济可以通过大

---

① 杨超、刘明伟：《分享经济的中美比较及启示》，《中国物价》2017年第7期。

② 2017年7月3日，国家发改委等八部门印发的《关于促进分享经济发展的指导性意见》中提到"分享经济在现阶段主要表现为利用网络信息技术，通过互联网平台将分散资源进行优化配置，提高利用效率的新型经济形态"；国家信息中心、中国互联网协会将分享经济定义为"利用互联网等现代信息技术整合、分享海量的分散化闲置资源，满足多样化需求的经济活动总和"。

数据、物联网的整合作用，将这些海量分散的闲置资源进行流动整合，让资源的使用价值达到最大化，来满足人们日益增长的多样化的需求，实现对资源的高效利用。海量的、碎片化的可供分享的剩余资源是发展分享经济的前提条件。大数据、物联网、人工智能等通信技术的发展使海量碎片化的剩余资源得以分享成为可能。在很多地区，尤其是发达国家，由于过度消费，个人资源过剩的例子比比皆是。根据福布斯 2014 年的调查，目前私人家庭中高达 80% 的东西每个月利用不足一次，调查显示近三年中，家庭闲置物品的数量增长了一千倍。一些人拥有的空的房间甚至整套房屋常年闲置，一些企业的机器购买后只在一定时间和环节付诸使用，一些工厂的工业设备在生产淡季也处于闲置状态，这些资源长期闲置就形成了浪费。

近年来，人们的环保意识迅速提升，越来越多的人开始意识到高耗能、高污染的生产模式以及过度浪费、大量闲置的消费模式已经走到尽头。人们开始认识到，与传统经济相比，分享经济是一种对环境更加友好、更节约资源也更加绿色的经济形态。环保意识、节约意识的增强让人们逐步放弃对过度消费的追求，更加重视节约资源、创造社会价值。

2. 共享经济降低交易成本

在传统经济活动中，交易双方无法了解全部的市场供求信息，消费者所掌握的产品或服务信息也不完全属实，从而导致供需错位、逆向选择、道德风险等市场失灵问题频发。人们为了避免吃亏上当，在交易之前都会花费大量时间和精力去寻找最合适的产品或服务，有时这些额外成本甚至超过产品或服务本身的价值，而且也未必能获得满意的结果。对生产者而言，了解消费者偏好和市场需求等信息也需要付出额外成本。过高的交易成本使得市场就像生锈的机器一样运转缓慢。在互联网技术的推动下，分享经济大幅降低了交易过程中的信息搜索成本，议价决策成本、监督执行成本等。

3. 信息搜索成本下降

以前想要找到合适的交易对象，需要有充分的时间和耐心，从琳琅满目的商品和名目繁多的服务中进行挑选，挑到满意的对象后还要不厌其烦地讨价还价。一些较真儿的人，甚至还会多次奔走于各大超市卖场货比三家，或是一遍遍打电话询价。这一系列的情景，不仅烦琐而且低效，想起来就让人觉得头疼、如果是在分享经济模式下，需求方只需在分享平台上发出要约，即可在短时间内得到响应，平台提升了信息搜索、传递和甄别的效率，最大限度地降低了信息不对称的问题。正如美国乔治梅森大学研究员克里斯托夫·库普曼等人所指出的，借助互联网技术平台，分享经济真正打破了消费者和生产者之间信息不对称的局面。

4. 议价决策成本下降

在传统交易中，买卖双方从信息对接到达成交易往往要经过漫长的议价过程，这期间还要受时间、空间和环境等因素的限制，运气不佳的话，甚至可能在最终"敲定"时，已经错过了最佳交易的时点。分享经济平台设立了一套成熟的定价机制，供需双方无须讨价还价，甚至在有些平台上，在需求要约发出的瞬间就能够形成定价。这种基于大数据的定价撮合机制极大地降低了双方的议价成本。比如北京中关村的一位室内装修设计师通过猪八戒网（服务众包平台），可以为一对在重庆的年轻夫妇设计婚房，其后的网上竞价、招标、悬赏等多元化交易模式，相比传统经济，简化了议价流程，一键签约的电子合同方式也大大减少了繁复的签约程序和文本资料。纵观整个流程，无一不完美地体现了实用性、时效性和便捷性的互联网经济特征。

5. 监督执行成本下降

在传统经济中，偶然、单次的交易容易诱发个别商家"一锤子买卖"的不诚信心态，这也是一直以来信用机制不健全所导致的"老大难"问题。然而，在分享经济时代，信息是公开的，交易环节也变得更加透明，尤其是信用体系的不断成熟极大降低了交易活动的道德风险，也相应减少了交易执行、交易追踪与事后监督等成本。在过去，很少有人愿意搭乘陌生人的车辆，因为司机的驾驶技能、道德品行完全无法预知，如若发生问题也很难事后追溯。但在分享经济模式下，每一个司机都有明确的身份信息以及个人信用记录，在平台上也能够查到以往交易中乘客对他的评价，行车过程中乘客可以通过GPS定位实时查看路线全程，如果对服务不满意，还可以通过发表评论、客服投诉等方式维护自己的权利。

二 共享经济发展现状

（一）国内共享经济发展现状

共享经济的发展适应了中国"创新、协调、绿色、开放、分享"五大发展理念的新要求，是中国走出经济发展困境、消除目前经济发展面临痛点的突破口之一，也是实现我国经济发展的创新驱动、供给侧改革的新发展方向，对于构建网络强国，体现信息时代国家新的竞争优势具有深远影响。现实层面看来，我国经济转型发展的迫切需求、我国传统俭省节约的文化传统、网民大国的巨大红利以及"独角兽"企业先行先试的成功经验打开了共享经济快速发展的"机会窗口"。

从发展现状和演进态势看，当前中国共享经济发展呈现以下特点。

第一，产业初具规模，有效促进就业。当前国内共享经济发展迅速，平台企业快速成长。经过几年的快速发展，我国共享经济产业已经初具规模。① 形成了不容小觑的实力。就业是最大的民生，共享经济拉动中低收入人群再就业成效显著。共享经济绝大多数是劳动密集型产业，在促进产能过剩行业的工人及复员、转业军人再就业问题，贫困地区劳动力就业问题实现就业作用进一步显现。② 对于国家去产能政策和脱贫攻坚工作都起到积极的

① 国家信息中心《中国共享经济发展年度报告（2018）》显示：截至2017年底，全球224家"独角兽"企业中有中国企业60家，其中具有典型共享经济属性的中国企业31家，占中国"独角兽"企业总数的51.7%。2017年新进入该榜单的中国企业有17家，http：//www.sic.gov.cn/News/79/8860.htm。

② 国家信息中心《中国共享经济发展年度报告（2018）》显示：滴滴出行平台已经为去产能行业（煤炭、钢铁、水泥、化工、有色金属等）职工提供了393.1万个工作和收入机会，为复员、转业军人提供了178万个工作和收入机会，帮助133万失业人员和137万零就业家庭在平台上实现再就业，促进了社会和谐稳定。在生活服务领域，截至2017年底，美团外卖配送活跃骑手人数超过50万人，其中15.6万人曾经是煤炭、钢铁等传统产业工人，占比31.2%；有4.6万人来自贫困县，占比9.2%。http：//www.sic.gov.cn/News/79/8860.htm。

推动作用。

第二，平台数量持续增加，共享经济领域迅速拓展。近几年来，国内共享经济领域呈现快速拓展态势。① 共享经济以"共享单车""网约车""共享汽车"这一共享交通领域开始，快速发展，已经渗透到"共享住宿""共享货运""共享餐饮""共享旅游""共享农业机械"等生活生产领域。共享经济企业的数量持续攀升，2017 年大量"共享单车"平台开始融资，甚至被大众调侃出现了单车颜色不够用的场面。总的来说，各类共享经济平台已经逐步形成一批具有一定竞争力，初具规模、各具特色的企业。如房屋租赁领域有搜床网、小猪短租等；交通领域有滴滴出行、摩拜单车、神马专车、易到用车等；在货运领域有货车帮、货拉拉、猪八戒网等。

第三，共享交通行业发展较快，凸显示范引领作用。共享交通肇始于2009 年美国共享汽车企业 Uber 的成立。中国第一家专门提供网约车服务的平台是 2010 年成立的"易到用车"。"滴滴打车"成立于 2012 年。短短数年，共享出行快速发展。② 2014 年中国第一家共享单车"ofo"在北大校园内成立，共享单车随即走出北大校门，近年来，共享单车最多时候发展到64 个运营品牌，经过竞争淘汰到目前尚在运行的 20 多个共享单车品牌。经过近 8 年的发展，共享平台企业经历了寡头竞争、创业热潮、战略整合等发展阶段。

第四，国内企业创新发展，成为经济发展新动能。共享经济作为一种新的经济形态，拥有新的发展理念、发展模式和资源配置方式。体现出了经济

---

① 国家信息中心《中国共享经济发展年度报告（2018）》显示：2017 年我国共享经济市场交易额约为 49205 亿元，比上年增长 47.2%。2017 年我国参与共享经济活动的人数超过 7 亿人，比上年增加 1 亿人左右。参与提供服务者人数约为 7000 万人，比上年增加 1000 万人。预计未来五年，我国共享经济有望保持年均 30% 以上的高速增长。http://www.sic.gov.cn/News/79/8860.htm。

② 国家信息中心《中国共享经济发展年度报告（2018）》显示：2017 年全年，滴滴出行平台为全国 400 多个城市的 4.5 亿用户，提供了超过 74.3 亿次的移动出行服务，为出租车司机链接了 11 亿次出行需求。http://www.sic.gov.cn/News/79/8860.htm。

发展的理念创新、模式创新、技术创新。我国共享经济近年来迅猛发展，各种类型创新型企业蓬勃兴起，已经成为中国创新发展的一张名片。从共享经济商业模式来看，中国最早的共享交通平台是模仿美国 Uber 公司。在对国外共享经济形式进行借鉴的同时，我国物联网、大数据等信息技术的高速发展也为共享经济的创新发展提供了有力支撑。我国共享经济平台对国外共享经济商业模式进行了很好的本土化创新与融合，走出了一条在中国经济体制下适合我国市场的发展道路。

（二）贵州省共享经济发展现状

1. 大数据产业带动引领

贵州省大数据应用不断深化，推动形成数据驱动型创新体系和发展模式。以共享经济为代表的新业态新模式蓬勃发展，推动数据呈现出爆发增长、海量聚集的特点，对经济发展、社会治理、国家管理、人民生活都产生了重大影响。在贵州省大数据战略的带动引领下，云计算、大数据、人工智能等新一代信息技术不断得到深化应用，引领着贵州省共享经济的创新发展，打造升级传统产业，优化提升服务业质量。以贵州省"大数据"战略为支撑，贵州共享经济发展具有得天独厚的政策优势，展现出了良好的发展势头。

贵州省把发展大数据作为弯道取直、后发赶超的战略引擎。建立了中国首个国家级大数据综合试验区，贵州省会贵阳以"中国数谷"为目标，以推进大数据与实体经济深度融合为主攻方向，大数据发展风生水起，落地生根，数字经济蓬勃发展、持续壮大。官方统计数据显示：2017 年，贵阳市大数据企业达到 1200 户，实现主营业务收入 817 亿元，以大数据为代表的新动能对经济增长的贡献率达到 33%。2016 年 2 月，国务院部署包括贵安新区在内的 10 个省市、5 个国家级新区开展服务贸易创新发展试点。两年半以来，贵安新区抢抓机遇，提出坚持以服务业为主体，以"大数据、云计算、互联网"和"服务贸易"为两翼的"一体两翼"试点思路，探索出了"大数据 + 服务贸易"新路径，2018 年 6 月，国务院同意在 17 个省市（区域）深化服务贸易创新发展试点，贵安新区再次位列其中。

贵州省大数据产业风生水起，共享经济作为大数据产业与实体经济深度融合的典范之一，贵州省目前对于共享经济的体量规模还没有官方准确的统计数据，但获悉近期贵州省大数据发展管理局在全国率先编制的《大数据与实体经济深度融合评估体系》已经顺利通过专家评审，专家一致认为该评估体系在全国范围首次提出覆盖国民经济全行业大数据融合应用评估方法，有较高的理论创新性和实践可操作性，并建议在国家大数据与实体经济深度融合应用实践中加以推广。[①] 该评估体系并未公布，我们相信该评估体系应当包含了分享经济。在贵州省大数据产业与实体经济深度融合的战略部署带动下，相信共享经济在贵州将有更好的发展前景。

2. 产业发展势头良好

在贵州省政策的鼓励下，贵州大数据战略的驱动下，不但国内大型共享经济企业如滴滴出行等在贵州发展风生水起，很多共享经济平台已经开始入驻贵州，贵州省最为典型的分享经济本土企业，当数 2017 年被评为"独角兽"企业的"货车帮"，"货车帮"致力于空载货车与待运货物之间的高效匹配，货物、车辆保险，二手车交易等服务。目前"货车帮"有诚信货车司机会员 520 万人，认证货主会员 120 万人，每日货源信息 500 万条。极大地服务了贵州省乃至全国货运市场。为全国第二大货运分享型企业。贵州省共享旅游设施，共享旅游民宿，共享农业基础设备等共享经济方兴未艾。

分享经济适应于资源节约型、环境友好型经济发展方式，也一定程度上助力于贵州省脱贫工作。相信不久的将来，贵州的共享经济发展将为贵州省经济发展增添新动力。

---

① 《贵州这项在全国率先编制的评估体系或将成为国家标准》，网信贵州，https：//baijiahao. baidu. com/s？id=1611938433988821022&wfr=spider&for=pc。

三　有关共享经济的政策和相关规定

（一）我国共享经济政策的提出和发展

1. 国内共享经济有关政策的提出

2015 年 9 月 26 日，国务院发布文件《关于加快构建大众创业万众创新支撑平台的指导意见》（国发〔2015〕53 号），"分享经济"这一概念首次在中央文件中被提出。该文件指出，在当前全球分享经济快速增长的大背景下，我国要壮大分享经济，培育新的经济增长点，以把握发展机遇，汇聚经济社会发展新动能；同时，要推动整合利用分散闲置社会资源的分享经济新型服务模式，以激发创业创新活力。

2015 年 10 月 29 日，党的第十八届五中全会进一步指出，我国要坚持创新发展，实施网络强国战略，实施"互联网＋"行动计划，发展分享经济。同日，发展分享经济，促进互联网和经济社会融合发展也纳入了《中共中央关于制定国民经济和社会发展第十三个五年规划的建设》。

2015 年 11 月 19 日，国务院发布文件《关于积极发挥新消费引领作用加快培育形成新供给新动力的指导意见》（国发〔2015〕66 号），意见指出，我国要完善分享经济，健全有利于新技术应用、"互联网＋"的发展、使用权短期租赁等分享经济等新型经济模式成长的配套制度，以加强助推新兴领域发展的制度保障。

2016 年 3 月 5 日，李克强总理在《政府工作报告》中提出，要推动新技术、新产业、新业态加快成长，以体制机制创新促进分享经济发展，建设共享平台，做大高技术产业、现代服务业等新兴产业集群，打造动力强劲的新引擎。充分释放全社会创业创新潜能。着力实施创新驱动发展战略，促进科技与经济深度融合，提高实体经济的整体素质和竞争力。支持分享经济发展，提高资源利用效率，让更多人参与进来、富裕起来。

2017 年 3 月 5 日，在《政府工作报告》中，李克强总理提出，要支持和引导分享经济的发展，提高社会的资源利用效率，便利人民群众的生活。本着"鼓励创新、包容审慎"原则，制定新兴产业的监管规则。

2017 年 10 月 18 日，党的十九大报告也提出，要加快发展先进制造业，推动互联网、大数据、人工智能和实体经济深度融合。在中高端消费、创新引领、绿色低碳、共享经济、现代供应链等领域培育新增长点、形成新动能。

从 2015 年中央文件中首次出现"发展分享经济"概念，中国共产党十八届五中全会公报和"十三五"规划建设中都明确提出了要"发展分享经济"，这使得共享经济的发展成为我国的国家战略。2016 年《政府工作报告》中提出要"促进和支持"分享经济的发展；2017 年《政府工作报告》中提出要"支持和引导"分享经济发展，并确立了对于共享经济监管应遵循"鼓励创新、包容审慎"的原则。作为依托互联网而产生的共享经济，是互联网、大数据、人工智能和实体经济深度融合的典范之一。共享经济不仅符合创新理念，也带来了有效利用资源、环境保护、方便人们生活等积极作用。

2. 国内共享经济相关法律法规和文件

（1）适用法律

目前，关于共享经济还没有出台专门的法律，值得一提的是，2018 年 8 月 31 日，第十三届全国人民代表大会常务委员会第五次会议表决通过了《电子商务法》，该法于 2019 年 1 月 1 日实施。共享经济平台属于电子商务范畴，该法律适用于共享经济。

（2）近年来我国共享经济领域出台的部分规定（见表 1）

表 1　相关规定

序号	发布时间	发布部门	文件名称
1	2018.5.22	国家发改委办公厅、中央网信办秘书局、工业和信息化部	《关于做好引导和规范共享经济健康良性发展有关工作的通知》
2	2017.12.8	国家发改委	《关于推动发展第一批共享经济示范平台的通知》
3	2017.7.3	国家发改委等 8 部门	《关于促进分享经济发展的指导性意见》
4	2017.11.6	国家食药监总局	《网络餐饮服务食品安全监督管理办法》

序号	发布时间	发布部门	文件名称
5	2017.8.3	交通运输部等 10 部门	《关于鼓励和规范互联网租赁自行车发展的指导意见》
6	2017.5.8	国家卫计委	《互联网诊疗管理办法（试行）》（征求意见稿）
7	2017.5.8	国家卫计委	《关于推进互联网医疗服务发展的意见》（征求意见稿）
8	2016.12.12	文化部	《网络表演经营活动管理办法》
9	2016.7.28	交通运输部等 7 部门	《网络预约出租汽车经营服务管理暂行办法》

（3）省外有关共享经济的地方性规范文件（见表2）

表 2　地方性规范文件

序号	发布时间	政策来源	文件名称
1	2017.12.20	安徽省	《安徽省发展改革委等转发关于促进分享经济发展指导性意见的通知》
2	2017.01.06	重庆市	《重庆市人民政府办公厅关于培育和发展分享经济的意见》
3	2018.01.24	福建省	《福建省发展和改革委员会、中共福建省委网络安全和信息化领导小组办公室、福建省经济和信息化委员会等关于印发福建省加快共享经济发展实施方案的通知》

从以上统计情况来看，我国目前关于共享经济较为权威的文件是 2017 年国家发改委等八部门发布的《关于促进分享经济发展的指导性意见》。该文件是我国目前指导共享经济工作的原则性文件，但该文件法律层级较低，我国还没有出台关于共享经济的专门法律。中央发布的关于共享经济发展的文件中，各个行业的单行规定较多，相关规定也较为零散。外省关于共享经济的地方性规范文件中，对共享经济做出规定的省份较少。关于共享经济原则性规定较多，多是对中央精神的传达，具体更深一步的细化规定较少。可见，对于共享经济保护和规制的基本理念已经清晰，需要在法律政策层面进一步明确深化。

（二）贵州省有关共享经济的政策和规定

1. 贵州省鼓励共享经济发展的政策

目前，贵州省政府将发展共享经济的促进政策纳入本省政府未来的工作重点，其主要着力点表现为在市场准入监管和配套制度完善上为发展分享经济营造宽松的制度空间。

2017年2月6日，贵州省人民政府印发国内首个省级层面数字经济发展规划《贵州省数字经济发展规划（2017～2020年）》，规划中指出，大力推动分享经济培育发展。大力推进分享经济发展，促进技术、实物、服务等资源的优化配置。发展生产能力分享经济，引进一批国内外大型制造企业生产资源开放平台，支持构建一批行业性服务平台，提高大型制造企业闲置资产利用率，实现企业内部研发、生产、检测、交易等环节及技术、资金、人才、信息等要素资源向社会共享开放，提升协同发展效率。发展创新资源分享经济，引进或搭建一批创新创意资源分享平台，着力打造特色创新资源分享示范基地。发展生活服务分享经济，推动餐饮、家政、美容美体、社区配送、技术技能、二手物品等个人闲置资源分享，大力发展新能源汽车分时租赁、分享单车等新型分享服务，着力打造绿色分享示范城市。发展教育资源分享经济，依托花溪大学城教育资源，开展科研仪器、教室资源、活动中心等公共基础设施分享服务，引进或搭建在线教育开放平台，支持具有富余能力的各级教师、专业人才提供在线课程辅导、职业技能培训等分享服务，最大限度挖掘教育科研价值。

2018年2月7日，贵州省人民政府印发的《贵州省实施"万企融合"大行动打好"数字经济"攻坚战方案》中指出，加快运用大数据改造传统产业，提升传统产业自动化、数字化、绿色化水平，促进核心竞争力升级。加快壮大物联网、人工智能、共享经济、区块链等新业态。文件在"加快大数据与服务业深度融合"这一部分中，专门提到要发展共享型服务业。①

从目前贵州省政府推出的发展共享经济的指导性政策看，贵州省发展分

享经济的一个重要目的是在于促进传统产业转型升级、利用创业创新培育新的经济增长点，对于市场主体的监管主要是立基于在原有市场监管框架上进行适应发展需求的创新。具体而言，贵州省将发展分享经济与实施"互联网＋"行动并列，要求通过促进互联网与经济社会融合发展，构筑发展新优势和新动能，拓展发展新空间。其中包括加快运用大数据改造升级传统产业，通过提升传统产业的自动化、数字化、绿色化水平，加快传统产业核心竞争力的转型升级。加快壮大区块链、物联网、人工智能、共享经济等新业态，优化实体经济结构，提升融合发展质量。贵州省政府将分享经济模式视为一种以互联网思维为支撑的新技术和新知识，认可其在推动传统产业的转型升级、激励经济社会新潜力发展方面能够产生积极影响。

贵州省政府认识到分享经济模式的一个重要优势在于发展共享型服务业。发展共享经济以"大数据"战略为支撑，在行业格局面临全新的挑战和机遇的情况下，坚持创新，开发出新技术、新模式、新产品，发展新产业。共享经济能够加速以大数据为引领的产业创新和商业模式创新，发展共享经济有利于做优、做强贵州省大数据的长板。

2. 贵州省有关共享经济的文件

为贯彻落实国家法律法规有关要求，积极稳妥深化改革推进贵州省出租汽车行业健康发展，更好满足人民群众出行需求，贵州省人民政府出台了《省人民政府办公厅关于深化改革推进出租汽车行业健康发展的实施意见》（黔府办发〔2016〕41 号）。贵阳市出台了《贵阳市人民政府办公厅关于深化改革推进出租汽车行业健康发展的实施意见》（筑府办发〔2016〕44 号）。贵阳市交通委员会、贵阳市发展和改革委员会、贵阳市工业和信息化委员会、贵阳市公安局、贵阳市商务局、贵阳市工商行政管理局、贵阳市质量技术监督局、贵阳市大数据发展管理委员会、贵阳市互联网信息办公室关于印发《贵阳市网络预约出租汽车经营服务管理暂行办法》的通知（筑交通〔2016〕140 号）。2018 年 9 月 13 日，贵阳市公安局出台《贵阳市网络预约出租汽车安全管理规定》。

由以上规定可知，贵州省目前关于共享经济的文件主要集中在共享出行领域。目前"网约车"在与传统出租车行业相竞争融合过程中，出现了一些新的权利确权和利益界定问题。"网约车"作为新生事物，其管理体制还存在不尽完善的地方，尤其是近期发生的"网约车"司机强奸杀人恶性事件，更是暴露了"网约车"管理存在漏洞，"网约车"的管理亟须进一步完善。对网约车出台专门的管理办法是很及时，也是很有必要的。

与此同时，我们也可以看出，目前贵州省针对共享经济制定的法规还不尽完善，关于共享民宿、网络餐饮、网络医疗等共享经济领域还未有相关规定和文件加以规范。伴随着2018年8月31日《电子商务法》的出台，贵州省应当根据该法法律精神，尽快落实相关配套法规的完善。

国家和贵州省对共享经济相继出台了相关政策法规，对共享经济发展大力支持，为共享经济的发展提供了良好的政策法制环境，共享经济目前发展势头较好。分享经济是贵州省大数据战略的具体实践。经过多年深耕发展，贵州省形成了良好的创新创业环境，不仅引来高通、阿里巴巴、腾讯等国内外大型大数据项目落地贵州，更培育出了"货车帮"等贵州省本土大数据产业。贵州省大数据已有产业为共享经济的发展提供了较好的发展基础，贵州省发展共享经济也是贵州省产业转型升级的必然选择。目前，贵州省共享经济的快速蓬勃发展，定推动贵州大数据建设工作更上一个台阶，为贵州贯彻五大发展理念注入新的活力。

参考文献

〔印〕阿鲁·萨丹拉彻：《分享经济的爆发》，周恂译，文汇出版社，2016。

〔美〕罗宾、蔡斯：《共享经济重构未来商业模式》，王芮译，浙江人民出版社，2017。

姜奇平：《分享经济垄断竞争政治经济学》，清华大学出版社，2016。

〔美〕雷切尔·波茨曼：《共享经济时代——互联网思维下的协同消费商业模式》，唐朝文译，上海交通大学出版社，2017。

程维、柳青：《滴滴——分享经济改变中国》，人民邮电出版社，2017。

于雷霆：《分享经济商业模式——重新定义商业的逻辑》，人民邮电出版社，2016。

B.4
大数据优化贵州社会风险防控：
价值、困境及策略[*]

陈玲玲[**]

摘　要： 贵州作为大数据先行先试地区，在运用大数据创新社会治理
方面进行了诸多探索，同时贵州作为快速发展的西部省份，
也是社会风险高发地区，把大数据与社会风险防控结合起来，
对贵州来说，无疑具有独特优势和深远意义。数据科学的进
步和数据产业的发展，推动大数据在精准识别科学评估风险、
有效预警及时干预风险、实时监控动态整改风险方面发挥重
要价值。与此同时，大数据作为一种新兴技术，在发展过程
中也面临着个体隐私泄露、大数据技术发展滞后、数据割裂
程度深等多重困境。可从创新风险防控理念，推动政府数据
开放、共享和协同，优化风险评估机制等方面进行改进和提
升，提高社会风险防控的智能化、科学化和精准化水平。

关键词： 大数据　贵州　社会风险　防控

　　"风险社会"理论自德国著名社会学家乌尔里希·贝克（Ulrich Beck）
于 20 世纪 80 年代提出后，就受到国际社会的广泛关注，其立足全球化的宏

　　* 本报告为 2017 年度贵州省社会科学院青年课题（编号：YJQN2017001）以及 2019 年度省领
　　导圈示课题（编号：QS2019007）研究成果。
　　** 陈玲玲，贵州省社会科学院社会研究所助理研究员，研究方向：社会风险、大数据治理学。

阔视野，从风险的角度来审视和反思人类社会的发展，深刻地刻画了当今社会的结构性特征和西方社会进入"后工业化"时代人类面临的种种危机和风险，为我们理解和破解当今社会面临的一些生态、政治、经济和技术问题提供了一种新的理论视角，特别是在当今经济全球化越来越深入发展的背景下，以"大智移云"（大数据、智能化、移动互联网、云计算）为特征的信息科学技术广泛运用，海量数据的产生与流转成为常态，大数据逐步渗透到各行各业，在深刻重构人们社会关系的同时，也给社会发展带来许多不确定性影响，使原本就客观存在的许多风险呈现出放大效应，每一个数据节点都蕴含着风险扩大的无限可能性。同时，大数据被赋予经济、政治和社会意涵，在社会治理、经济预测、政府决策方面广泛运用，成为"创新的前沿"。大数据典型的双刃剑特征，为我们理解风险和治理风险提供了有益的启示和借鉴，正因为如此，在大数据时代背景下，大数据作为一种新兴的数据处理技术和认知思维，受到理论界和实务界广为推崇，给社会风险防控提供了新的理念、方法和技术。

引　言

互联网、云技术和大数据的迅猛发展与社会结构转型体制转轨的共时性，使得当下的我国呈现出风险频发的社会特征。特别是对于贵州这样一个少数民族众多、风土人情多样、发展基础薄弱、民生欠债较多、贫困人口数量依然庞大的西部省份来说，快速发展的过程也是一个充斥着较高风险的运行过程。一方面，贵州为实现 2020 年与全国同步小康的发展目标，在加快发展、加速转型中推动跨越，使得贵州经济发展速度连续六年保持全国前三位，也使得民生服务水平不断改善，社会建设迈上新的台阶，贵州迎来了前所未有的发展机遇；另一方面，经济的快速发展，各领域改革的全面深化，加之新常态下经济下行压力的增加，社会结构分化、利益多元化和利益博弈的趋势日益明显，上述趋势以及由财富、权利、风险分配不公以及利益分配不均衡导致的社会风险与市场经济的某些负面效应相结合，加剧了社会矛盾和社会问题的产生，络绎不绝的风险景观在各地不断上演，传统的灾害风险、跨越式发展过程中的社会风险、现代化过程中衍生的生态风险在大数据时代交互凸显。可见，在这样一个风险共生的社会发展态势中，仅对危机进行局部改良显然难以从根本上解决问题，迫切需要引进新的技术和方法。

值得庆幸的是，贵州作为一个西部省份，近年来，厚植贵州资源优势，把握国家发展机遇，在全球大数据浪潮中，较为迅速地对大数据做出战略反应，早在 2014 年就把大数据上升为全省性的战略行动，作为贵州摆脱资源路径依赖，实现后发赶超、同步小康的现实路径，作为统领贵州各行业、各领域迈向智能化和数字化的主要牵引。大数据已经成为贵州的"新名片"，为贵州经济发展和社会进步注入了强大动力。经过几年的发展，贵州大数据产业研发、应用、服务平台不断建立完善，在政法、公安、司法、民政等部门得到广泛应用，在打防管控、执法司法、队伍监管、舆情研判、风险预警、政务服务等领域和环节发挥了重要作用。如通过汇集公安内部各警种和外部安监、交通运输、保险、广电等数据资源，搭建大数据资源地，形成全省"天网工程"的基础性数据；省政法委、省综治办建立全省综治信息平台，联网全省公共安全视频系统；省法院建立司法大数据分析平台；省检察院建立案件质量风险评估系统，实现风险提示、偏离预警、监督纠正；省公安厅把大数据与公安部门的主要职责"防范、打击、管理、服务、监督"联动起来，织密平安智慧网；省司法厅刑罚执行网上办案、创新服刑人员资金管理系统；[1] 省交通厅依托云平台的户籍管理、人脸识别、车辆动态监控、轨迹跟踪、违法自动抄告等功能，建立"企业应用为主体，交警、交通运输、安监部门履行监管责任和核心，实现共同治理目标"的综合监管机制等等。[2] 同时，贵州政法平安云、法院云、检务云、多彩警务云、信访云、政法机关信息整合共享工程、综治视联网、"雪亮工程"、智能办案辅助系统建设应用成效凸显。其中贵阳市公安部门早在 2014 年就运用轨迹综

---

① 王恬：《大数据 引领鼓掌政法工作创新发展》，《人大论坛》2017 年第 5 期。
② 郑永红：《大数据与公共安全预警系统的建设》，《法制与社会》2018 年第 8 期。

合分析及大数据比对技术成功破获多起网吧盗窃案。2017 年贵阳市率先建设跨部门大数据办案平台并上线实转获得中央政法委高度肯定，称其为"一次历史性变革"。①

贵州在运用大数据防控社会风险、化解社会矛盾、提升社会治理效能方面的探索，为推进大数据与社会风险防控的融合发展，提供了有益的借鉴，也为应对风险社会提供了技术支持。随着全球大数据浪潮的席卷以及贵州大数据全省战略行动的深入实施，建立和完善基于大数据的贵州社会风险防控机制，无疑将是未来大数据发展的重点方向，也是实现社会治理现代化的重要手段。在贵州大力发展大数据的时代背景下，把大数据与社会风险防控结合起来，既可为大数据的发展应用提供实体依托，也可进一步完善社会风险防控的技术路径。

2015 年 10 月 29 日，习近平总书记在党的十八届五中全会第二次全体会议上指出：要加强对各种风险源的调查研判，提高动态监测、实施预警能力，推进风险防控工作科学化、精细化。2017 年 10 月 18 日，在党的第十九次全国代表大会上，习近平总书记明确提出要增强驾驭风险本领，健全各方面风险防控机制。同时，总书记多次在不同场合强调要运用大数据提升国家治理体系和治理能力现代化水平，实现"政府决策科学化、社会治理精细化、公共服务高效化"。在大数据时代背景下，风险防控的外部环境发了新的变化，总书记的大数据国家治理观，为贵州加强大数据在社会风险防控方面的应用提供了行动指南，也为社会风险防控提出了创新要求和实现路径。可以预见，随着大数据技术的发展和贵州大数据综合试验区的建立，贵州在运用大数据优化防控社会风险方面将有更大的作为。

然而，毋庸置疑的是大数据是一种新兴技术，而大数据优化防控社会风险属多学科交叉的新领域，在发展过程中仍面临着不少困境，同时大数据本身可能牵引出新的风险，仍然是我们无法回避的现实难题。在大数据时代，

---

① 《贵州：持续深化社会治理创新谱写新时代平安贵州新篇章》，贵州省人民政府网，http://www.guizhou.gov.cn/xwdt/gzyw/201805/t20180510_1119260.html。

贵州如何更好地把握大数据发展契机，深入挖掘大数据在风险防控领域的价值，优化社会风险防控的传统进路，创新危机管理，推进治理体系治理能力现代化将是本报告试图探讨的问题。

一 大数据优化社会风险防控的价值分析

大数据通过对大量半结构、非结构化数据的快速搜集、清洗、分析、挖掘、研判，实现对风险的有效识别、评估、预警、监控、反馈，从而为及时响应、有效处置、科学决策提供数据基础。同时，基于大数据的风险管理信息系统，能够突破部门条块分割、专业分工隔阂造成的信息壁垒，促进信息共享、协同，全面优化社会风险防控流程。

（一）精准识别科学评估社会风险

风险识别是指对风险设定准入标准，进行排查、分类，并动态更新的工作。风险评估是指在风险事件发生之前或之后（但还没有结束），该事件给人们的生产、生活、生命、财产等各方面造成的影响和损失的可能性进行量化评估的工作。实现对风险的精准识别和科学评估是做好风险管理和应急预案的前提。风险固有的随机性和不确定性以及现代风险跨领域、衍生性和危害的全体性，使得传统方法意义上的风险识别（主要依靠广泛调研来获得信息数据，构建风险识别框架、查找风险事件、制作风险识别清单）极其困难，特别是在风险形成的初始阶段，更是无从下手。而且，传统方法获取到的信息数据覆盖面有限、结构单一，成本高昂、可得性差、时效性不足，为后续的风险评估制造了显性障碍。在大数据时代，信息的传播和流转速度极快，其中非结构化数据的超大规模和增长分别占数据总量的 80% ~ 90% ,[1] 风险的衍生和扩散渠道更加多元，客观上要求管理者寻求恰当的工

---

[1] 《颜陈：舆情如何与大数据"共舞"》，红网，http：//news. 163. com/13/1229/00/9H7LDL LR00014AEE. html。

具和方法防控风险。大数据的发展为风险防控提供了变革契机,大数据的最大价值在于把一切都归入了一个可量化的时代,而其中最根本的就是个体的行为、偏好、习惯会通过不经意的行为如点击、浏览、表达等显现出来,网络大数据记录并分析这些行为,使复杂表征背后的关联和规律得以清晰呈现。基于大数据所具有数据累积容量的激增、离散数据的聚合能力、更快的电脑处理器和存储器带来的处理数据能力的增长这三大优势①,可构建出大规模、全景式的分布式数据集,全方位的记录人们的生产生活和行为轨迹,从杂乱、混沌、失序的数据中提炼出看似毫无关系数据之间的关联性,在挖掘、分析中重构事物的线性关系,场景化地再现人们的行为模式和选择方向。

在这样的技术架构和社会情境下,大数据技术在社会风险防控领域的运用将再造传统的风险识别和评估流程,从对抽样数据简单的因果分析到对全样本化数据的关联分析和逻辑分析,改变的不仅是数据分析的规模和方法,而且可将分析的触角延伸到复杂社会网络和情景下,探索个体与个体之间、个体与组织之间的内隐关系,测度社会行为的文化和集体心理方向,分析可能的风险源,明确风险类型和特征及其与现实危机之间的关联强度,并可动态化的构建风险评估指标体系,科学的确定风险等级,使风险评估指标体系更加具有针对性,风险评估结果更加接近事实真相。而这样的风险评估结果,将使防控措施制定的依据更加科学和精准,更能尊重和回应民意,并可有效推动多元防控主体的参与和互动,从而提升风险评估的客观性和权威性。

(二)有效预警及时干预社会风险

社会风险预警是指依据已有预案或工作方案,针对即将兑现为危机的高危风险,在内部下达提前处理的任务,并启动预案响应,在外部发布公开信息,提醒社会各界配合防范的一系列工作,是社会风险防控的关键环节。②

---

① 蔡一军:《大数据驱动犯罪防控决策的风险防范与技术路径》,《吉林大学社会科学学报》2017 年第 3 期。

② 唐钧:《社会公共安全防控的困境与对策》,《教学与研究》2017 年第 10 期。

通过大数据挖掘分析、集成处理、可视化输出技术，及时、准确发布风险预警信息，切实做到"防患于未然"，确保隐性、常态的风险在向显性、非常态的危机转化过程中能做到提前介入，及时干预并得到有效处置，实现风险发现得早，预警得准、干预得早的总体要求。

预测作为大数据的核心价值，就像量子力学中的测不准原理一样，虽然不能预测某事是否必然发生，但能确定发生的概率。有研究者认为，93%的人类行为是可以预测的，当我们将生活数字化、公式化以及模型化的时候，我们就会发现其实大家都非常相似。[①] 在大数据时代，不同类型、不同行业数据的引入，使预测技术和预测模型的精准度逐步提高，大数据在网络舆情预测方面也显示出重大价值，运用大数据预测舆情事件爆发的概率和时间、舆情热点分布、扩散程度和情感指向，掌握网络舆情的运行规律及其对现实世界的影响，有助于相关部门及时采取应对措施，对公众热点议题进行回应，正确引导社会舆论，维护社会稳定和谐。

运用大数据的关联分析、聚类分析、语义分析等技术，为预测性建模提供更多变量，提升直觉判断的准确性，通过解析隐藏在杂乱无章数据中的内在价值，呈现海量信息背后的逻辑一致性，基于危机成因、安全形势、风险规律、社会态度、公众感知等综合因素，对风险源的变化趋势进行仿真，计算转化概率、预测潜在风险及其转化为危机的可能性和受损程度，及时有效地对风险进行预警、预判，及时启动应急预案，快速响应处置，做到前置式干预和危机阻止，将损害降至最低，最大程度保障社会安全、维护社会稳定。这种"先知先觉"的优势，为风险防控措施的制定提供了科学依据，真正做到风险防控的关口前移、重心下移、主动预防，使风险防控变得更加高效、精准。

运用大数据预测社会风险，涵盖四个维度，一是预测风险出现的时间和地点。二是预测引发风险的个体或组织，通过数据采集，把单一的数据串联

---

① 〔美〕艾伯特·拉斯洛·巴拉巴西：《爆发：大数据时代预见未来的新思维》，马慧译，中国人民大学出版社，2012，第 2 页。

起来，通过多维度的挖掘对比匹配可能的风险引发主体，并通过诸如 GPS（全球定位系统）对麻烦制作者进行精确定位和画像。三是模拟风险表征并确定风险等级。四是预测风险受害者的范围和程度，识别危机爆发后可能招致损伤的群体或个人及其损伤程度。基于风险状况采取干预行动，调配适度的资源用于响应增加的风险，对于特点的位置、群体或个人开展有针对性的风险行为阻断，确保在危机爆发之前，主动作为，使危机不爆发或损失最小化。

（三）实时监测动态整改社会风险

著名社会学家安东尼·吉登斯（Aanthony Gidens）将现代社会风险划分为外部风险和人为制造的风险，外部风险是由传统和自然的不变性和固定性所带来的风险，人为制造的风险则是由于我们不断增长的知识对这个世界的影响所造成的风险，是我们在没有多少历史经验的情况下产生的风险。[①] 在我国由传统社会向现代社会转型的过程中，我们面临的风险更多来源于社会变迁过程中，制度和法律的不健全而导致的人为风险，其发生与后果是人为的，具有自反性、复杂性和不确定的特征。风险的这一特征，使得我们意识到风险产生的主体不仅是自然物，更应该是社会人，这就要求在加强风险防范时针对可能产生风险的一些主观或客观原因，对一些重点群体特别是政府相关部门工作人员（掌握着一定的公权力）进行重点排查、监控，防止因为个体知识有限性或行为本身可能带来的风险，采取有针对地措施对风险实施监测和动态整改，杜绝"人祸"，防范决策风险，维护政府权威。

在大数据时代，"数据即权利"，对于政府而言，掌握越多的数据意味着拥有更大的权利，也意味着更多人为风险的出现。大卫·里昂在《监控研究》一书中指出监控主要与权力有关，而权力的表征在于对某一事项的决策主导权。在传统的决策机制中，由于缺乏客观数据支撑，决策者只能依

---

① 曹海林，童星：《农村社会风险防范机制的建构依据及其运行困境》，《江海学刊》2010 年第 3 期。

靠直觉和主观经验，决策的随意性大、滞后性强、失误率高，在大数据时代，运用大数据建立政务智能系统来辅助人工决策，开启"数据驱动决策"的新模式，决策的基础是客观事实，决策依据是数据分析，从而摆脱了主观判断或来自利益集团干扰导致的恣意决策现象，使决策过程客观透明、实时连续，有助于建立一个更加开放、高效、负责的政府。

风险责任模糊是风险防控的难点，大数据技术的运用有助于明晰政府责任边界，强化政府风险问责，通过制定政府大数据开发和利用的"负面清单"、"权利清单"和"责任清单"，加快政府自身革命，提高风险防控能力。大数据给网络监管和技术反腐提供了强大支撑，基于对"个人数据"的全面记录和跟踪与多部门多环节数据的交织融合，将行政行为和服务事项等容易引发廉政风险的重点行业重点环节诸如行政审批、行政执法、公共资源交易、信访处理等行政办公业务进行监控，对权力运行和决策过程的全生命周期进行监控，实现全流程、可预见的管理，通过对公权力滥用、私用、不作为、乱作为等可能异化的风险进行排查监管、预防整治，动态管理和检查评估，增加权利行使的透明度，确保公权力的公正性，提升政府公信力，促进有意义的公众问责，实现自由裁量权由"自由"向"不自由"的转变。同时，对每一次危机数据可反复利用，综合比较，从中发现危机应对中的失职、渎职等行为以及政府决策和执行环节中的"恶政""庸政""懒政"等行为，并依法追究责任，对危机事件的深刻反思和总结，有助于提高风险防控的针对性，及时发现问题，完善制度，避免类似事件的再次发生。

二 大数据优化社会风险防控面临的困境

任何技术都有其两面性，大数据作为一门新的技术带来了新的变革，同时也不可避免地牵引出新的风险，就社会风险防控而言，大数据的广泛运用，一方面为社会风险防控提供了新的理念和技术手段，另一方面也使得社会风险的衍生、传播、扩散的速度更快，渠道更多元，风险化解和风险再生产矛盾同时存在，给社会风险防控带来诸多的现实难题。

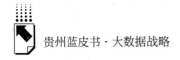

（一）个体隐私泄露

随着互联网特别是无线通信、物联网朝着纵深发展，大数据不可避免地走向融合，大数据通过对个体"数字足迹"的分析，可以清晰地掌握个体的社交习惯、行为习惯，甚至能通过移动网络实时追踪个体位置。互联网打破了传统时代的隐私规则，出现了"公开的隐私"，隐私是一种权利，是个人生活信仰的一种主张，也是控制个人行动的一种信息。在大数据时代，世界不仅是"平"的，也是"透明"的，给人们带来便利的同时，也让人们对信息安全问题特别是个人隐私泄露问题表示担忧。特别是当前有关信息安全使用和数据保护的法律法规体系尚不完善的情况下，个人信息的全方位采集，不可避免地造成了个人隐私的大面积失守。正如美国大法官金斯伯恩指出的那样：在电子信息发达的时代，信息的不准确性会造成个人自由被非法侵犯的严重问题。

在大数据时代，数据全面渗透到个体私生活领域，提炼社会方方面面的"民意信息"，打破了公共领域和私人领域之间的界限。政府、大公司和大企业作为数据信息的主要采集者、管理者和占有者（其中政府部门掌握着超过80%的数据），通过大数据的复杂网络分析、自动化数据分类和挖掘、自动文本分析、可视化分析和空间分析技术等，可以对公众的行为、情绪和态度进行预测预判，在运用这些技术的同时，可能无意间会暴露个体隐私，也可能会被别有用心的人利用，故意泄露数据贡献者的隐私。人类集体生活中一切自发的、独立的、多样化的自主行为遭到窥视，人们的私生活被迫公开化、公共化、人无意识间变成"透明人"，对此，萨托利曾告诫我们"透明度即使不制造冲突，也能加剧冲突"①。大数据暴露的隐私问题使人的思想、行为和偏好受到影响，人之为人的尊严受到挑战，而这些隐私一旦被别有用心的人或机构利用和操控，就会造成难以想象的政治风险、经济风险以及社会风险。

---

① 张衡：《大数据监控社会中的隐私权保护研究》，《图书与情报》2018年第1期。

（二）技术发展滞后

大数据作为一门新兴技术其发展和成熟需要时间，在实际运用过程中还存在不少技术难题亟待破解。虽然大数据已经在安全生产、电网与交通行业安全、电子政府等涉及公共风险治理的不同领域广泛运用，但不可否认的是，大数据在社会风险的识别、评估、预警、监测等各个环节的运用还不够深入，无论是从数据的规模、活性还是解释、运用能力来看，技术的发展远不能满足实际的需求。在大数据搜集到的数据中，非结构化、半结构化数据的数据估算占比90%，数据只有结构化后才能进行对比分析，但非结构化的数据挖掘技术离实用还有相当的距离。同时，在数据的可视化、数据计算、结果呈现等方面仍然存在许多的技术问题没有有效解决。而对贵州来说，由于发展基础薄弱，人才资源不足，虽然贵州的大数据发展相对于其他省份来说起步相对较早，在一些高校（如贵州大学、贵州师范大学）、科研机构，以及政府和民间机构虽然有大数据技术的开发应用，但技术的开发和应用还不够深入，对大数据的应用还停留在数据的搜集抽取方面，在数据的集成挖掘方面开发还不够，数据的价值未得到充分展现。虽然一些政府工作人员掌握了诸如描述统计、空白表格程序模型等基本分析技术，但在更深入、更多元化的数据处理上仍显得捉襟见肘。因此，要做到真正把纷繁复杂的各类文字、图片、音频、视频等信息转换为可视、可读、可理解的风险预警信息、为风险防控提高决策参考还有很长的一段路要走。

（三）数据割裂程度深

由于风险防控主体的多元性、过程的全局性，作为辅助风险防控的数据分析需要政府多个部门、企业、社会组织等不同行业之间的分工协作，建立跨区域、跨部门、多主体的统一的风险信息管理数据平台，利用大数据和互联网技术把散落在不同层级的政府部门、机构和组织之间的历史数据、人口数据、舆情数据、项目数据有效整合，对重点领域、人群、时间节点实施监测分析和全景式跟踪，为及时全面了解风险状况提供依据。当务之急是需要在不同单位和部门之间实现数据的融合、开放和共享。然而，我国部门纵向分割的体制特征与风险管理要求部门横向整合之间存在着功能性冲突，只有突破部门条块分割的现状，把自成体系，相对封闭、彼此割裂的条数据转变为块数据，才能真正发挥大数据优化社会风险防控的价值。各领域各部门建设的信息化系统，往往站在自身部门利益角度收集、存储和维护数据，对这些规模巨大的信息，受数据安全和数据保密等多重因素影响，存在着纵向开放度低、横向流通性差、交互应用能力低，视频图像整合难、存储模式延展性差的缺陷，且部门间存在着数据重复采集，摩擦大，导致采集成本高，利用率低，数据的活性并没有充分释放等问题，也使得基于大数据的跨部门、跨领域的风险防控变得极其困难，这也是政府各部门、公共机构和公民个人之间协作治理社会风险的最大瓶颈。针对北京、上海、武汉等 8 个城市的调查显示，政府开放数据在开放数据的更新频率、可机读数据的比例、应用频道的数目上均难以满意。同样的，有研究者指出在基于大数据及 GIS 贵安新区精准扶贫"1 + N + 8"云平台设计实验中，面临的关键问题是数据的可获取性和动态调整。[①]

三　大数据优化贵州社会风险防控策略分析

运用大数据优化社会风险防控有其巨大的优势和亟待挖掘的潜能，同时，也需要我们正视现实，直面当前的困境，剖析其深层根源，在总结国内外实践经验的基础上，寻求对策。

（一）创新基于大数据的社会风险防控理念

大数据时代的来临，带来的思维变革，需要政府主动适应和利用大数据，基于大数据的风险治理可能需要显著改变风险防控模式，重塑社会风

---

① 曾洁，贺书：《基于大数据及 GIS 的贵安新区精准扶贫"1 + N + 8"云平台设计与分析》，《智能计算机与应用》2016 年第 4 期。

险防控的理念，再造政府风险治理的流程，重构大数据时代社会风险防控战略，创新政府公共风险治理体制，在权责明晰相互信任的基础上积极构建政府与社会组织的合作、政府与企业之间的合作型风险防控格局，形成综合性、立体化、全方位的风险防控体系。在大数据技术的支撑下，构建一个统一开放、超大规模的社会风险管理信息系统，将风险防控的全过程整合到系统的各板块，进一步增强风险防控的预见性和目的性，增强大数据驱动风险防控决策的科学性和前瞻性。这就需要从顶层设计的层面完善相应的制度设计，从体制、机制、法制三个维度建立基于大数据的社会风险防控体系，以先进理念为引领，以客观数据为支撑，加快大数据相关法律的建立健全，推动政府角色转换，从信息收集者转变为数据收集者，从依靠经验决策者转变为依靠数据决策者，从表层信息控制者到潜在情绪引导者，从运动式危机应对到常态化风险防控。引进和培养大数据风险管理专业人才，提高大数据集成、挖掘及可视化技术，拓展大数据在风险防控领域应用空间，加大大数据在信息获取、民意反馈、诉求表达、风险信息监测、风险评估、风险问责监测等方面的开发和运用力度，推进实现风险防控的智能化、精准化、高效化。

（二）加快推动政务数据的开放、共享和协同

所谓开放，就是政府部门要以开发、包容的心态公开政府部门内部数据。各级政府部门在对数据进行脱敏处理后，在统一的大数据平台上及时、主动公开，并能针对不同群体需求分门别类实时推送，建立数据开放清单，明确开放时间点和路线图，方便群众了解政府部门的工作动态，监督政府部门的工作行为，特别是对涉及群众切实利益的重大决策、重大项目的有关事项，要通过多种形式的公开发布，征求群众意见，有利于破解信息不对称，建立透明政府，做到问题能反映、诉求能回应，使矛盾纠纷都能够通过体制内的方式予以解决，不让小风险演变为大风险。同时，需要特别注意的是，大数据背景下的数据开放必须兼顾隐私保护问题，这就需要政府加大立法，构建全方位的促进大数据健康发展的配套政策体系，高度重视网络信息安全

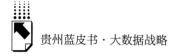

建设，明确数据使用规则、制定数据使用标准、强化数据使用监管、追究数据泄露责任，为数据隐私安全保驾护航①。

所谓共享，就是要打破部门壁垒导致的数据孤岛化、碎片化和荒漠化，把不同政府部门之间的数据汇聚贯通起来，对海量、动态、高增长、多元化、多模态的数据进行高速处理，关联分析，提炼社会方方面面的民意信息，为风险的识别、评估、预警和监测提供数据支撑，为联合开展风险防控提供共享的数据网络。加快电子政府建设，通过开放数据接口，制定共享目录，签订共享协议等方式，实现政府数据的横向整合、共享和交换。制定政府数据资源目录，减少数据的重复开发和浪费，实现政府部门数据之间的交织融合、互通共享。

所谓协同，就是要加强政府、企业与社会组织等涵盖风险运营的不同主体之间的协同和互动，获得政府危机沟通的及时反馈，进而调整危机沟通策略，为联合开展风险防控提供共享的数据网络，形成万物互联、人机交互、天地一体的网络空间，实现横到边、纵到底，责任落实、立体联动的风险防控格局。推动风险防控主体由政府独大、转向政府、企业和社会组织等多元主体参与的模式，从封闭式的防控模式转向开放式的防控模式，从政府配置资源模式转变为市场配置资源模式，作为基础性设施的大数据和作为基础性制度的大数据同时存在，推动数据开放和政府流程再造。

（三）构建基于大数据的社会风险评估机制

基于大数据的社会风险评估加强了对风险全流程的动态分析、监测，预警，依据数据分析结果出具评估报告，做出科学决策，及时化解矛盾纠纷和群众意见集中的风险项，真正实现了对风险的源头治理，动态治理、标本兼治。大数据优化社会风险防控在于依据数据价值的实现流程搭建以 IT 基础设施为平台，包含"评估数据搜集与管理""评估信息挖掘与维护""评估

---

① 谢治菊：《大数据优化政府决策的机理、风险及规避》，《行政论坛》2018 年第 1 期。

结果应用与输出"三个分系统的社会风险评估系统。依靠评估数据搜集与管理分系统拓展更多可用的资料来源，并对数据流实施监测，保证数据的通畅和清洁。评估信息挖掘与维护分系统，通过专业化的分析手段进行数据科学挖掘与风险评估工具构建。评估结果应用与输出分系统以数据分析为基础，进行风险定级和决策制定①，将各类相关数据经过可视化解析后传递给社会，充分发挥多方参与的信息协同机制，倡导多元主体参与论证，增强风险分析的准确度与认同感。三个分系统相互衔接，为适时调整指标构成，指标层次，指标评价准则，指标等级等提供基础数据。

结　语

在大数据时代背景下，大数据不仅是一种信息技术，更是一种方法论，大数据的广泛运用和不断发展，以复杂而难以捕捉的方式影响和塑造着人们的生活习惯、行为习惯、思维习惯，给社会治理领域带来深刻变革的同时也面临着许多争议和质疑。受制于贵州公共组织的大数据意识和配套技术、管理制度建设的滞后，目前大数据优化风险防控尚停留在理论探讨阶段，基于大数据的风险防控可谓任重道远。但无论如何，运用大数据防控风险将使原有粗放式的防控模式朝着精细化和科学化的防控模式转变，小样本的统计和分析技术被大数据的数据挖掘和舆情研判技术取代。在此过程中，技术本身的风险也会得到渐进调适，而未来研究的重点，需要进一步优化传统社会风险防控体系"一案三制"和"统一领导、分类管理、分级负责、属地管理为主"的模式，摆脱手段和方式方法上的被动失灵，在更广阔的范围内推动大数据与社会风险防控的良性互动，在理念创新、技术创新、管理创新上需求更大突破。

---

① 谭爽，胡象明：《大数据视角下重大项目社会稳定风险评估的困境突破与系统构建》，《电子政务》2014 年第 6 期。

B.5

大数据时代意识形态治理问题研究

王 娴[*]

摘 要: 将大数据与意识形态治理联系起来,既符合信息发展的时代节奏,也是新时期国家安全的战略需要。从世界范围来看,大数据的应用虽打破了国际间的地域限制,但必须承认不同国家在经济、教育、信息发展上的差距同样导致了"数据霸权"的出现。大数据时代意识形态需要治理而非管理。数据的独享、单向和集中将朝着开放、双向和权力多中心的方向发展。将大数据应用于意识形态的治理应当强化意识形态治理权威、抢占意识形态治理阵地、增强意识形态治理实效、提升意识形态治理保障。

关键词: 大数据 意识形态 治理

意识形态,属哲学范畴,可以理解为对事物的理解、认知,它是一种对事物的感观思想,它是观念、观点、概念、思想、价值观等要素的总和。[①] 意识形态治理是指归属或依附于一定社会统治阶级的治理主体,运用正式和非正式制度以及多样的治理方式,整合意识形态领域的内外资源,通力协作为实现共同目标的动态过程。[②] 党的十八大以来,在以习近平同志为核心的

---

* 王娴,贵州省社会科学院传媒与舆情研究所副研究员,贵州师范大学博士研究生,研究方向:文化传播。

① https://baike.so.com/doc/4791243-5007293.html
② 杨竞雄:《当代美国意识形态治理及其对我国的启示》,《长沙理工大学学报》(社会科学版)2014年第9期。

党中央领导下，我国意识形态领域形势已经发生全面、根本的转变。近期习近平总书记在全国宣传思想工作会议上又一次对意识形态工作提出了新要求。新时代高举改革开放旗帜，要把意识形态工作领导权紧握手中不放松，确保改革开放沿着中国特色社会主义方向不断前进。

当前，学界很多研究者都尽量全面地概括大数据的概念，并将这一概念与自身研究的关节点嫁接起来，梳理起来有一个共同的特点就是强调数据之大，很多研究者都引用了维基百科的概念，其将大数据定义为涉及的资料规模之大，直至无法通过目前的软件工具在一定时间内实现搜集、管理、处理并整理成为对决策有积极意义的资讯。[①] 当然对大数据的认识远远不能定性，随着大数据应用的不断成熟发展，大数据的特性也将被不断拓展。笔者认为大数据的概念首先表现为一种思维方式，同时大数据标志着新时代的开启，大数据还是一种能力和价值的代表。

当然，目前大数据已经深深地融进国家的政治、经济、文化及社会生活各个领域中，将大数据与意识形态治理联系起来，既符合信息发展的时代节奏，也是新时期国家安全的战略需要。而将大数据应用于意识形态治理则是指将大数据理念、技术、模式、方法等运用于治理的整个过程和方方面面。利用大数据应用实现对信息搜集、挖掘、分析、评估、实施、预测等环节的全面优化，从而揭示大数据时代意识形态运行规律、增强大数据时代意识形态治理实效。可以说大数据的合理、有效应用不仅可以实现意识形态治理的理念转变和方法创新，同时也为构建具有中国特色的马克思主义意识形态话语权提供了崭新、重大的机遇。

一 大数据应用在意识形态治理中的优势

大数据时代社会成员参与社会事物的种种表现都呈现出新的规律，不论是合作、反抗、顺应或是冲突都不同于过往。这些变化促使国家在进行意识

[①] 来自维基百科的定义。

形态治理时不得不面临新的课题。总体说来将大数据应用于意识形态治理有以下几个方面的优势。

（一）基于全面的基础优势——从粗放估量到精准计算

将大数据技术应用于意识形态治理时最基础的价值就在于可以实现数据的全面性搜集和存储。首先大数据可以更真实地呈现意识形态现状。网络的普及化制造出海量数据，这些随意性的数据痕迹清晰地记录和反映了意识形态客体的行为、思想、情感等等状况，无意间的数据记录呈现出信息时代网络与现实的交融。其次大数据应用可以更精准地划分治理客体。借助新技术在的人际交往模式中认同感的重要链接需求，大数据时代意识形态治理客体常常集结成因职业背景、个人诉求、价值观念相近的不同族群，形成不同类别的网络社区。最后大数据应用可以更清晰地反映出信息资源背后的网络关系。大数据可以做到探索治理客体间的社会互动，甚至整个群体的关系和界定，因此大数据应用既可以清晰地描绘公众的意识形态脉络，又能明确记录和反映出公众背后的社会关系。

（二）基于预测的核心优势——从被动防治到主动抢占

将大数据应用于意识形态治理时最核心的价值就在于可以产生精准的预见。大数据时代的信息传播具有碎片性、互动性、匿名性、病毒性、多渠道等特点，这些特点致使信息传播的速度更快、倾向性更高、表明态度的时间更短。传统的意识形态治理主要是对意识形态的发展动态、影响范围、影响力大小等进行分类、整理、分析、定性并采取相应的应对措施。而在大数据时代先进的数据管理技术有利于加强信息间的关联分析和提前预判。传统的意识形态治理侧重于事后分析，往往处于被动防治的位置。而大数据应用可以通过数据关联分析，仿真模型建立，意识形态发展预测等进行提前的阵地占领。与传统的意识形态治理手段相比较，大数据应用从单纯的数据收集向关联的深入分析发展，从静态的数据收集向动态的预测研判扩充，从事后的反映问题向事前的阵地占领成长。

（三）基于隐匿的弱化优势——从直接介入到间接影响

历史上意识形态治理方式一般分为两种，一种是利用国家暴力机关对有悖主流意识形态的行为进行强行压制，另一种则是利用宣传手段进行不同程度的说服和教育。但以往的意识形态宣传往往采用正面说教和强制灌输的方式，这种直接介入的教育方式往往容易引起治理对象的逆反心理和抵触情绪，收效甚微。而大数据应用在意识形态治理上的主体隐匿化特征则可以很好地化解这种反向心理和负面情绪。网络的虚拟特征隐匿了治理主体的身份，而为潜在的宣传蒙上一层平等的传播色彩。在这种隐匿了宣传治理主体的相对宽松、平等的氛围中，治理客体往往会卸下心理防备，摆脱抵触情绪，自然而然地接受宣传内容，为认同主流意识形态扫清障碍、摆脱束缚。这是因为间接的宣传往往可以使治理客体较少感受到治理主体的明确意图和目的，隐匿的主体身份很好地遮蔽了宣传意图和目的，因此治理客体才能在润物细无声的过程中将宣传内容内化于心。

（四）基于跨越的影响优势——从有限地域到面向全球

信息网络的快速发展促进国家间的边界不断消融，各国在经济、文化、政治上的联系朝着更深、更广的方向发展，互联网的高度应用拉近了各国人民之间的距离。"过去那种地方的和民族的自给自足和闭关自守状态，被各民族的各方面的互相往来和各方面的互相依赖所代替了。物质的生产如此，精神的生产也是如此。各民族的精神产品成了公共的财产"[1] 同样意识形态的影响力也不再受到有限地域的限制，已经从本地区、本民族、本国家朝着世界方向进发。大数据应用使得人与人的现实距离不再成为信息传播与交流的障碍，而变成人与人之间信息共享与沟通的桥梁。正是由于大数据的应用，信息的海量传播与扩散，不同地区、民族、国家的新兴动态可以被及时地掌握和了解，空间范围不再成为限制人们在经济、文化、政治领域内交

---

[1]　马克思、恩格斯：《马克思恩格斯文集》第 2 卷，人民出版社，2009。

流、联系的屏障，而信息技术的高度发展恰恰扩大了意识形态的运动范围，扩大了不同空间范围内的隐匿受众，从而在一定程度上扩大了影响力。

（五）基于多元的宣传优势——从单一传播到复合同化

大数据的应用更大程度上凸显出在意识形态治理上的宣传优势。移动通信技术的不断发展和信息网络技术的不断创新使得意识形态治理中的宣传工作实现了真正的大众化趋势。在大数据的应用中，传播速度、载体、方式等等发生深刻变化，这些变化更好地调动了治理客体的关注度和参与度。大数据应用使得意识形态治理可以运用更加丰富的信息传播载体（视频、音频、数字图像等），多元融合的技术手段（电话、电影、电视、网络、录像、录音、超文本链接等）及时、有效地开展宣传活动。形式的多种多样、信息的海量丰富、速度的迅猛快捷、空间的灵活多变等都使主流的意识形态得到更充分的展现、宣传得到更有效地开展，也正因如此主流意识形态的说服力更强、影响力更广、凝聚力更高，广大公众对主流意识形态的认同才会更好地实现。

二 大数据应用在意识形态治理中的挑战

大数据应用在意识形态治理中具有优势的同时，与此相伴相生的风险也悄然而至。从世界范围来看，大数据的应用虽打破了国际间的地域限制，但必须承认的是不同国家在经济、教育、信息发展上的差距同样导致"数据霸权"的出现。数据分布的不均衡导致了"数据强国"和"数据弱国"的出现，西方发达国家在先进信息技术的推动下更加精准地实现了对政治传播和意识渗透的掌控。大数据的应用不仅可以精准地进行定向、分众、潜在的意识形态传播，同时还可以通过深入的分析和研判进行多样化的渗透控制，这些发展变化无疑都对处于底部的"数据弱国"带来了极大的风险和挑战。而从国内自身来看，大数据应用同样带来了话语权转移、意识形态去中心化及话语权威不断弱化等变化。大数据时代，资本和技术成为话语权力的决定性因素，传媒巨头、意见领袖、网络大"V"等不断将话语权从党政宣传部门、舆论传媒机构及高层智库手中转移。同时海量信息的井喷式传播导致不同的思潮相互博弈，极大地削弱了主流意识形态的话语优势。最后意识形态治理客体自身也在信息技术发展的同时形成身份转变，网民从单向度的信息获得者发展为互动式的信息传播者，使得主流意识形态的话语权威不断减弱。总的说来大数据应用在意识形态治理中的障碍集中在以下几个方面。

（一）数据之"大"对意识形态治理的针对性提出更高标准

大数据时代来临，信息量倍增，存储模式分散都造成信息冗余度较大，诸多相关性及偶发性的因素都会对意识形态治理造成难以估量的复杂影响。海量信息带来的场景可视化、信息选择化、话语分散化等新特点，进一步加剧了主流意识形态的困境状态。大数据时代，类似非马克思主义、反马克思主义的意识形态开始涌现，以个体为中心的价值观念开始出现向个人主义、拜金主义、享乐主义倾斜的趋势。在这种多元化的社会意识背景下，主流意识形态的舆论导向性不强，导致个体没能充分正确认识社会主义社会的发展方向和价值体系。针对这种信息多元化的问题，在大数据应用于意识形态治理时需要充分考虑信息的海量特征，这一背景也就对意识形态治理的针对性提出更高标准。要在海量信息中发掘重点领域、关键环节、不同受众，只有针对性地开展意识形态治理工作才能将这项任务落到实处。

（二）数据之"大"对意识形态治理时效性提出更快要求

大数据时代的来临不仅在数据体量上对意识形态治理提出了具有针对性的标准，也在技术的更新升级上对意识形态的时效性提出了更快的要求。信息传播的快速特征对意识形态治理提出及时、准确、快速、高效的要求，及时掌握意识形态发展态势，即刻开展意识形态治理，快速解决意识形态问题都需要技术的不断创新升级。但大数据的应用不仅仅只体现在对技术提升的问题上，同时对现存管理中的诸多问题也有涉及，这是因为数据治理包括对数据碎片、割据及孤岛三个方面的治理。数据之"大"造成的数据治理瓶颈主要由数据价值打折、数据共享尴尬、数据驱动不足造成。这种现状就要求首先要做好思想宣传工作，强化部门间的合作意识，提升数据整合、关联，为提高意识形态治理工作实效打下基础；其次通过加强法律建设消除信息孤岛，从而为提高意识形态治理工作实效提供动力；最后还要加快信息建设步伐，形成数据资源共享共用格局，最终为提高意识形态治理工作实效做出突破。

（三）数据之"大"对意识形态治理精准性提出更强召唤

大数据应用对意识形态治理的参与是一种基于智能化技术手段的过程，但这并不代表大数据技术一定可以借助数据平台挖掘所有群体的全部声音。假设有部分公众与网络世界相互绝缘，又或者因"沉默螺旋"效应而不发出任何信息，那么基于对海量数据精确分析的结果也会出现偏差。即便上述情况不存在，大数据采集的信息同样会与实际情况存在偏误，这是由于信息抽样、信息衡量及信息转化造成的，因此我们不得不承认大数据得出的分析结论可能会存在一定问题。在面对海量化、碎片化的信息时，意识形态治理需要更加精准地分析出隐匿于数据信息后的真实情况。因此不断创新治理方式、建立长效机制，在信息的处理过程中不断改进自身的方法、措施提升意识形态治理的精准性显得尤为重要。面临这一新的情况变化，不妨尝试新媒体的信息传播方式及流行语的语言表达方式来获取及时有效的治理成果，同时也可以不断探索持续、长效的机制建设，使得精准治理可以不断推进。

（四）数据之"大"对意识形态治理参与性提出更新需要

大数据时代多元化的信息来源也对意识形态治理参与性提出更新要求。大数据时代，公众对各种意识形态的参与首先很方便，因为在哪都能看；其次很自由，想查什么都有；最后还很省时，一键即可得。但如何引导公众参与意识形态治理却面临种种难题。伴随着移动网络、智能终端的发展，公众参与受限越来越少，人们既是信息的生产者、传递人，也是信息的互动者、分享人，公众的世界观、人生观、价值观在多元的信息体系中不断受到影响和改变，这种相对宽松、自由的信息环境带来了对主流意识形态价值与理念的不同的理解和反思。因此在这种历史背景下意识形态治理工作需要注意公众对主流意识形态的不同感知，敏锐地开创具有参与性的意识形态治理方式，促进意识形态治理水平的不断提高。

三 大数据应用在意识形态治理中的路径选择

大数据时代意识形态需要的是治理，而非管理。数据的独享、单向和集中将朝着开放、双向和权力多中心的方向发展。不同于管理，治理的核心理论指向通过合作、协商、伙伴关系实现的共享，为了实现共同的目标，将大数据应用于意识形态的治理可以说效力倍增。

（一）理念先行，强化意识形态治理权威

在思维观念上树立"大数据思维"，提升治理主体数据素养、数据意识，将大数据应用于意识形态治理全过程中。对意识形态实行大数据治理是强化大数据先进理念的一种体现，意识形态的大数据治理与意识形态的大数据管理虽然只相差一个字，却体现出在基本观念、价值认知、运行程序上的截然不同。利用大数据进行意识形态治理需要创新大数据先进理念在意识形态治理领域的应用和实践。做好意识形态治理工作需要树立正确的大数据思维，首先正视自身的不足与差距，谦虚认真学习"数据强国"的先进经验，建立本国意识形态治理的科学体系，布局本国意识形态治理的权威网络。同时意识形态治理主体需要不断审时度势，在确保网络安全第一的前提下做好意识形态治理顶层设计，建立配套的意识形态治理制度，布局相应的意识形态治理战略。对于意识形态治理来说，进一步强化大数据治理的先进思维，需要对三个方面进行深刻的认识转变。第一充分认识到大数据应用于意识形态治理在主体上将发生改变，传统单一的政府治理将向由政府主导、社会力量共同参与的协同治理方向发展；其次大数据时代的意识形态治理在客体上也将发生改变，信息技术的发展将意识形态的治理对象由传统媒体转向新兴

媒体；最后大数据时代的意识形态治理还将在治理手段上发生转变，传统碎片化、零散化、简单化、直观化的管理手段将朝着高度融合、全景关联、智能分析、深度挖掘的方向发展。

（二）站稳根基，抢占意识形态治理阵地

大数据时代抢占意识形态治理阵地对我们维护意识形态安全意义重大，而最首要、最根本的就是坚持马克思主义的指导地位不动摇，为中国当代意识形态安全提供基本保障。骆郁廷指出："马克思主义在我国意识形态领域处于指导地位，同时社会思想意识日益多元多样。面对其他社会思潮，我们既要引领整合，也要亮出底线。"① 对此深入研究大数据时代意识形态治理方略，借助大数据应用提升马克思主义的创造力，塑造马克思主义的传播力，建立马克思主义的话语系，不断增强马克思主义意识形态的创造力、引领力及凝聚力。其次要加强主流意识形态话语阵地建设。通过把握党性和人民性统一的根本原则掌握主流意识形态话语权。既要回应时代召唤，创新传统意识形态话语体系，同时还要利用群众语言营造良好的话语环境。最后要加强培育具有正能量的"意见领袖"。通过不同的理论培训和思想交流来实现对主流意识形态话语权的重建，从而促进主流意识形态话语的有效传播。通过培育具有正能量的"意见领袖"引导公众增强主流意识形态的包容性从而实现增强主流意识形态话语权的目标。最后还要净化主流意识形态的传播环境。通过大数据进行信息采集、技术分析、创立话语监测数据库，搭建话语监测平台，牢牢掌握网络空间主流意识形态的话语权。

（三）技术创新，增强意识形态治理实效

大数据时代通过技术创新拉近主流意识形态与社会公众间的距离，以卓有成效的宣传教育方式增强意识形态治理实效。首先需要通过大数据建立畅通有效的交流互动关系。治理主体可以利用资源丰富的信息来源、形

---

① 骆郁廷：《论意识形态安全视域下的文化话语权》，《思想理论教育导刊》2014 年第 4 期。

式多样的数据平台，以及种类各异的信息载体面向公众，对公众关心的意识形态问题进行相关政策解读、问题答疑解惑等，通过灵活多变的方式充分发挥大数据的媒介功能，通过互动式对话来实现交流沟通，回应公众关注的现实问题。其次可以发挥大数据传递信息的突出优势。大数据时代以民众的需求为导向，以生动形象的形式为追求融入公众，不断利用创作优秀的宣传教育作品，并利用饱含主流意识形态的宣传教育作品提升主流意识形态的感染力和影响力，真正做到随风潜入夜，润物细无声。最后还要充分利用大数据立体化传播功能。利用大数据技术还原真实图片、视频，通过全景、即刻、仿真的信息还原能力给公众最为清晰、明确、真实的事件本貌。还可以通过大数据立体传播功能最大程度批判敌对势力的恶意攻击与诋毁，是促使公众支持党和政府的有力举措，进而形成对主流意识形态的高度认同。

（四）健全机制，提升意识形态治理保障

首先健全意识形态治理法律保障机制。加强建立意识形态大数据治理的法律基石，需要进一步明确数据主权、保护公民隐私、加强相关立法。制定一部完备的互联网行业基本法以有效应对互联网行业中出现的各种问题。以互联网行业发展基本法为基础，制定相关法规与配套制度。与此同时制定互联网行业的服务规范及互联互通标准，解决技术壁垒及信息垄断。通过健全意识形态治理法律，为党和政府加强意识形态治理提供有力的法律保障。其次健全意识形态治理的技术保障机制。大数据与传统数据最大的不同在于自身的全面、动态和开放，要对"随意"的大数据实现价值最大化就必须提升对数据有效解读的能力。因此治理主体要在技术保障、资金支持方面给予大力扶持，在充分吸收国际国内现有成功技术经验基础上加快生产出适合我国大数据信息防御特点的信息安全软、硬件产品。因为开展意识形态治理工作，需要拥有过硬的大数据信息技术，值得一提的是治理主体需要集中精力开展大数据信息防御核心技术的研发，开展以防御技术先进、防御能力突出为导向的研发工作。最后健全意识形态治理的人才保障机制。合理统筹当前

国内各高校、智库、科研院所及政府部门的相关人员进行数据科学学科的培养。针对当前情况有必要加强人才之间的交叉培养,培养人才数量不仅要多,还有重点培养兼具大数据信息防御技术及熟悉意识形态工作特点的复合型人才,提升国家大数据信息安全防御能力,搞好大数据信息安全的辨别工作,为意识形态的大数据治理提供坚实的智力保障。

B.6

大数据背景下贵州党建信息化建设实践

周钥明　赵燕燕*

摘　要：　通过分析大数据时代贵州党建工作与互联网技术和信息化手段相结合的创新实践，完善党建信息化平台建设、健全平台应用功能、丰富党建信息化网络载体、升级系统技术水平等方式，总结贵州党建信息化推进党建科学化水平的成效。党建信息化为推进全面从严治党，破解党员流动性大、党支部弱化虚化边缘化问题提供了重要支撑。

关键词：　大数据　贵州　党建　信息化　科学化

面对互联网和大数据的迅猛发展，中央对党建信息化工作高度重视，从党的十七届四中全会提出利用互联网等信息技术加强党的建设，"推进基层党组织信息化"的思路。到党的十八大明确提出"全面提高党建科学化水平"的战略任务。随后，习近平总书记在2012年全国组织部长会议上指出"要高度重视信息化发展对党的建设的影响，做到网络发展到哪里党的工作就覆盖到哪里，充分运用信息技术改进党员教育管理、提高群众工作水平。"再到党的十九大把信息化列为"四化"同步发展的重要任务，提出要"善于运用互联网技术和信息化手段开展工作"，把运用互联网技术和信息

* 周钥明，贵州省社会科学院党建研究所助理研究员，法学硕士，研究方向：党史党建；赵燕燕，贵州省社会科学院贵州省大数据政策法律创新研究中心、党建研究所助理研究员，法学硕士，研究方向：智慧党建、党的政治建设。

化手段作为增强执政本领和履职能力的重要手段，凸显了信息化在新时代中国特色社会主义建设中的关键地位，为党建信息化工作指明了前进方向，提供了根本遵循。

一　大数据时代贵州党建信息化的创新实践

为积极贯彻中共中央"关于加快信息化建设"和全面落实从严治党重要精神，增强党的创新活力，创新党的工作方法，拓展党的工作领域，进一步加强和改进党的建设，提升党建工作科学化水平，贵州省对党建信息化工作积极探索，主动作为。依托发展大数据产业的优势，突破传统信息化技术和手段对信息共享和价值提升的局限，启动大数据云平台"贵州党建云"工程建设，探索大数据助推大党建的新途径。并不断升级改善软硬件设施，积极开发党建网站网页、微信公众号、手机 App，在推进党建信息化科学化、运用网络信息技术加强党员教育管理工作中，取得了显著成效。

（一）高重视促平台建设完善

贵州省各级党委政府专门成立党建信息化领导机构，将党建信息化工作摆在重要位置，纳入议事日程。各市州积极探索如何以新理念、新技术、新平台激发党建活力，将大数据、云计算技术与党建相结合，开发了形式多样、功能不一的党建云平台和手机 App，如党建红云、社会和云、暖心秘书、服务群众三朵云等网络党建系统，运用大数据分析结果探索寻找党建工作中的规律，促进党建工作开放创新思维的变革，推动对党组织、党员干部教育方法的创新、作用发挥的精准有效、监督管理能力的提升，实现党建工作流程再造和科学化进阶。省级层面，开发了"贵州党建云"网站。市州层面，贵阳市按照大数据应用信息化、数据化、自流程化、融合化思路，以解决党建工作中存在的党员干部思想动态掌握不够及时，干部监督管理不够有效，干部的考核评价、选拔任用不够精准，方法传统单一、各类数据孤立分散等现实为导向，围绕"强化党员忠诚、纪实干部担当"，构建了以"一云两库六大应用"为核心的党建大数据云平台"党建红云",提供高效、准确、及时的信息资源和大数据管理手段,以党建大数据云平台的优化升级切实提升党的建设科学化水平。贵安新区党工委主动适应大数据时代发展的新形势,积极探索运用大数据技术层层压实责任、健全完善工作机制、加强作风建设、延伸服务领域,不断提升服务群众水平。在近年的工作实践中,建成了服务群众的"三朵云"。六盘水市打造的"党建网络云",及时掌握党员动态情况,更加有利于党组织和党员管理。黔东南州"暖心秘书"打通服务群众最后一公里。县区层面,黔南州龙里县开发"党建一点通"平台,开启了党务工作共享新模式,毕节黔西县则搭建了"农村大数据"党建综合平台。

(二)多系统促应用功能健全

各级层面打造的"智慧党建",都呈现出"党建 + N"的特点,以党建和组织工作为核心,涵盖精准扶贫、公共服务、电子商务、农业技术、社区管理、社会治理等多功能。"贵州党建云"按照"宣传展示、办公管理、学习教育、综合服务、互动交流"功能为一体的思路,涵盖了宣传展示、学习教育、互动交流、综合服务、办公管理五大功能,实现省、市、县、乡、村、党员六级互联互通。贵阳市党建云干部选任管理大数据系统包括干部基础信息模块、干部监督管理信息模块、干部选任流程模块以及干部工作政策法规检索查询模块,该系统为全面掌握干部的相关情况提供了数据服务和决策支持。"四位一体"从严管理干部大数据系统融合干部日常工作数据、半年考核数据以及年度考核数据,对干部的工作实绩和担当作为情况进行分析评估、跟踪管理和预警提醒,并将结果作为正向激励保障、负向惩戒约束的依据。干部精准帮扶大数据系统以实时掌握帮扶进度、加强上下信息沟通、推动帮扶措施落实为重点,根据帮扶方式不同,建立两种不同模式的"干部精准帮扶"工作群,着力畅通帮扶干部与帮扶对象沟通交流的渠道,着力提高产业项目的覆盖面和产业扶贫成效,促进长效帮扶。

贵安新区服务群众"三朵云",审批云:通过整合网上办事大厅、综合受理平台和审批服务,串联成线、数据互通、业务联动,实现申请、受理、审核、批准、办结、领证全流程电子化运行,让审批业务更加规范高效;证照云:建立与全省证照数据库互联共享的证照系统,凡已入库的信息,申请人在以后的办事中不再重复提交相关材料,同时也从源头上减少"奇葩证明""循环证明""重复证明"。既方便了群众,又减轻了相关人员的工作量。监管云:整合行政审批电子监察系统和智慧大厅管理系统,对行政许可进行全方位、全过程监督管理,打造具有分级预警纠错等功能的"数据铁笼"。同时建立"审管分离"系统,实现审批与监管信息实时传递和互动,将监管部门是否有效开展监管工作也纳入监督范围,为部门间开展协同监管、大数据监管等提供了平台支撑。依托信息化技术推进了"制度+技术"深度融合,实现了"技术管事、数据管人"。

(三)多媒介促网络载体丰富

依托党建门户网站、手机客户端 App、微信公众号、微博等新媒体平台,推进党务公开,宣传党的思想方针政策,收集舆情民意,接受社会监督,实现党建工作从"单一方式"向"多元方式"转变。一是开发党建门户网站,建立党建子站或专题专栏,运用网络信息技术和载体,把分散在各处的党建工作条数据汇集形成块数据,通过大数据实现党的建设工作精准发力,用大数据的思维方式和云计算的精准结果,创新开展组织和党建工作,解决党员分散、集中学习困难等问题,提高党的建设科学化水平。截至2018 年 12 月,"铜仁智慧党建"共采集了全市 8000 余个党组织、14 万余名党员电子信息,学习平台共计上传选修课件 136 条,必修课件 48 条,阅读量分别为 40.8 余万人次和 74.4 余万人次。二是开发移动客户端。借助手机、平板、移动电脑终端,下载 App,提高办事效率,客户端具备公文流传、待办处理、会议管理等功能,党员可以通过客户端实时了解党建信息。如贵阳党建红云 App,通过实时收集基层党组织和党员干部的日常行为数据,追踪把握基层党组织、党员、干部党建工作动态和工作需求,使党务管理更加精准有效。基层党组织和党员干部通过手机 App，可实现随时随地获取党建工作信息、参加学习教育、参与志愿服务、解决疑难问题等。截至2019 年 1 月，贵阳市已有 6.2 万名党员干部使用手机 App 开展学习教育，占该市在职党员人数的 88.6%。三是开通微信公众号，党建微信平台百花齐放。截至 2018 年 12 月，"铜仁智慧党建"微信公众号关注人数达 10 万余人，月度阅读最高达 92 万余次；累计编发信息 10560 条，配发图片 27178张，在全国党建类微信影响力排名中一直处于前 10 名，最好成绩排到全国第 5。

（四）多手段促技术水平升级

贵州省党建信息化平台建设始终坚持问题导向，着力发现党的政治建设、思想建设、组织建设、作风建设、反腐倡廉建设和制度建设中存在的"痛点"，运用云计算、大数据、移动互联网等前沿技术，逐步完善党建系统功能，切实提高了贵州党建信息化的技术含量和质量水平。通过对涵盖贵州省党组织和党员数据库、领导干部信息库的集成管理和滚动更新，以"智能研判"为核心，分析研判贵州省党员干部队伍组成和变化情况、基层组织的党员组成情况等，为进一步做好党员队伍、干部队伍、领导班子和基层组织建设提供科学依据。贵阳市"党建红云"以自流程化为手段，在平台推广试运行的过程中不断完善提升功能，系统后端实现数据关联化，预测数据化，通过云计算实现各类组织工作数据自流程化管理，自动预警、自动提醒、自动反馈。比如：通过对党员干部参加"两学一做"App 学习问答情况自动生成的党员干部行为数据，系统自动计算个人答题率，自动对连续5 个工作日未答题的县级干部进行告诫提醒，实现数据督导精准到人。同时，系统自动计算个人答题率，纳入年度考核，实现对干部履职能力评估判断用数据说话，真正使管干部与促发展相结合，使干部能上与能下相结合，把好干部选出来、用起来、管理好。"党建红云"还利用先进的 VR（虚拟现实）技术和 H5 标准技术在微信、网站和手机 App 上开展主题宣传活动。铜仁市利用三网三屏融合技术，使党员应用访问时通过 PC（计算机浏览器）、微信公众号、手机安卓 App、苹果 App 四种终端来实现，促进访问方式由"单一方式"向"多元方式"转变。创建网络平台，通过在搜索引擎中输入"铜仁智慧党建"或域名访问铜仁智慧党建网站；设计 App 软件混搭微信，在网站首页扫描二维码下载安装手机 App 客户端和关注微信公众号，实现微信号和系统账号绑定，自动登录。

二 党建信息化应用效果显著

贵州省着力加强党建信息化阵地建设、装备建设、手段建设、内容建设，扩大了党建工作覆盖面，增强了传播力，提高了实效性，开创了新局面。党建信息平台把分散在各处的党建工作条数据汇集形成块数据，建立以块数据理论为支撑的党建大数据综合分析模型，通过大数据实现党的建设工作精准发力，决策参考智能研判，织密笼子管住权力，服务群众贴心及时，用大数据的思维方式和云计算的精准结果，创新开展组织和党建工作，提高了贵州省党的建设科学化水平。

（一）党建工作日趋精准

党建信息化平台通过采集党员、党组织基础行为数据，分析不同类型的基层党组织和党员对中央、省、市各级党的方针、政策和重大决策关注的焦点和重点，综合研判基层党组织贯彻落实上级精神情况和党员干部的思想状况，为精准做好理想信念教育和思想政治工作提供参考。比如：铜仁"智慧党建"突出办公便捷，着力解决办公效率不高问题。通过完善办公流程标准化、业务数据协同化、身份认证网络化运作模式，打造 OA 办公三个"规范"。即规范党建日常工作办公和审批流程，实现机关公文、督查督办、行政资源管理和共享等日常工作便捷操作；规范组织系统数据的采集、填报、汇总、统计、对接和共享，大大缩减数据传递与报送等环节的时间；规范全市统一的身份数字化认证，加强非涉密信息网上传输，加大全系统网络纵向和横向互联互通力度，提高行政办公效率。

（二）决策研判日趋智能

党建信息化平台通过对有关网站、论坛、社区、贴吧等抓取的海量数据进行筛选、甄别、分析，发现党员、干部和群众关注的或不满意的问题，研究当前一个时期内的党群干群关系状况，初步预判未来一段时间内的变化趋势，为超前谋划好党的建设工作、建立健全更为精准有效的组织工作制度提供较为准确的信息参考。此外，在基层领导班子和干部队伍的建设过程中，数据库可发挥对领导、干部、员工的信息全面掌握，在海量数据中提取所需数据并在同类员工中进行对比，更有效地、全面地、公正地甄选优秀员工提拔到干部队伍中，提升了选拔录用的公正性；在基层领导和干部的培养及管理考核中，更有效、完整地记录和获取领导和干部的培养方案、学习进度、每一环节的详细培养记录和培养成果等数据，在完成一个阶段所有的培养（学习）环节后，进行在线考试以检测培养成果。最后，用大数据统计分析技术辅助决策。在统一的评价模式下，通过智能分析，系统"还原"领导和干部在现实中的一贯表现，提高选人用人科学化水平。

（三）制度笼子更加紧密

党建信息化平台以"四位一体"干部管理确定的领导干部年度工作目标、岗位责任清单为基础，以"干部每日工作纪实"为核心，真实记录采集干部日常工作状况，形成日常考核数据，融合领导班子和干部考核系统形成的半年考核以及年度考核数据，实现对干部的分析评估、跟踪调度和预警提醒，形成的综合数据结果作为启动正向激励保障机制或负向惩戒约束机制的依据。比如："党建红云"通过对党员干部参加"两学一做"App学习问答情况自动计算个人答题率，纳入年度考核，实现对干部履职能力评估判断用数据说话，真正使管干部与促发展相结合，使干部能上与能下相结合，把好干部选出来、用起来、管理好。同时通过党员领导干部电子诚信档案收集到的党员领导干部在社会活动各领域产生的诚信数据信息，实现对党员领导干部个人行为的记录，解决干部考核中缺乏立体化综合考核的问题，强化对领导干部德和廉方面的规范约束，探索党内诚信管理监督机制。数据监管运用数据处理平台＋终端的形式，将减少大量的中间环节的传导，使基层领导班子和干部队伍建设更加便捷高效。通过监测领导和干部的实际收入、财产情况和大额购买记录，分析领导和干部的廉洁度，若出现可疑度较大的信息，获取贪腐因素来源，截取相关信息，重点察惩越过红线的问题领导和干部。

（四）服务能力显著提高

党建信息平台既可以不断提高治理的现代化、科学化水平，又能促进改革创新本领的增强和提高。依靠党建信息化平台"党员志愿服务模块"，实现党员志愿服务与服务需求精准匹配，使有服务需求的困难群众能够及时得到党员志愿者的帮助，有效解决了"有需求没帮助，能帮助没对象"的供需矛盾，同时，进一步密切党群干群关系，使党员志愿者的志愿服务更加精准有效，使人民群众的满意度和幸福感得到提升。党建信息化平台切实解决了以往驻村工作中"两头不见人""驻不下，干不好"等问题，实现用大数据推动驻村干部"真蹲实驻、真帮实促、真抓实干"；同时，通过"驻村辅导"功能，提供网上涉农政策文件、项目等查询，辅导师在线答疑解惑，帮助驻村干部及时为村集体和村民提供帮助。运用大数据建立领导干部学法制度，建立领导干部法治能力测评题库，倒逼党员干部法治素养和法治能力和依法执政本领的提高。通过推广网络问政平台、微信、微博、手机客户端等信息技术的使用，加强了党员干部同人民群众的联系，快速、高效和高质量地回应群众的诉求和需要。通过大数据、云计算等先进信息技术增强基于数据和证据的风险识别、风险预警、风险阻断、风险转化，增强面对风险的韧性和灵活性，发挥区域联动和群众参与等应急管理机制等，增强了党员干部基于数据和证据的风险防控和决策能力。基层领导班子和干部队伍决策的正确性与贯彻度，可通过信息平台全方位测评决策的影响力和领导干部的水平，通过民意测评调查民众的满意度和单位员工对领导干部的评价等数据，可以检测领导和干部的威信力等能力水平。这些既是大数据在群众工作中的运用，又是加强与群众的密切联系，为人民群众排忧解难，提高和增强群众工作本领的重要举措。

贵州将互联网和党建工作相结合，极大提升了工作实效，党建信息化建设也取得了一定的成效。但是，由于党建信息化建设起步较晚，运用水平较低，很多方面还不完善。如在信息化时代如何加强党建工作具体路径的研究还有待提高；党建信息化开放共享程度不够；对党建信息化的认识不足，有的老党员干部本领恐慌，缺乏甚至不愿运用信息化手段解决问题；有的单位将互联网技术与党建工作结合不深，研究不透等；党建信息化平台"重硬件建设、轻软件应用""更新不及时"；党建信息化保障机制和党建大数据人才队伍建设不完善等情况仍然存在。随着互联网和大数据的不断发展，贵州省需要积极顺应时代潮流，充分把握信息化带来的机遇，把信息化优势和党建工作有机结合，深入研究如何依托大数据提升党建工作科学化水平，培养党建大数据人才，使大数据在党建领域的应用得到进一步深化和拓展，推动党的建设更加公开化、智慧化、规范化，切实提升党建科学化水平。

B.7
运用大数据提升地方政府公共管理能力

——以贵州 Y 市为例*

陈　讯**

摘　要： 随着科技革命的加速推进特别是大数据时代的到来，客观上
要求地方政府转变行政职能，借助大数据进行公共管理领域
和公共服务模式创新，实现国家治理体系和治理能力现代化。
大数据的包容性、精准性和快速性将打破地方政府各部门之
间、政府与民众之间的边界，传统意义上的"信息孤岛"现
象将大大削弱，并随着信息化平台建设、数据资源共享与利
用更加便捷，政府的公共管理流程再造将逐步呈现。这不仅
有利于地方政府整合部门数据资源和推进行政体制改革，还
有利于建立应急管理体系和完善权力监督机制，是提升公共
管理能力的有效途径。

关键词： 大数据　地方政府　公共管理能力

人类社会经历了计算机和互联网信息化时代浪潮洗礼后，今天正步入大
数据时代。大数据不仅是一场技术和产业革命，也将带来国家治理的深刻变

＊　本文系贵州省社会科学院特色学科"大数据治理学"、贵州省哲学社会科学创新工程（编号：
CXTD03）阶段性成果。
＊＊　陈讯，贵州省社会科学院大数据政策法律创新研究中心副主任、社会研究所副研究员，社会
学博士，研究方向：大数据与政府治理。

革。大数据作为国家基础性战略资源，能有效地集成国家经济、政治、文化、社会、生态等领域的数据信息，为国家治理体系和治理能力现代化建设提供重要数据基础和决策支撑，是促进政务服务改革和提升政府治理能力的新途径。[①]

党的十八届五中全会明确提出实施国家大数据战略，国务院印发了《促进大数据发展行动纲要》和《国家信息化发展战略纲要》中指出，大数据是推进政务改革和助推电子政务运行管理体制创新的新途径。因此，在大数据时代，地方政府应树立"互联网 + 大数据"思维，利用互联网扁平化、交互式、快捷性的优势，充分运用大数据推进行政体制改革、整合部门数据资源、建立应急管理体系、完善权力监督机制，不仅是地方政府提升公共管理能力有效途径，还是实现国家治理体系和治理能力现代化重要途径。

一　运用大数据推进行政体制改革

党的十九届三中全会明确指出："为适应新时代中国特色社会主义发展要求，坚持正确改革方向，坚持全面依法治国，以国家治理体系和治理能力现代化为导向，以推进党和国家机构职能优化协同高效为着力点，改革机构设置，优化职能配置，深化转职能、转方式、转作风，提高效率效能，为决胜全面建成小康社会和实现中华民族伟大复兴的中国梦提供有力制度保障"。由此可见，深化党和国家机构改革，构建系统完备、科学规范、运行高效的党和国家机构职能体系，优化政府机构设置、职能配置、工作流程，完善决策权、执行权、监督权既相互制约又相互协调的行政运行机制，[②] 是实现地方政府治理能力现代化的必然要求，是建

---

① 陈讯、吴大华：《运用大数据推进国家治理现代化》，《经济日报》2017 年 12 月 15 日，第 15 版。

② 杨晓渡：《构建系统完备、科学规范、运行高效的党和国家机构职能体系》，《人民日报》2018 年 3 月 14 日，第 6 版。

立服务型高效政府的重要保障。显然，改革的最终目的是建立服务型政府，更好的创新行政管理方式，增强政府公信力和执行力，建设法治政府和服务型政府。在传统的地方政府行政管理体制中，其管理模式通常是按专业化来进行部门分工，以科层制组织形式提供服务，各部门按职责划分管理领域，导致了一个完整的公共服务体系被切割成为若干条块，以及政府部门之间形成职能壁垒，不利于建立服务型政府。因此，如何打破政府部门之间的条块问题就必须进行行政体制改革，优化政府职能配置，理顺行政运行机制。

在大数据时代，客观上要求地方政府推进行政体制改革、优化政府机构设置，有步骤、有计划的公开和共享政务信息资源，注重部门之间的协调与合作，在政务流程上需要多渠道、多层次、跨部门和全方位地进行整合，减少体制性障碍带来的影响，提升地方政府公共管理能力。因此，运用大数据来促进地方政府数据管理体制机制改革，不断增强地方政府驾驭大数据和使用大数据能力，不断降低行政成本和提高行政效率是提升公共管理能力的客观需求，是现实国家治理能力现代化的可行路径。然而，因大数据具有多样性和复杂性的特点，客观上要求地方政府全面开展数据信息管理和全面提升办公硬件和软件技术，制定相应的各部门间数据信息共享平台，通过部门内部协作，优化各职能部门机构重叠、中间层次多的状况，使每项职能只有一个职能机构管理，做到机构不再重叠，业务不重复。① 同时，运用大数据在政府各部门间对同一业务实行跨部门业务整合，打破部门界限，实现跨部门的网络化协调办公，尤其是利用政务服务中心的优势，简化服务流程，改变以前各部门间分散式办事的局面，为公众提供"一站式"和"一体化"整体服务，实现地方政府的职能部门与公众沟通的电子信息化和网络化，不仅为民众提供快捷、高效、方便的办事服务，而且降低了行政成本和提高了行政效能，从根本上促进政务服务改革和体制机制创新。如图 1 所示。

---

① 陈潭等：《大数据时代的国家治理》，中国社会科学出版社，2015。

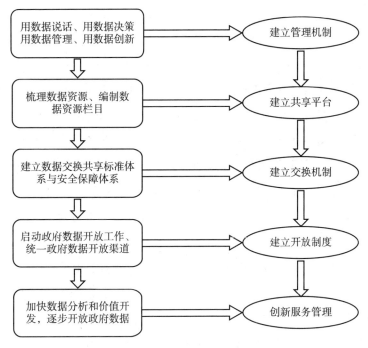

图1　Y市运用大数据推动政府行政体制改革示意

　　Y市运用大数据推动政府行政体制改革的实践表明：在大数据时代，地方政府运用大数据倒逼政府行政体制改革，建立"用数据说话、用数据决策、用数据管理、用数据创新"的管理机制，全面地梳理政府各部门的数据资源、编制数据栏目，建立部门之间数据交换共享平台，以及数据安全保障体系。同时，在推动行政体制改革过程中，启动各部门的数据开放工作，统一政府数据资源开放渠道，建设政府数据资源开放网站，以及汇聚各基层政府所属的各部门间的数据资源，逐步建立起公共服务和社会民生方面的数据向民众开放。支持和组建专门化企业，加快数据分析和价值挖掘，鼓励社会组织和企业基于政府的开放数据，发布各类社会化和商业化的应用。通过以"数据资产"的挖掘和分析为抓手，优化部门职能，深化行政改革，不仅为公众提供优质、高效、个性化的电子政务服务，还实现了由被动响应向主动服务转变、由定性管理向定量管理转变、由粗放管理向精准化管理转变，从而不断地提升地方政府的公共管理能力。

二 运用大数据整合部门数据资源

中共中央政治局在 2016 年 12 月 8 日就实施国家大数据战略进行第二次集体学习时，习近平总书记指出："要以推行电子政务、建设智慧城市等为抓手，以数据集中和共享为途径，推动技术融合、业务融合、数据融合，打通信息壁垒，形成覆盖全国、统筹利用、统一接入的数据共享大平台，构建全国信息资源共享体系，实现跨层级、跨地域、跨系统、跨部门、跨业务的协同管理和服务，充分利用大数据平台，综合分析风险因素，提高对风险因素的感知、预测、防范能力，不断提升政府公共管理水平"。

大数据作为一种信息数据处理和储存技术，能有效地集成国家政治、经济、社会文化以及生态等领域的信息资源，[①] 是推进国家治理体系和治理能力现代化的重要基础和支撑，是建设网络强国的重要保障。[②] 大数据时代是一个需求多元化的时代，客观上要求地方政府运用大数据技术为民众提供个性化、精准化、多元化的公共服务，更好地履行公共管理职能。然而，在现行的地方政府机构运行机制中，政府的一些职能部门掌握大量的具有极高价值的公共服务和改善民生的数据，在这些部门中往往受职能性质的影响和条块分割，很容易形成"信息孤岛"现象。或者出现采集数据标准不一、重复采集、准确性和一致性差以及开放程度低等的情况，导致在政务服务数据运用中，严重制约了部门间的数据交换与共享，也造成了行政效能低的状况。因此，正确运用大数据的优越性打破地方政府部门之间的条块分割，整合部门之间的数据资源，实现部门间的数据交换共享就成为迫在眉睫的重大现实问题。

随着科技革命的加速推进特别是大数据时代的到来，有学者指出："大数据本质上是'一场管理改革'，它不仅是一场技术改革，更意味着是一场

---

① 陈讯：《运用大数据提升地方政府决策能力》，《大数据时代》2018 年第 5 期。
② 陈讯：《运用大数据提升地方政府治理能力》，《光明日报》2016 年 5 月 16 日，第 11 版。

'社会变革'，而这种'社会变革'伴随并呼唤着公共管理与公共服务领域的变革"。① 由此可见，在大数据浪潮中，地方政府如何深化改革尤其是整合部门之间的数据资源来适应大数据带来的全方位冲击是一个划时代课题。这是因为，在大数据时代，人民群众的生活方式、居住条件、工作节奏以及社会形态和人生意义都可能将发生深刻的改变，这客观上要求政府利用大数据来整合部门之间的信息资源，不断地提升行政效率和服务能力。

事实上，作为地方政府运用大数据来整合部门之间的信息资源，进一步简政放权，进一步提高行政效能，从而不断提升政府公共管理能力。一是运用大数据实现政府部门之间的信息共享和建立信息透明，这不仅可以提高政府部门自身的工作效率，还可以更好地为民众、企业提供更全面、更准确地信息服务，从而产生经济社会效益。二是运用大数据来评估政府部门绩效，评估简政放权状况，以及部门间的公共服务和行政效率，从而提升行政服务质量，激励机制、增强部门间的竞争力，降低地方政府的管理成本。三是运用大数据来增强地方政府对公共领域服务的针对性，提高公众满意度和自身的行政效率，从而减少财政开支，节约行政成本。四是运用大数据来提升地方政府的政务智能化服务能力，尤其是在政务服务集中化趋势下，政府部门间对信息化和职能化办公的依赖程度逐步增强，因此，运用大数据来整合政府部门间的资源，可以有效辅助电子信息和为人工智能服务，减少政务服务过程中的人工操作出错，提升办事效率。五是运用大数据来引导政府公共部门创新，如商贸业、金融业、非营利机构等，运用大数据来开发和分析地方政府推行的公共政策进行有效反馈，为完善、改进和纠偏决策提出建议，从而为政府公共部门创新提供价值。

从 2014 年下半年以来，Y 市政府运用大数据来整合部门资源，实现高度关联的行业条状数据与城市块状数据融合发展模式，实现部门之间从大数据采集、储存、开放和运用共建共享机制，使数据资源从"条"到"块"的整合集聚。如：建立财政、国税、地税、金融、工商、审计、能源等大数

---

① 转引自徐继华等著《智慧政府：大数据治国时代的来临》，中信出版社，2014。

据综合治税试点。以及整合金融、物流、商贸、旅游、医疗等从分散、分割状向集中聚合转变。此外，Y市还运用信息网络渠道的丰富性和多样性，积极拓展惠民服务工程，大力打造门户网站移动大厅新模式，仅社会保障网上办事大厅就实现4类26种业务，占社会保障业务总量的86%，提高了行政服务效益。

Y市运用大数据整合政府部门之间的信息资源表明：它打破了政府内部各部门之间和政府与民众之间的边界，促进了政府从管控型向服务型与开放型转变。同时在党委领导下政府大力推进各部门之间的信息数据资源整合，并配套出台了大数据相关的技术合作、共建共享协议以及采集、储蓄、开发等统一规范，统一各部门数据编码、处理措施和开发原则，依托已有的大数据建设基础来构建比较系统、完整、多层次的云平台，汇集政府各部门的数据，形成了分散与集中相结合的政务服务体系，从而降低了行政成本和提高行政效益。此外，Y市运用大数据推进各部门之间整合信息资源还表明：它打破了政府各部门各自为政与传统的管理模式，将运用大数据来协作、共建共享的思维模式嵌入到信息化和智能化的现代政务办公模式中，整合各部门之间信息资源，通过跨部门和跨系统共享使用政府部门之间横向和纵向资源，信息孤岛现象逐步被消除，数据信息共享理念和实践逐步融入政务运行中，大大地降低了行政成本，提高了行政管理效能。

三　运用大数据建立应急管理体系

大数据时代深刻改变了人们的思维定式、商业模式和生活方式，并将革命性的影响公共管理的运行模式，促使管理更加精准、数据创造价值、管理思维变革将是必然的结果。[①] 十八届三中全会以来，随着改革的深入推进，社会变革日新月异，利益主体走向多元，社会流动加速，阶层分化加快，社

---

① 李丹阳：《大数据时代的中国应急管理体制改革》，《华南师范大学学报》（社会科学版）2013年第6期。

会转型的深度和广度前所未有，社会问题层出不穷，新老矛盾叠加交织，导致了社会矛盾走向一种高发态势，其触点多、燃点低、处理点难等特点日益凸显，对我们党和政府维护经济发展和社会稳定带来巨大挑战。因此，在大数据时代，地方政府能否运用大数据来广泛的收集、准确和客观的分析潜在的社会矛盾和建立社会应急预警机制，增强处置突发性事件已成为提升地方政府治理能力的重大现实问题。

在全面深化改革背景下，受利益多元化的影响，政府传统的管理模式客观上应深入的进行改革，其改革思路应从突发性事件管理向建立应急管理体系转变。如：在信息化和大数据时代前，地方政府通常对自然灾害、事故灾害、公共卫生突发事件、社会治安事件等，是实行事件性管理，往往是事发后再进行动员组织及实施管理。地方政府在面对这些事件时，尤其是突发性公共事件，往往是没有事前预防，事件发生后又缺乏一种科学的、程序化的判断和决策，这就会导致在事件处置中和善后安置中出现失误，从而使事态进一步扩大，带来严重后果。在大数据时代，地方政府应运用大数据来建立应急管理体系，这客观上要求从突发性事件管理向建立应急管理机制转变，厘清应急管理的内涵，明白在全面深化改革和转变政府职能背景下，谁来管理、管理什么以及怎么管理等问题。

大数据时代从地方政府应急管理体系运作上看，它客观上要求从传统的粗放式管理向精细化管理转变、从单兵式管理向协作式管理转变、从柜体式管理向全天式管理转变，以及从文书式管理向电子政务式管理转变，从而提高政府的应急能力。在这基础上，地方政府还需要建立和完善应急管理的体制机制，一方面要根据相关的应急法律法规制定配套管理实施意见，如：建立分等级的预警机制，完善突发性公共事件应对的领导责任制和应对工作机制，进一步明确各部门协调机制，从法律法规及行政职责上为应对突发性公共危机事件提供保障。另一方面是建立相应各部门协调机制和应急救援机制以及舆情导控机制，建立应急救援队伍和非应急救援队伍协同合作，提高各部门协调能力和应急处理能力。

运用大数据技术和方法提升地方政府应急管理能力是实现治理能力现代

化的有效途径。从当前我国很多地方政府运用大数据提升应急管理能力的实践来看，还普遍存在滞后状态。如：运用大数据来建立应急管理的理念不够，对应急管理的大数据统一采集和存储不足，对应急管理的数据分析与预测和预警能力欠缺，以及对应急管理大数据的共享程度低和分析、学习能力弱等，这些问题无疑成为很多地方政府运用大数据来提高应急管理能力的数据鸿沟，客观上需要加大开发利用和处理大数据能力。因此，在大数据时代客观上要求地方政府建立健全相应的应急管理机制来提升管理能力。一方面要充分运用大数据实现应急管理思维方式更新，做到管理精细化和个性化具体问题具体分析，从而树立客观数据决策思维，建立各部门统一标准的采集、存储、开发与利用大数据。另一方面是要运用大数据建立突发性公共事件的预判机制和协调机制，可以使领导和决策机构从碎片化和纷繁杂乱的信息中快速提取决策信息，迅速组织和协调多部门参与应对事件中来，提高处置突发性事件的能力。

此外，在全面深化改革背景下地方政府如何运用大数据应对自然灾害类事件、事故灾害类、公共卫生类以及社会安全类等，已经成为建立应急管理体系的现实问题。客观上需要地方政府不断深化改革，不断运用大数据提升公共管理能力。一是运用数据技术来创新管理模式，以数据为决策基础，建立预警、决策、协调、执行和处置联动机制，推进管理机制创新，从而提升应急管理能力。二是运用数据推动政府实施精细化和个性化管理，与突发性公共事件不同的是，现代化的应急管理非常注重日常信息资源的收集和处理，只有掌握相关信息数据资源情况下才能对突发性公共事件做出科学决策和快速行动，而利用大数据的优势正好可以优化应急管理能力，从而提升决策科学性和行政效益。三是运用大数据向市场学习，受民众权利意识提升和信息传媒的影响，面对突发性公共事件时不能照搬传统单向度的、主观的管控模式和解决方式。因此，地方政府在建立应急管理机制过程中应向市场领域的企业或相关机构学习大数据技术、观念、管理方法等非常必要，以筑牢应急管理体系来面对经济社会发展过程中可能遇到潜在的社会风险及如何化解危机的能力。

四　运用大数据完善权力监督机制

党的十九届三中全会明确指出："要完善党和国家机构法规制度，依法管理各类组织机构，加快推进机构、职能、权限、程序、责任法定化，全面推行政府部门权责清单制度，规范和约束履职行为，让权力在阳光下运行"。习近平总书记在十八届中央纪委二次全会上指出："要加强对权力运行的制约和监督，把权力关进制度的笼子里，形成不敢腐的惩戒机制、不能腐的防范机制、不易腐的保障机制"。李克强总理曾视察北京·贵阳大数据应用展示中心时指出："加大推进'数据铁笼'反腐力度，把执法权力关进'数据铁笼'，让失信市场行为无处遁形，权力运行处处留痕，为政府决策提供第一手科学依据，通过大数据的方式管住人、管住事、管住权，真正实现"人在干、云在算"。[①] 显然，进入大数据时代，大数据在政府治理能力提升中的应用前景十分广阔，其使用价值潜力非常巨大。因此，正确运用大数据构建"用数据科学化决策、用数据精细化管理以及用数据制度化创新"的全新机制是一个重要的实现问题。从地方政府提升公共管理能力看，编制数据铁笼和规范干部权力运行，让权力在阳光下运行不仅是建设廉洁政府和法治政府的内在要求，还是提升地方政府公信力的有力保证。

地方政府以大数据助推权力制约无缝化，编织权力制约的"数据铁笼"，让权力处处留痕不能任性，从而做到"人在干、云在算"。充分运用大数据实现权力制约无缝化，就是要实现权力监督常态化、规范化，实现无禁区、全覆盖、零容忍，倒逼政府自觉规范和约束权力运行。[②] 政府应借助大数据手段，对权力运行过程中产生的数据进行全程记录、融合分析，及时发现和控制可能存在的风险，挖掘分析出各类不作为、乱作为及腐败行为发生的概率和"蛛丝马迹"，并通过实践不断使这一探索更加合理化、规范

---

① 叶春阳等：《"数据铁笼"彰显贵阳治理能力的提升》，《贵阳日报》2015 年 9 月 14 日，第7 版。

② 陈刚：《运用大数据思维和手段提升政府治理能力》，《求是》2016 年第 12 期。

化、科学化，从而形成无缝化的"数据铁笼"，完善权力监督和技术反腐体系，① 提升了政府行政效能和权力运行透明度，不断提升地方政府完善权力监督机制。

首先，运用大数据建设透明政府，使权力在阳光下运行。十八大以来，国务院为更好地适应经济社会发展需要，加快转变政府职能，大力推行简政放权。在这种背景下地方政府应充分运用大数据的优势来建设透明政府，使政府的权力在阳光下高效运行，从而提高行政效能和对权力进行有效的监督。一是从技术层面上对已有的历史数据资料进行充分的利用和挖掘，建立数据储存库和推进数据整合，使政府的权力运行有轨有迹，利于监督。二是由政府主导、社会和个人参与的一体化数据系统，形成天上有"云"、地下有"网"、中间有"数"的立体式权力运行监督格局。同时，地方政府有步骤有计划的逐步开放数据，把政府公共权力的行使由个别人、少数人和权力执行机构变为多数人知情，主动接受社会监督，这样就可以有效地消除暗箱操作，提高权力运行的透明度，推进地方政府权力监督。

2014 年以来，Y 市政府大力实施"数据铁笼"行动计划，以市公安局和住建局为试点对象，运用大数据思维和方式，重点围绕记录、公开和分析环节，建立全范围覆盖、全过程记录、全数据监督的大数据管理监督云平台和个人诚信档案，全面记录执法及管理中的权力运行、权益保障等轨迹。并通过大数据的"记录、公开、分析和效能"功能，规范业务流程、监督个体行为、科学考核评价和提升管理精度，实现对权力的全体候、多维度监督，使权力在阳光下运行。

从 Y 市的实践可以看出，运用大数据推进地方政府的权力运行机制和监督机制，其目的就是通过对权力实施过程进行记录，对权力行使进行公开，对权力运行进行记录，以及编制个人执法和部门执法的"数据铁笼"，构建权力监督机制使政府的权力真正在阳光下运行，为建设透明型和服务型政府提供保障。

---

① 陈刚：《运用大数据思维和手段提升政府治理能力》，《求是》2016 年第 12 期。

其次，运用大数据构筑起反腐败的网络监督机制。近年来，随着信息化和网络化的兴起，民众通过网络和现代传媒举报官员腐败行为逐步增多，因网络曝光而落马的官员不少。随着国家体制转型和经济转轨，社会变迁加速，在利益多元化冲击下社会矛盾日益凸显，受信息化冲击的影响，原本强势的官员逐步变为网络"拍砖"的弱势群体，形成了群众利益虚拟网络对官员的言行举止进行有效的监督。因此，地方政府完全可以利用网络监督这个优势与反腐败制度结合起来，使网络反腐在廉政建设中发挥重要作用。大数据的优势可以为网络反腐提供一个平台，它可以为腐败提供一个庞大的信息数据和资料来源，可以通过海量数据存储和搜索了解官员的最新动态和历史活动，从而获取对反腐败有价值的信息，对腐败行为进行跟踪监控。因此，在反腐倡廉高压政策下，利用大数据技术将反腐斗争扩大到网络之中，充分发挥网络监督反腐的优势，更好地、更有效地监督官员执好权和用好权。

再次，运用大数据推进法治政府建设。十八届四中全会提出了实施依法治理国家的大政方针，其目的是为了建设一个讲规矩、守法律的高效廉洁政府，更好地为社会经济发展和民生服务。在大数据时代，大数据的优势和特点将扮演历史性角色，它在立法、司法、执法乃至于公民守法方面形成倒逼力量，使地方政府更加自觉约束权力行使，推进法治政府建设，从而为民众提供更加有效的权利保障。一是运用大数据促进科学立法。地方政府在立法工作上要充分利用大数据精确、客观的特点使立法工作更加贴近实际需要，更加贴近经济社会发展以及保障民众的权利。同时，运用大数据还可以大大减少立法的阻力，这是因为在立法过程中往往充满着各方利益博弈和利益考量，而运用大数据可以客观、公正的进行裁量。此外，大数据的兴起和发展客观上也需要对既有立法进行拓展，尤其是大数据背景下公民的知情权、数据权、隐私权和参与权等。二是运用大数据促进公正司法。地方政府运用大数据的优势来推动司法公正将成为一大主题，这是因为在政府推动数据整合与共享背景下，将打破各行业、各领域的信息壁垒，形成司法和执法信息的实时动态监控与监督，使执法人员和执法机关执法办案公开透明，从而真正

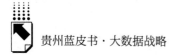

做到公正司法。三是运用大数据严格执法。地方政府在执法工作中充分运用大数据的优势来打击犯罪，使执法更加便利、更加有效，以及更加快速的编织法制"铁网"，如利用电子警务、电子监控、GPS 定位、摄像头等采集犯罪数据，更好地提高破案和侦查效率。同时，还可以运用现代信息设备来提高对事前防控能力和有效防止犯罪率以及降低犯罪行为的发生等。因此，无论是运用大数据来科学立法，还是公正司法和严格执法，都是为了建设法治政府而提供保障。

B.8
司法大数据支撑审判执行的路径探索
——以贵州法院司法大数据探索实践为例

禄劲松　梁国昕　陈昌恒　程少芬*

摘　要： 本文结合司法大数据的理论知识，从贵州法院司法大数据探索实践入手，分析研究司法大数据智能辅助审判执行的实现路径，主要体现在制定证据规则、统一证据标准，提取案件要素、开展证据分析，类案比对分析、智能辅助决策，提供裁判预期、提高司法公信力，构建法官绩效评价体系、助力司法改革等五个方面，并从加强数据融合与治理工作、夯实司法大数据研究基础，运用大数据思维、推进信息技术与审判业务深度融合以及运用大数据技术，加速推进"智慧法院"全面建设出发，对下一步司法大数据助推审判执行工作进行了展望。

关键词： 司法大数据　智慧法院　大数据分析

一　司法大数据研究背景与现状

（一）司法大数据研究的时代背景

当前社会已经进入新的历史时代，社会主要矛盾也发生了新变化，人民

---

* 禄劲松，贵州省高级人民法院审判委员会专职委员，法学硕士；梁国昕，贵州省高级人民法院信息技术处副处长；陈昌恒，贵州省高级人民法院信息技术处副处长；程少芬，贵州省高级人民法院信息技术处主任科员。

群众日益增长的司法需求给法院工作带来了新影响，提出了新要求。随着经济社会的快速发展，以数字化、网络化和智能化为主要特征的信息化社会已经来临。大数据技术已经成为社会各领域创新的原动力和运用于多维知识的新型分析工具，给我们各行各业带来了令人耳目一新的变革。特别是在司法领域，大数据技术手段构成与以往截然不同的机遇和挑战，对传统的法律实践操作模式产生了强烈的冲击。面对海量资料，法院系统有效收集整理、统计分析和存储共享，通过司法活动产生的海量数据提炼萃取其所蕴含的重要价值，以更好地服务司法实践、群众需求和社会发展，这必然成为当前法院所面临的一件亟须认真思考并需要给出解决思路的问题。这也是本文要探讨的核心问题。

（二）司法大数据运用于审判实践的重要意义

当前，各地法院在司法大数据应用方面进行了初步的探索和尝试。司法大数据的研究和应用对于提升审判质效、加快"智慧法院"建设有着重要的现实意义。

1. 司法大数据是适应司法体制改革的必然需求

随着司法体制改革进入"深水区"和"攻坚期"，仅仅依靠体制创新已经难以有效解决目前法院工作所面临的困境。立案登记制改革在给人民群众带来方便的同时，也使得"案多人少"的矛盾日益凸显。随着"让审理者裁判，让裁判者负责"司法理念的深入人心，传统的审批制逐渐取消，但也产生了一些新的问题，如何确保"同案同判"，提高审判质量，实现有效监督，这些都是司法体制所要面对和解决的现实问题。在此情形下，科技创新应运而生，以科技作为推动力，可以在相当程度上化解当前的司法工作难题。为此，开发对大数据技术的深度应用，把统一的证据适用标准嵌入数据化司法程序中，实现科技创新与制度创新的深度融合，是提高司法效率、促进司法公正的必然需求。

2. 司法大数据为"智慧法院"提供强大的智力支持

司法大数据是人民法院重要的信息资源。通过深入广泛运用司法大数据，能够为一线办案法官科学提供案件裁判参考意见和智力支持，帮助法官准确厘清法律关系，可以为相似案件的裁判提供分析依据，也可以为律师和当事人提供合理的裁判预期。司法大数据的运用有助于为"智慧法院"建设提供强大的智力支持。

3. 司法大数据有助于提升司法公正、促进社会稳定

最高人民法院院长周强曾多次指出，要充分认识新形势下加强司法大数据研究应用的重要性，充分运用大数据所蕴藏的巨大潜能，实现透明便民的司法服务、全面科学的司法管理和公正高效的审判执行，进而促进提升人民法院各项工作的现代化水平。只有深度应用司法大数据，整合各类数据资源，在此基础上逐步实现对司法信息资源的存储、分类、检索与分析，才能真正有效为法院司法审判工作服务，从而有效支持政府决策科学化、社会治理精准化和公共服务高效化。

（三）司法大数据研究与运用存在的现实问题

由于司法数据资源具有多源异构、复杂、动态等特点，且各类信息系统之间未进行有效融会贯通，当前，法院在运用司法大数据的实践过程中存在以下问题。

1. 资料来源结构多样，"数据孤岛"情况严峻

围绕司法业务实际，法院系统具有案件管理、执行流程、司法公开、绩效管理、后勤保障、运维管理等几十个不同的业务系统。尽管核心业务系统已经实现了统一汇聚，但各系统生产出的数据多源异构，形成了数据壁垒，且系统之间未有效对接，从而导致数据"聚而不通"。由于在信息系统建设的过程中，各个信息系统之间缺乏统一规划，且使用的技术和应用需求不同，存在数据存储及管理方式的巨大差异，以及部门间数据无法互通共享，这为数据的融合性分析带来很大的困难。

2. 数据具有鲜明行业特点，数据分析薄弱

法院所生产的数据具有鲜明的司法行业特点，例如，不同案件类型，无论从案件要素描述、程序性文书类别，以及审判程序上都存在巨大的差异。

法院大数据的数据特征隐藏深，需要有深入的法院行业背景才能理解并挖掘出数据中蕴藏的信息与知识。传统的数据分析方法对于法院大数据的分析与挖掘存在局限性，无法胜任法院大数据的融合与分析。因此，迫切需要联合数据专家及法院行业专家，构建有效的法院行业数据融合与分析方法，融合多源法院数据并挖掘其中的价值信息，转化成为知识并应用于支撑法院的决策过程。除此以外，法院大数据的演化特点，导致数据中蕴含的知识随着时间的变化而产生变化，这些案件知识的演化往往伴随着案件关键环境因素的潜在变化，挖掘这些潜在的案件环境变化及与案件之间的潜在联系，对案件治理和法院的决策具有重要意义。为此，需要深入研究法院的行业特点，建立法院行业的大数据融合与分析方法，并在此基础深入联系法院的业务，探索法院大数据分析在法院工作中的应用模式。

3. 数据敏感度高且涉及个人隐私面广，需要保护数据安全

案件数据具有敏感度极高的特点，涉及大量的个人隐私、商业秘密和国家秘密，一旦泄露、丢失或者被篡改，势必造成不良影响和严重后果，对国家、社会和个人产生重大危害。特别是在数据开放共享以及融合分析的情形下，法院的数据信息安全事实上已经成为影响国家安全和社会稳定的重要因素，因此，确保数据安全是成功建设"智慧法院"、发挥"智慧法院"优势的先决条件。数据安全与隐私保护不但决定了"智慧法院"能否顺利运行，还将极大地影响到司法公正和效率，甚至关系司法公信力乃至国家信用的建设。因此，在司法大数据研究与应用过程中，要加强数据的安全保障和隐私保护，确保数据分析与共享的可信度。

二 司法大数据研究的理论支撑

当前，面对司法大数据资源的不断积累，全国各地法院都在积极探索，创新思维，纷纷对司法大数据进行研究。随着大数据分析技术的不断成熟，以及海量司法审判数据信息的不断汇聚，大数据技术在司法审判中的运用成为现实和可能。

（一）司法大数据的来源及特点

在审判执行业务过程中产生的裁判文书、证据材料、案件卷宗等资料是司法大数据的主要来源。司法大数据具有这样几个特点：一是数据量庞大，除了数以万亿份计的裁判文书，还存在大量的卷宗数据；二是非结构化，除结构化的文本数据之外，大量的图片、视频数据是非结构化的，需要采用OCR、语义分析等技术进行深入地挖掘提炼；三是复杂度高，各类数据之间存在一定的关联规则，且具有独有的案件逻辑规律；四是可信度高，大部分数据的格式相对规范，比如裁判文书基本是按标准样式编写，数据可靠性相对较高。

针对司法大数据的这些特点，采用先进的大数据、云计算等新技术，对海量司法数据进行分析挖掘，从中提炼出符合审判规律、有助于提升审判质效的有效信息，再将这些信息反馈至审判执行业务实践过程中，从而使得信息技术与审判业务真正融合对接，最终实现审判体系和审判能力的现代化。这是开展司法大数据研究的基本思路。

（二）"智慧法院"的概念与理解

1. "智慧法院"的概念

2016年1月，最高人民法院首次提出要建设"智慧法院"，[①] 其概念是："依托现代人工智能，围绕司法为民、公正司法，坚持司法规律、体制改革与技术变革相融合，以高度信息化方式支持司法审判、诉讼服务和司法管理，实现全业务网上办理、全流程依法公开、全方位智能服务的人民法院组织、建设、运行和管理形态"。也就是说，建设"智慧法院"须以确保司法公正高效、提升司法公信力为目标，充分运用互联网、大数据、云计算、人工智能等现代化信息技术，促进审判体系与审判能力治理现代化，实现人民

---

① 最高人民法院周强院长在最高人民法院信息化建设领导小组2016年第一次全体会议上提出。

法院高度智能化的运行与管理。建设"智慧法院"的目标，是通过法院信息化建设的转型升级，来实现审判体系和审判能力的治理现代化，其本质在于现代科技应用和司法审判活动的深入结合。

2. 司法大数据、人工智能与"智慧法院"的关系

人工智能技术与司法领域的深度结合，就是互联网、大数据、云计算在司法审判中的深度应用，以切实推进数据共享，实现司法智能系统的构建和创新。

人工智能的核心技术，主要是机器学习、自然语言处理、图像与语音识别等方面。无论人工智能的技术如何应用，都离不开数据资源，尤其是大数据和算法。人工智能对于大数据的深度挖掘与应用，使得大数据中的个人信息和隐私安全存在一定隐患，因此我们在运用人工智能与大数据技术的同时，要充分考虑将其法治化。

"智慧法院"建设，强调充分运用互联网、大数据、云计算、人工智能等现代化科学技术，支持全业务网上办理、全流程依法公开、全方位智能服务，促进审判体系和审判能力的现代化。"智慧法院"是技术发展的必然产物，是司法审判能力的与时俱进，也是人工智能实现法律规制的司法需求。司法大数据可以通过更加智慧的方式运用于审判执行工作，真正为实现"智慧法院"发挥其应有的价值。

三 贵州法院司法大数据的探索实践

（一）司法大数据分析总体思路

在推进以审判为中心的诉讼制度改革过程中，贵州法院充分遵循司法规律，创造性地提出"审判实践归纳＋大数据分析印证"模式，在司法审判中引入证据大数据分析技术，多角度、多方面总结提炼案件审理的特点和规律，立足实践和司法需求，制定统一的证据标准，充分发挥证据标准的指引、规范作用，按照先易后难、循序渐进的原则，分期、分批制定并完善各

类程序各类案件的证据标准。首先以刑事案件类型作为突破口，统一公安、检察和法院的刑事证据标准，为办案人员提供细致明晰、切实可行的办案参考，各办案机关在各个诉讼阶段严把案件事实关、证据关，按照证据标准和要求收集、固定、审查、运用证据，取得了良好效果。

通过科学制定契合证据法律规范、符合司法裁判要求、适应各类案件特点的证据标准，统一证据证明要素和证明形式要件，建立证据规则与定罪量刑之间的联系（即系统校验规则），在办案过程的每一环节对需要提供的证据进行提示，为下一环节办案人员提供参考，从源头上保证了案件基本必备证据的完整，最终实现证据大数据分析的合理设计，从而为审判工作的顺利开展奠定了基础。

（二）司法大数据在审判实践中的应用

随着司法体制改革的全面推进，员额法官数量大幅减少，人均办案数量明显增加，办案人员的工作压力不断增大。据统计，2017 年度贵州全省各级法院共受理案件数 537375 件，同比上升 18.58%；员额法官人均结案 188件，同比增加 110 件。在当前全省法官素质仍然有待提高、参差不齐的情况下，实行司法责任制取消了院、庭长对案件的层层把关，保障案件质量、加强责任监督、防止任性办案，就成为目前法院面临的亟待解决的难题。在此，贵州法院以司法大数据分析工作为平台，自主探索设计了法院智能决策分析系统、审判辅助系统和公众咨询系统，建立了具体的案由模型，实现了证据分析研判、文书智能生成、自动匹配精准相似案例等一系列功能，进一步提升了审判的质效。

1. 制定证据规则，统一证据标准①

贵州法院积极推进证据大数据分析工作，以数量多、覆盖面广的案件作为突破口，选择从简单到复杂的案由，逐步开展刑事、民事和行政三大类型

---

① 贵州省高级人民法院信息技术处：《司法证据的大数据分析——以贵州法院的实践为例》，载李林、田禾主编《中国法院信息化发展报告 No. 2（2018）》，社会科学文献出版社，2018，第 364 页。

案件的大数据智能辅助办案系统的研发。通过对近年来全省法院因证据不足而被发回重审的刑事案件进行梳理、排查，发现影响这些案件质量的主要因素有：证据不足，取证程序有瑕疵，证据标准不统一，证据规则落实不到位，等等。从而导致法院审判案件定罪量刑的证据裁判标准不统一，在侦查、起诉阶段收集的证据质量参差不齐，从而影响裁判结果。

为切实推进以审判为中心的刑事诉讼制度改革，贵州省高级人民法院与省公安厅、省人民检察院联合制定了《刑事案件基本证据要求》，为刑事案件的大数据分析提供了规范性依据。在系统研发过程中，将基本证据要求嵌入到办案系统中，并对证据指引进行建模，统一了办案机关的证据标准，有效辅助了案件办理过程中的证据采集和认定工作。

2. 提取案件要素，开展证据分析

证据分析中关键是对案件要素的提取。以相关法律法规以及全省法院司法统计数据库作为基础，在对数据进行梳理和研判后，通过语义分析、图片识别（OCR）等技术，从海量的证据资料里提取案件要素，并进行相应的分析。根据证据规则标准，在立案环节对案件证据材料进行校验。通过对案件要素之间的逻辑关系进行分析，可以找出其内在关联性。

同时，针对具体案由建立案由模型，实现审判实体与判决依据，以及与法律法规库的对应，使办案人员从纷繁复杂的事务中解放出来，集中时间与精力，聚焦案件争议焦点。

3. 类案比对分析，智能辅助决策

案件要素提取出来后，通过类案比对，关联量刑规则、法律法规等，形成裁判结果与历史案件的结果统计的对比区间，即案件偏离度。对审结案件的偏离度进行分析，为倒查问题案件和瑕疵案件提供了数据支撑，为决策监督提供技术参考。

在法院管理方面，依托数据分析模型，实时分析案件审理情况，可以实时掌握案件进展。另外，通过对现有案例库采用自然语言分析等技术，生成带有要素标识的案例库。再通过大数据分析技术，把正在审理的案件要素作为条件进行检索，给出量刑建议，并将相似案例推送给法官作为参考，为法官办案提供智能辅助支持。

4. 提供裁判预期，提高司法公信力

运用类案结果统计、关联法律法规分析、查询案件与历史案件比对情况等数据分析结果，对查询案件进行智能模拟判决。通过当事人对案情的描述，匹配案由模型，精准推送相关判决依据和法律法规，让当事人对案件审判结果形成合理预期，拓展诉讼当事人监督诉讼结果的渠道，实现司法信息对称，维护和提升司法公信力。

5. 构建法官绩效评价体系，助力司法改革

员额制改革是司法改革中的关键环节，如何衡量一个法官的办案工作量，以及办案质量水平，全面客观评价法官工作业绩，建立科学的法官考核机制，对员额制改革后的审判运行机制具有重要的影响。贵州法院法官业绩评价系统通过多角度、全方位对法官全部工作数据进行采集，科学、客观对法官各项工作进行数据评估，充分考虑个案审限差异及收案先后顺序等客观因素，运用大数据手段将收结案统计均匀分布到合理预测审限周期上，使管理更加精准、科学。以"案件绩效评价体系"为基本框架，根据法官在办理难易程度不同案件中所耗费的工作量的不同，对案件权重系数进行建模，建立法官工作量评估模型。通过模型科学客观地反映当前状态下法官的工作饱和程度，将过去"以量均衡"过渡为"以质均衡"的新模式。将法官绩效考评分为案件工作量、案件质效和综合评价三个考核板块，分别确定70%、15%、15%的测评权重，依据测算得分进行考评，用数据事实说话，确保考评公平公正，为绩效奖金分配、晋职晋级、逐级遴选奠定坚实基础。

（三）司法大数据应用实践中存在的问题

尽管贵州法院在运用大数据提升审判质效方面进行了积极的探索和尝试，但在实践应用中仍然存在很多问题和困难，主要体现在以下几个方面。

1. 各类信息系统未有效对接，影响数据分析结果

法院各类信息应用系统是由不同的软件提供商设计开发的，其设计架构不统一，数据标准不一致，从而导致各类系统无法实现有效的集成和共

享。不同系统生产的数据具有多源异构、复杂高维的特点，且存在数据不准确、不完整、不全面的情况。要实现多源数据的融合分析，首先要确保数据的全面性、准确性、实时性。这就需要对采集的数据进行梳理，清洗，再分析。如果数据源中包含了错误和虚假的信息，系统无法识别，或者筛选出部分碎片化数据，舍弃了部分关键数据，这些因素都会影响分析结果。

2. 未建立丰富的数据资源库，数据利用率低

各类信息系统生产的数据未进行有效的融合对接，从而形成了"数据孤岛"，导致各类数据无法进行互联共享。在法院实际工作中，面对海量的司法数据资源，仅仅是进行了简单的统计汇总，没有进行有效的分析利用和深入挖掘。而且，司法数据结构多样，包含结构化、非结构化、半结构化数据，其中案件办理中产生的数据，存在部分非结构化文档，如票据证据、案发现场图片等，需要利用不同的方法进行数据处理。这其中最主要的问题是没有建立多源数据资源库，没有将法院生产的所有数据进行汇聚和融合。各类数据分散在不同的角落，数据没有得到有效的分析利用，是目前法院进行司法大数据分析研究面临的主要问题。

四 司法大数据智能辅助审判执行的实现路径

（一）加快实现电子卷宗随案生成和深度应用

按照最高人民法院的统一部署和工作要求，加快实现电子卷宗随案生成，深度挖掘电子卷宗所蕴含的数据价值，促进卷宗信息的智能化应用。电子卷宗生成的目的就是为了可以深度利用，做好信息回填、网上阅卷、信息公开、文书生成、类案推送、审判管理、卷宗归档、卷宗调阅、业务协同等应用，推动机制创新和审判流程再造，提升电子卷宗服务审判工作的能力，真正为法官减负。有效应用电子卷宗信息，深度挖掘审判执行智能辅助策略和途径。

（二）实现数据融合，构建知识图谱

利用大数据的互联共享功能，实现多源数据的融合，搭建统一的数据管理平台，从而实现大数据的全方位、多层次、智能化的优化配置及有效利用。基于法院现有的各类信息系统，进行系统对接，获取案件信息、业绩管理、司法公开等多源数据，并对数据进行抽取、整理、清洗等处理，采用知识图谱对多源数据进行深度知识融合。针对案件信息、法律条文、法官团队等知识要素的多元化、层次化、深度化问题，对结构化与非结构化的多源数据，利用语义知识和概率模型等方法，梳理实体间的语义相关性，实现不同粒度的知识实体表达。从多源数据中挖掘深层知识，实现高质量的案件信息和法官知识的融合分析，满足法官对法律法规、经典案例的精准化需求，逐步提升"类案同判"和"量刑规范"的精准推送，从而构建科学、实用的司法大数据知识图谱。

（三）依托案件、法官画像辅助精准分案

以法院实际业务需求为基础，以业务应用为导向，采用深度学习方法和知识图谱，梳理案件知识要素，分析案件数据中的语义特征，挖掘多源异构数据的价值，对司法大数据进行关联和融合分析，构建实体特征画像。通过面向法官、案件、审判团队等实体进行全方位、多角度、多维度的特征画像，为法官找出自己擅长的案件类型，实现在分案时结合法官审判经验、法官饱和工作量及案件自身特点等要素，为法官或团队进行精准化分案，提升案件质效，促进专业化审判团队的发展。

（四）加强证据比对分析，实现智能案件评查

通过提取已生效裁判文书中的证据信息，与案件电子卷宗中的证据进行对比分析，将其作为评判法官办案质量的方式之一。在证据比对过程中，还原法官办案过程，查找瑕疵案件，比如分析裁判文书中提及的证据信息是否存在于卷宗证据材料中等。通过机器学习以及大量的数据验证，研发案件评查系统，实现智能化评判案件质量。

五　下一步研究方向及展望

法院在司法大数据方面的研究工作正在紧锣密鼓地开展，海量司法大数据潜在的巨大价值也在逐渐显现。以数据为依据、用数据说话，深度运用司法大数据，必将在支持审判执行、服务百姓群众、提供科学决策、推动社会治理等方面发挥越来越突出的作用。

（一）加强数据融合与治理工作，夯实司法大数据研究基础

从数据源头出发，加强数据采集工作。当前，法院的数据积累主要集中在司法统计上，数据信息相当有限，应尽可能地采集各种数据信息，不仅要采集案件的常规信息数据，还应采集案件的稳定风险、当事人对判决意见、公众对法院判决认同度、司法热点等与审判执行有关的信息数据。通过采集案件相关信息数据，不断丰富案件信息资源库，有利于完善案件关联信息，便于对案件信息进行深度挖掘和分析，从而运用大数据分析技术构建数据模型，为法官审理案件提供参考。

由于大数据技术的深入运用，将来法院所承担的数据收集、分类、甄别、存储和分析挖掘都将面临巨大的压力，对此法院应积极转换思维，未雨绸缪，重视数据、尊重数据，既要注重对已有数据的存储、应用与深度分析挖掘，又要加强与外部合作，加快内部研发，不断推进数据治理和数据应用系统的建设和完善，构建专业的模块化数据资源库，强化数据收集分析能力，为司法大数据分析研究做好基础准备工作。

（二）运用大数据思维，推进信息技术与审判业务深度融合

数据的价值在于应用，以数据为依据、用数据说话，可以更加深入地分析法院审判执行工作态势。大数据分析应用对于未来的司法审判具有极其重要的推动作用。我们在司法审判实践工作中，要密切结合业务实际需求，充分挖掘大数据在司法审判工作中的价值与作用，不断发现大数据在司法实践

中的规律，进一步推动信息技术与审判业务的深度融合。例如，我们在利用司法大数据资源时，注意提供以案件为中心的多维度审判信息关联服务，将案件的前审后续、当事人涉诉情况、法条适用情况、类案量刑情况等信息进行关联整合，逐步将数据资源转化为知识体系，构建法院的数据知识图谱，为法官审理案件提供更为全面、丰富的审判信息支持。

（三）运用大数据技术，加速推进"智慧法院"全面建设

按照"智慧法院"建设的总体要求，充分运用互联网、大数据、云计算、人工智能等先进信息技术，加快"审判执行工作全业务网络办理、全流程审判执行要素依法公开、面向法官、当事人及社会各界提供全方位智能服务"。"智慧法院"建设就是以"大数据、大格局、大服务"的信息化理念为指导，在充分收集、整合、研判、提取司法大数据的基础上，为司法审判执行、经济社会发展和人民群众多元化的司法需求提供优质便捷的服务。人民法院作为依法治国的"主力军"和提供司法服务的重要主体，必然要让司法服务紧跟时代步伐，将信息化手段与司法实践融合，从而提高司法服务的质量和水平。

在网络化建设方面，加强案件管理流程设置的科学性、合理性，不断拓展业务网上办理范围，将线下审批全部转换为网上流转，实现一张网办公办案，全程留痕，全程监督，探索将法院各类业务系统进行融合集成，不断提升法院现代化工作水平。

在阳光化建设方面，为广大人民群众提供无所不在的诉讼服务、法律咨询、申诉信访和司法宣传服务。推广电子的诉讼方式，探索建立互联网法院新模式。加强裁判文书、庭审信息的公开力度，充分利用网站、微博微信、客户端等新媒体，主动公开司法信息，让司法公正更加透明化、阳光化。比如，探索实现智能的法律咨询服务，基于大数据统计技术，通过机器学习自动实现法律问答、法律咨询，自动推送给询问者，为社会公众提供智能方便的法律咨询服务。

在智能化建设方面，要着力为法官办案提供智能辅助服务，比如大数据

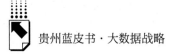

类案推送应用，通过对海量类似案例的文本分析，可以对某一类案件法律适用情况进行大数据分析，统计出哪些法条适用最多，并给法官实时推送关联法条及同类案件，确保同案同判，增强司法裁判的说服力。此外，通过大数据技术可以进行辅助量刑建议，逐步实现"精准量刑"。还可以实现量刑偏离度分析，加强对办案质量、案件处理结果的监管。充分运用云计算、同步语音识别转换等技术，建立繁简分流、速裁调解等平台，让法官更关注事实认定和法律问题，使法官办案更加方便、高效。

以司法办案为核心的"智慧检务"
贵州模式探索与实践

——以贵州 Y 市为例

贵州省人民检察院信息中心

摘　要： 近年来，贵州省检察机关深入践行"创新、协调、绿色、开放、共享"的发展新理念，紧紧抓住以司法改革为核心的体制创新和以大数据运用为核心的科技创新，乘势而上、顺势而为，大力推进贵州检察"数据大脑"建设，充分发挥大数据服务司法办案、服务管理决策、服务人民群众，提升司法公信力的综合效能，努力打造以司法办案为核心的"智慧检务"贵州模式。

关键词： 贵州　智慧检务　大数据　司法

一　"智慧检务"的背景

当今世界，信息技术创新日新月异，以数字化、网络化、智能化为特征的信息化浪潮蓬勃兴起，迅速融入经济社会各个领域，深刻地改变着经济社会发展模式和生产生活方式。习近平总书记指出，"努力让人民群众在每一个司法案件中都感受到公平正义"，并点明"大数据是工业社会的'自由'资源，谁掌握了数据，谁就掌握了主动权"的实现路径。党的十八届五中全会提出要实施国家大数据战略。国务院印发《促进大数据发展行动纲要》，部署全面推进我国大数据发展和应用，加快建设数据强国。贵州省是全国首个大数据综合试验区，率先出台了《贵州省大数据发展应用促进条例》，并采取一系列战略行动，大数据应用成效已初现。《"十三五"时期科技强检规划纲要》强调，要大力推进"检务云"和国家检察大数据中心建设，研究基于检务大数据的智能化服务，打造数据驱动的智能化检务知识服务体系。最高人民检察院先后印发《最高人民检察院关于深化智慧检务建设的意见》《智慧检务工程建设指导方案（2018～2020年)》《全国检察机关智慧检务行动指南（2018～2020年)》等文件，对智慧检务工程做出重大部署，张军检察长对智慧检务建设提出了"科学化、智能化、人性化"新的更高要求。大数据、人工智能等科学技术与检察工作深度融合的浪潮已经扑面而来，解放检察人员思想，创新向科技要战斗力，已成为新时代检察工作提质增效的新动力、新途径和新要求。

二 明确思路，充分运用大数据服务办案规范行为实现公正

（一）运用大数据，维护司法公正

类案类办、类案类判是朴素的自然正义在司法领域的具体表达。在司法实践中，受办案人员自身的法律认知和经验的影响，有时会出现类似案件办理结果差异较大的情况，影响了司法公信力和人民群众对法治建设的信念和信心。检察大数据通过案件信息数据化，从作案时年龄、犯罪行为等定罪要素和坦白、自首、立功等量刑要素对案件进行数字画像，对案件在不同诉讼环节的数据、类似案件数据进行自动关联和对比分析，给办案人员对案件的定性和裁量提供类比参考，减少主观因素，从而真正实现案件的类案类办、类案类判，提高司法公信力。

（二）运用大数据，创新社会治理

检察大数据一方面可以对大量历史案件数据运用归纳总结的方法，从犯

罪地点、犯罪时间、犯罪人员、犯罪罪名、犯罪成因、犯罪手段等不同维度绘制犯罪热点图谱，评估犯罪发展态势，提出对策建议，做好犯罪预测预防；另一方面，可以通过收集分析互联网上的热点事件信息，挖掘发现背后隐藏的关系，为案件办理可能诱发的舆情事件处置提供决策参考，提升网络社会治理能力。

（三）运用大数据，规范司法行为

规范司法行为是司法公正看得见、感受得到的重要载体。通过网上办案、网上管理、网上监督、网上考核，检察大数据聚集了横向到公安、法院、司法等政法单位，工商、环保等行政执法单位和银行、证券公司等企业，纵向到全省三级检察院的各类数据，构建了数据全覆盖、流程全监控的司法办案数据铁笼，让司法规范成为每一名检察办案人员绕不过去的门槛，把软制度变成了硬约束。

（四）运用大数据，助力检察监督

汇聚公检法案件数据，通过数字画像、偏离度分析和量刑分析研判等多种方式，找出案件不同办理环节的差异情况，有无偏离、有多少偏离，不断提升检察机关自身办案水平，同步开展立案、审判活动的检察监督。

（五）运用大数据，支持检察决策

数据的价值，关键还在用。通过横到边、纵到底的大量数据集聚，定义统一标准、明确质量要求，实现数据融通，强化关联分析、挖掘数据价值，建立"强度、质量、效率、效果、规范"等多个维度数据指标，推动数据融合应用，为领导决策提供数据支撑。

（六）运用大数据，创新便民服务

创新"互联网＋检察工作"模式，打造指尖上的检察院，不断加强检务公开和便民服务，拉近与人民群众的距离，"让数据多跑路，让群众少

跑腿"，让司法公正看得见、听得懂、能评价，使检察工作更透明、更亲民。

三 筑牢数据铁笼，探索"智慧检务"贵州模式

（一）全面完成电子检务工程建设，打下数据应用基础

电子检务工程是全国检察机关实施科技强检战略、推动检察工作科学发展的重大基础性工程。最高人民检察院要求，2017年底以前要建成覆盖四级检察院的司法办案、检察办公、队伍管理、检务保障、检察决策支持、检务公开和服务等"六大平台"，实现对检察工作全流程规范化、网络化、智能化管理，实现与有关部门信息资源共享和实时交换。2016年初，贵州省检察机关电子检务工程正式启动建设以来，省检察院坚持按照"强基础、扩应用、促提升"的建设思路，以需求为导向，以应用为核心，围绕"六大平台"重点开展了电子卷宗系统、案件质量评查系统、检察办公、12309为民服务等40多项建设任务，并结合贵州省大数据战略发展实际完成了大数据分析服务系统、大数据办案辅助系统、案件智能研判系统的研发，涵盖所有检察工作，实现对检察工作的数据全覆盖。

随着"六大平台"的全面建成与深化应用，检察机关的数据种类更加丰富、体量更加庞大，为检察大数据建设应用奠定了良好基础。但各个系统由于研发单位、数据结构不同等原因，对数据的融通设下了障碍。为此，省检察院开展了数据治理专项行动，树立数据是资源、数据是资产的理念，着力提升数据支撑能力建设。

一是统一数据标准，建立起检察机关数据与其他政法数据"互认、互识、互信"的机制，为构建统一政法数据资源池打下基础。

二是严控数据质量，通过对数据进行清洗、转换和质量检查，加强对各类数据的质量管理，为业务提供高质量的数据支持。

三是形成数据资产，从检察大数据资源中心提炼形成各类主题数据、专

题数据，满足业务部门的需要。

四是构建检察机关信息资源服务体系，以标准化的数据服务在资源发布订阅平台上统一发布信息资源，供全省检察机关和其他政法机关按需要、依申请使用，实现数据运用价值的最大化。

（二）研发大数据办案辅助系统，探索智慧办案

一是创建犯罪构成知识图谱。通过构建"犯罪构成知识图谱"，对犯罪构成进行要素化拆解，从案件要素和证据材料两个维度建立各罪名案件数学模型，实现"案件要素""证据材料""要素—证据"关联关系的全数据描述，将案件信息全面数据化。截至目前，贵州省检察机关已经完成故意伤害、盗窃、抢劫、故意杀人等四类案件，212个案件要素和268种证据材料的梳理工作，实现了证据审查的规范化、数据化和全程留痕。

二是嵌入证据标准指引功能。2016年4月，贵州省人民检察院联合贵州省高级人民法院、省公安厅印发了《刑事案件基本证据要求》，针对贵州常见、高发的五类犯罪中，常遇到的证据材料问题进行了专门梳理，对50大类100小类的证据提出了231项基本证据要求。在此基础上，检察机关还进一步梳理形成了《刑事案件基本证据审查指引》，对其中25类证据明确了214个审查点。将证据标准指引镶嵌进办案流程，明确审查重点和关键环节。以物证鉴定为例，通过证据标准指引，从程序方面明确了审查物证鉴定所出具的鉴定机构是否具备法定的资格和条件；鉴定人是否具备法定的资格和条件，鉴定程序、方法是否有错误；鉴定对象与送检检材、样本是否一致等15项内容。从实体方面明确了审查鉴定意见是否明确、鉴定意见与案件待证事实有无关联、鉴定意见与案件其他证据之间是否有矛盾，鉴定意见与勘验检查笔录及相关照片等证据是否有矛盾等。通过证据指引强化证据审查。

三是实现证据程序管控。自动识别和关联案件要素和证据材料，对关键性证据进行程序管与控，重点解决缺乏关键证据、办案程序违法等严重影响定罪的案件移送至下一个诉讼环节的问题，例如通过系统筛查，若发现在案

件中的辨认笔录或搜查笔录中，其中一个见证人曾在不同的案件多次出现，此时系统就会自动预警，检察官会根据系统提示进行核查，要求公安机关出具情况说明，认为是非法证据的予以排除。

四是实现逮捕条件审查。从犯罪事实条件、刑罚条件、社会危险性条件三个方面递进方式进行表单式审查，对逮捕条件发出绿、黄、红、蓝、粉的指示灯提示建议，结合实际情况，对案件进行不同维度的实体性审查，准确快速做出是否批捕决定。

五是实现量刑计算。通过实体识别技术，从案件卷宗、法律文书中自动提取当前案件的法定情节和酌定情节，由承办人确认后提供辅助量刑计算。在计算时，提供相同案由、相同量刑情节历史案件量刑的推荐值，由办案人员拖动选定。既发挥大数据建议推荐作用，又充分保障办案人员的自主裁量权。

六是实现文书编写。通过提取全国检察机关办案系统的案件基本信息等结构化数据和案件电子卷宗内的犯罪嫌疑人信息、被害人信息、强制措施信息、侦查机关认定事实等相关信息，自动形成《起诉书》等法律文书，同时提供纠错、排版等功能，办案人员简单修改即可完成法律文书制作。

七是实现出庭支持。根据案件审查数据，自动匹配提供法条关联、类案推送、举证答辩支持等数据服务，为指控犯罪提供支持。使用出庭支持系统举证质证，省去了公诉人从办案辅助系统中导出电子卷宗再制作 PPT 的麻烦，在宣读证据的同时，同步向法庭展示电子卷宗，防止证据展示脱节，还可以对证据材料现场标注，凸显重点证据，增强了举证质证的灵活性，减轻了公诉人的庭审准备及示证负担。

八是实现繁简分流。通过大数据司法办案辅助系统审查模块，对案件审查进行繁简分离，设计简案快办、繁案精办两种审查模式。对犯罪事实简单清楚、证据充分犯罪嫌疑人认罪的案件采用表单化快速审查模式，大幅提高办案效率。对重大复杂疑难案件，强化对证据的程序性审查和实体审查，确保办案质量。繁简分离让基层检察院 20% 的干警办理 80% 的简单案件，有效缓解案多人少的矛盾。

九是实现轻量化办案。按照"系统设计、工具开发、数据贯通、自主选用"场景化、工具化智能辅助办案新思路,研发了阅卷笔录、讯(询)问笔录等8个工具,各个工具之间支持关联使用和独立使用。讯(询)问笔录、出庭示证等部分工具有离线功能,可进一步提升检察官办案时间、空间的灵活性,如:在看守所、法庭上、家里都能运用科技办案。

(三)筑牢司法办案数据铁笼,夯实司法责任

一是办案活动"网上办理,网上流转"。贵州省人民检察院2015年实现了与法院互联,2016年实现了与司法、监狱互联,2017年实现了与公安互联。2018年,通过政法机关跨部门大数据办案平台的160余个检察协同业务流程节点、8600余个交换数据项,网上接收公安移送案件,实现案件的网上受理,减少了检察机关约80%的信息录入工作,解放检察官的双手,专攻疑难问题。

二是办案行为"全程留痕,责任明晰"。2013年11月24日,贵州省三级检察院正式上线运行检察机关统一业务应用系统,成为全国首家。2017年5月8日贵州省正式上线运行统一业务应用系统司改升级版,也是全国首批。通过统一业务应用系统,采取组建办案单元方式,完善检察官、检察官助理、书记员办案权限精细化管理,实现计算机自动轮案,办案活动全程数据留痕,司法责任更加明晰。让司法办案活动在每一个办案环节、每一份法律文书中都做到痕迹存留、主体明确、责任明晰,进一步落实司法责任,更好体现了"谁办案、谁负责;谁决定、谁负责"的办案原则。

三是办案流程"事前预警,事中纠偏"。2017年,贵州检察机关率先在全国上线运用了流程监控系统。在案件办理过程中,通过系统针对强制措施、涉案财物处理、诉讼权利保障、办案期限等群众反映强烈的司法不规范问题进行实时跟踪、预警和监控,及时发现和督促纠正违法办案情形各关键节点的预警,将司法规范的软约束变成大数据运用下的硬约束,实现了司法办案监控由事后向事中、结果向过程,静态质量监督模式向流程、质量并重的动态监督模式的转变,切实防止程序违法、案件超期等情况发生。

四是办案质量"一案一评,事后甄别"。为确保案件质量,2016年,贵州省检察院上线运行了案件质量评查系统,依托统一业务系统、电子卷宗系统开展网上案件质量评查,制定了统一的评查标准,分别从事实认定、证据采信、法律适用、办案程序、风险评估、文书质量、办案效果等不同维度进行客观量化评价,建立了"一人一档案、一案一评查"的工作机制。

五是办案成效"分类考核,客观评价"。通过司法办案考核系统,自动抓取办案数据,按照"办案全面覆盖、打破条块隔阂、遵循司法规律、确保公开公正"的原则,从办案强度、办案质量、办案效率、办案效果、办案安全等五个维度对办案单元内每一名办案人员司法办案活动用数据进行考核评价,促进司法责任制落到实处。

通过汇集案件办理全程数据,打造事前有服务、事中有监管、事后有评价的"环中有环、环环相扣"的司法办案大数据铁笼,实现"放权不放任、信任不任性",让司法责任、司法行为"看得见"。

(四)研发应用案件智能研判系统,助力检察监督

一是实现数字画像。运用"犯罪构成知识图谱"对案件要素、证据材料和关联关系进行数字画像,完整地展现逮捕证据证明体系,即:有证据证明发生了犯罪事实;有证据证明该犯罪事实是犯罪嫌疑人实施的;证明犯罪嫌疑人实施犯罪行为的证据已经查证属实的。案件数字画像包括犯罪事实画像和犯罪嫌疑人画像,运用蓝色线条表明证据能够证明该案件要素成立,红色线条则相反,不能证明该案件要素成立。蓝色、红色线条的交叉点,就是证据材料存在矛盾之处,是办案人员在进行证据审查时必须关注的重点。通过数字画像,达到"犯罪事实清楚,证据确实充分"的审查程度,最终实现诉讼中主观认识与客观事实的统一。在主要事实、关键证据上坚持结论的唯一性,防止错案发生。

二是实现偏离度分析。汇聚公检法案件数据,以起诉意见书、起诉书、判决书等三份生效法律文书比对为突破口,通过实体识别等技术,将"三书"中的案件基本信息、犯罪事实、犯罪嫌疑人、证据材料等信息提取出

来进行比对，查看案件在公安机关、检察机关、法院三个办案环节事实认定、证据采信、法律适用的差异情况，有无偏离、有多少偏离。如：审判机关认定了某案中嫌疑人有前科的情况，而侦查、检察机关在认定过程中没有反映出来，系统会以醒目颜色提示。同时，将在办案件与类似案件进行数据比对，查看个案办理与类案办理之间是否存在偏离、有多大偏离，不断提高检察机关案件审查能力。

三是实现量刑研判。通过分析检察机关的量刑建议与法院量刑的宣告刑之间的偏离情况，客观认定和运用偏离度，不断提升检察量刑水平。通过记录大量的案件数据，可以对类案的量刑情况从刑种分布、刑期分布等不同维度进行分析，提供历史量刑热力图谱，类似案件的量刑趋势一目了然。通过不断深化量刑研判，确保量刑合理，解决司法任意性，最终实现同案同诉、同案同判。

将同一案件在公、检、法认定的犯罪事实情节进行比对，以及个案与类似案件进行对比，查看证据采信、案件要索、量刑有无偏离，为案件分析研判提供靶标。通过分析偏离情况，既可以提升检察机关自身办案水平，又可以为开展立案监督、审判活动监督等提供支持。

（五）创建大数据分析服务系统，提升决策水平

一是覆盖业务指标。通过设立 76 个核心数据，173 个常规数据，全面反映检察工作情况，实现对检察机关全部业务条线、全部重点工作的"全景扫描"，各级检察院可以通过不同地区的数据对比，不同时期的数据对比，全面、实时、直观地发现工作中的薄弱点和落后项，及时采取措施，加以改进。

二是聚焦重点问题。通过总体分析报告、常规分析报告、专项分析报告等 70 余类分析报告，自动抓取、更新数据，针对特定业务条线、办案环节和犯罪类别进行"深度透析"。坚持以用户为中心，业务部门可以按照自己的需要，自己去定义和生成图文并茂的报告、报表，通过大量案件数据，态势分析报告，聚焦重点问题，提供工作指引。

三是把握态势评估。开展案件复杂度分析，根据罪名、犯罪嫌疑人数量、卷宗册数、讯问情况等测算案件复杂度。从办案"强度、质量、效率、效果、规范"5个维度，用632项数据对办案工作进行全面系统评估，实现办案评价从"定性"单一评价到"定性加定量"综合评价的转变，为案件管理和领导决策提供数据支持和决策参考。

四是支撑科学决策。抽调业务骨干运用检察大数据，对全省检察工作进行全面检视和系统分析，每年形成近15万字的《贵州省检察机关司法办案年度报告》，有针对性地提出改进检察工作的意见，并从社会治理层面提出犯罪控制措施、预防建议和解决路径，为管理决策提供了科学数据支撑。

（六）打造指尖上的检察院，为民、便民、亲民

贵州省检察院紧紧围绕构建"开放、动态、透明、便民"的检察权运行机制，依托大数据、互联网信息技术，创新"互联网＋检察工作"模式，2015年7月22日在全国检察机关率先建成开通了"贵州检察12309网上网下一体化服务平台"（以下简称12309服务平台），实现"公正、阳光、高效、便民"办事一体化服务，打造了贵州检察新名片。

一是统一服务窗口。12309服务平台将全省三级100家检察院的案件管理、控告申诉、职务犯罪预防等部门的服务统一整合成一个窗口。人民群众如需向检察机关反映诉求，不论在什么地方，不用跑路，只要动动手指，通过网站、微信、微博或打电话，简单几步操作，12309服务平台就将诉求汇集到省检察院，由省检察院统一受理、统一分流、统一回复。

二是设置四大板块。12309服务平台将全省各级检察院网站、微信、微博上的各部门工作整合，统一设置四大板块。检察宣传，设置"权威发布""以案说法"等栏目，释法说理，传递法治正能量。检务公开，设置"重要案件信息公开"等栏目，把检察机关案件办理情况向人民群众公开，以公开促公正。检察服务，设置"律师服务""行贿犯罪档案查询"等栏目，提供快速便捷的办事服务。监督评议，设置"代表委员联络""投诉建议"等栏目，接受人大代表、政协委员和社会群众的监督。

三是提供七种途径。12309 服务平台依托大数据、互联网信息技术，以实体平台、网上平台和通信平台为支撑，向人民群众提供微博、微信、App、互联网站、电子邮件、短信、12309 电话七种服务途径，方便群众办理事务，拉近了检察机关与人民群众的时空距离。

例如，贵州某律师事务所律师在手机上下载"贵州检察 12309"App 客户端，点击"律师服务"，提交了其代理的某某涉嫌故意伤害一案的阅卷申请，当天下午该律师即收到第二天即可前往办理的答复。第二天，该律师按照预约时间很快就完成了阅卷工作。该律师说："头天通过手机预约的案子，第二天就可以办，现在用不着跑空趟，真是又省事又方便！"实现了"让数据多跑路，让群众少跑腿"的检务服务承诺。

2018 年初，最高人民检察院开通了 12309 检察服务中心，贵州省检察院在原有 12309 服务平台的基础上，积极与最高检 12309 检察服务中心进行整合，进一步深化了重要案件信息发布、法律文书公开，受理人民群众控告（申诉）事项，受理案件程序性信息查询、辩护与代理预约、国家赔偿、国家司法救助，接受代表委员意见建议等应用工作，进一步丰富为民服务内容。

四　贵州检务大数据建设和运用取得显著成果

（一）办案质效显著提升

大数据司法办案辅助系统为检察官办案提供阅卷笔录、类案推送、法条关联、文书辅助编写、量刑计算、智能检索，以及出庭案例库、知识库、多媒体出庭示证等司法办案辅助智能化服务，检察官在办案中按需使用。2017 年，全省 100 个检察院通过办案辅助系统办理公安机关移送起诉案件的有罪判决率达 100%，办案时间平均缩短 7.98 天，办案效率提升 18.4%。

（二）司法规范显著增强

依托统一业务应用系统，全省配套上线运行了流程监控系统、案件质量评查系统和司法办案考核系统。流程监控系统对检察官办理案件的各个节点、办案程序，特别是强制措施、涉案财物处理、诉讼权利保障、办案期限等群众反映强烈的司法不规范问题进行实时跟踪、预警和监控，及时发现和督促纠正违法办案情形。质量评查系统对已办结案件从事实认定、证据采信、法律适用、办案程序、风险评估、文书质量、办案效果等不同维度进行客观量化评价，确保案件质量。司法办案考核系统通过自动抓取办案数据对检察官、检察官助理、书记员进行分类量化考核，提高了"三类人员"司法办案的责任意识、质量意识和效率意识，实现了正向激励和负向约束。

案件网上办理、网上流转、网上监督、网上考评，做到检察官、检察官助理履职全程数据留痕和闭环管理，办案活动全程实时、动态监控，实现了案件办理"事前预警、事中监控、事后甄别"。2017 年，全省检察机关由283 名检察长、副检察长组成441 个办案单元参与计算机自动轮案。全省三级检察院一审公诉案件全部纳入流程监控，实现了执法办案监控由事后监督逐步向流程、质量并重的动态监督模式转变。全省检察机关建立起"一人一档案、一案一评查"的常态化质量评查机制。安顺全市率先试点司法考核，考核结果用数据说话，成效明显。

（三）监督能力不断提高

检察机关是法律监督机关，如何向科技借力履职是必须攻克的重大课题。透过个案的比对分析和大量案件规律、趋势的预判，为法律监督提供了有效路径。通过偏离度可以帮助了解案件办理有无偏倚，及时发现问题。检察机关自身办案质量不断提高，立案监督、审判监督工作也得到不断加强。

（四）决策水平显著提高

科学决策具有程序性、创造性、择优性、指导性，科学决策的过程是决策领导、专家与实际工作者互动的过程。贵州检察机关运用大数据汇聚案、人、事、财、物、策等各项信息，以指标数据、专项分析、司法年度报告等多种形式提供数据支撑，大数据分析服务系统成为各级检察院领导做科学决策时离不开的"科技智囊"。2013 年以来，全省检察机关每年开展一项专项活动，打造出多项贵州亮点。

（五）服务能力显著加强

12309 服务平台建设取得了良好效果。一是检察工作透明度显著提升。平台建成后，坚持以"公开为常态，不公开为例外"的原则，扩大公开范围，增强透明度，对最高人民检察院明确公开的事项全部公开，不打折扣，最大限度地满足人民群众的知情权，自觉接受人民群众的监督。二是办事效率大幅提升。12309 服务平台实行"绿单"任务、"黄单"预警、"红单"处罚的任务工单管理制度，对工单超期未办理的，追究办理部门及相关人员责任，大大提高了办事效率。三是群众满意度不断提升。平台建成运行以来，受到社会各界的好评，纷纷点赞。截至 2019 年 2 月底，贵州省检察院通过 12309 服务平台提供案件程序性信息查询 113026 件次，接受辩护与代理律师预约 2508 件次，向社会公开重要案件信息 5334 条，提供终结性法律文书 49702 份，主动向律师推送案件节点性信息 6340 条，在线办理各类群众需求 9250 余件次。2017 年人民群众对检察机关的满意度为 98.6%，为十年来最高。

五　未来展望

新时代新征程，新作为新气象。贵州省检察机关将牢记习近平总书记对贵州的殷切嘱托，感恩奋进、砥砺前行。不断深入实施科技强检战略，以大数据、人工智能推进全新智慧检务建设。以办案人员需求、检察业务需求为中心点，更多融入办案人员政治智慧和法律智慧，全面打造"1+1+1+2"的贵州智慧检务新生态（即"1 个大系统"，即智慧检务综合应用系统；"1 个大数据中心"，即检察大数据中心；"1 个大平台"，即智慧支撑平台；"2 个标准体系"，就是网络安全保障体系和标准规范体系）。力求在服务检察官办案上，加强网上监督和流程监控，实现网上办案流程化、实用化；在服

务政法各部门上，推进互联互通，着力实现数据"聚、通、用"和"共享"；在服务群众信息化方面，充分运用 12309 检察服务中心，着力实现服务群众全天候、无死角。坚持用数据说话、用数据管理、用数据决策、用数据创新，用好数字检察进一步促进司法公正，努力让人民群众在每一个具体的司法案件中感受到公平正义。

专题报告

Special Reports

B.10

贵州大数据产业发展报告[*]

陈加友[**]

摘　要： 本文从产业发展视角，概括了近些年来大数据产业在贵州获得的成效，通过对大数据产业发展现状中存在的主要问题进行分析，从多个维度立体性剖析了大数据产业发展面临的机遇和挑战，在此基础上，紧扣"五个围绕、五个加快"，加快建设"数字贵州"，提出贵州大数据发展思路与对策建议。

关键词： 大数据　贵州"三大战略行动"　大数据产业

---

[*] 本文为贵州省社会科学院创新工程创新团队项目《工业经济发展与转型研究》（2019CXTD01）阶段性成果。

[**] 陈加友，贵州省社会科学院大数据政策法律创新研究中心副主任，工业经济研究所副研究员，博士，研究方向大数据、产业经济。

近年来，贵州省准确把握新一轮科技革命和产业变革的历史机遇，将大数据作为守住发展和生态两条底线、实现后发赶超跨越发展的战略选择，展现将高质量发展作为前进的方向，进一步的推动深入实施大数据战略，推进国家大数据（贵州）综合试验区纵深发展，将产业数字化和数字产业化作为发展的两个重要方向，大数据产业不断崛起，促使实体经济与大数据融合发展，催生了新业态，提供了更强壮的动能，对贵州社会经济的动力变革、效率变革、质量变革扮演了重要角色，习近平总书记肯定"贵州发展大数据确实有道理"，2018 年为"数博会"发来贺信。李克强总理称赞贵州发展大数据是把"无"生了"有"，正在生长着一颗"智慧树"，发展大数据产业是开了一个"钻石矿"。贵州成为大数据发展的热土，大数据成为世界认识贵州的新名片。

一　贵州大数据产业发展现状

（一）高速发展的大数据产业已成为经济增长的重要来源

大数据列入全省千亿级产业培育行列，电子信息制造业、软件和信息技术服务业、通信服务业等大数据三大主体产业实现加速发展，已成为贵州经济发展新的增长点。根据中国信通院公布的报告，贵州数字经济提供就业增速居全国首位、数字经济增速近 3 年来一直居于全国首位。2018 年，全省规模以上软件和信息技术服务业、互联网和相关服务营业收入分别增长21.5% 和 75.8%，规上电子信息制造业增加值同比增长 11.2%，占工业比重从 2013 年的 0.3% 提升到 1.9%；电信业务总量同比增长 165.5%，增速排名全国前列；电信业务收入增长 10%，增速连续 23 个月排名全国第一，成为支撑贵州省 GDP 增长的重要因素；网络零售额完成同比增长 30%。2013～2017 年，贵州电子信息制造业增加值年均增长 57.7%，高出全国同期增速47.5 个百分点；软件业务收入年均增长 35.9%，高出全国同期增速18.5个百分点；电信业务总量年均增长 49.1%，高出全国同期增速 13 个百分点。

（二）国内外大数据知名企业纷纷落户贵州

贵州成为国内外有重要影响力的大数据知名企业聚集地，世界级或国内500强企业例如阿里巴巴、京东、华为、百度和腾讯等扎根贵州，世界前十名的知名企业甲骨文、微软、苹果以及高通和英特尔等将大数据产业的发展落地于贵州，科大讯飞、猪八戒网、科大国创、康佳创投、马蜂窝等一批知名企业成功落地。苹果 iCloud 中国用户数据 2018 年 2 月 28 日正式由云上贵州公司管理，业务由云上贵州公司运营；苹果公司第一次改变其全球用户收费业务模式，在贵州完成中国用户云服务的相关结算。贵州大数据从数据中心建设走向云服务运营，从开始重视留住数据开始走向留住人才和资金。华为全球私有云数据中心正式开工，腾讯贵安数据中心一期工程投入运行。三大运营商南方数据中心建成运营。

（三）一批本地重点企业培育成长

货车帮、白山云、朗玛信息、易鲸捷、华芯通、数联铭品等本土企业快速成长。满帮集团在重组后最新估值 65 亿美元，货车帮的收入同比增长达到 11.8 倍，连续两年入选"独角兽"企业榜单，全国市场占有率超过80%，在"独角兽"企业中占据领先的地位。白山云企业的收入同比增长69%，达到 6.1 亿元，入选高德纳（Gartner）"全球级"服务商和德勤"2018 中国高科技成长 50 强"，面向全国 70% 的互联网企业开展服务。朗玛信息公司最近 3 年连续进入中国互联网企业 100 强榜单，其收入同比增长25%，达到 3.1 亿元。华芯通公司的拥有自主知识产权的安全可控国产通用服务器芯片"昇龙 4800"开始正式量产。"酒店帮""迦太利华""数据宝""搜床网"等发展迅速，正在培育上市。

（四）数据资源加速集聚逐渐成长为"世界的大数据中心"

随着贵州·中国南方数据中心示范基地建设的基本完工，10 个国家部委在贵州建立数据库，40 多个国内有名的企业也将数据资源库落户在贵州，全省建设的机架数达 9.7 万架，实际安装使用服务器机架数达 2.5 万架。贵州成为全国大型数据中心集聚最多的地方，全省投入运营及在建的规模以上数据中心达到 17 个，世界银行原行长金镛称赞贵州是"世界的大数据中心"。贵安新区积极打造数据中心集群，被中国数据中心产业发展联盟评为"最适合投资数据中心的城市和地区"，贵安电子信息产业园成为工信部颁布的首批国家新型工业化产业示范基地（IDC），贵阳市乾鸣国际信息产业园一期投入运行。

（五）大数据领域核心技术加速突破

贵州省率先在全国发布大数据技术榜单，贵州建立了中国首个大数据国家工程实验室，大数据领域前沿技术在贵州不断应用发展，不断产生大数据的技术创新成果。"中国天眼"（FAST）借助大数据处理技术，分析大量探测数据，打破了中国通过望远镜发现脉冲星零的历史，数十颗优质脉冲星候选体被探测到，其中被认证的有 54 颗。贵阳易鲸捷公司已拥有摩根大通、亚马逊、国家电网等顶级客户，其研发的融合分布式数据库产品和技术，拥有自主知识产权，在全球位居前列，能够为国家数据基础设施提供核心的技术支撑。

（六）大数据产业集聚效应初步形成

扎实推进全国首个国家级大数据产业发展集聚区建设，培育打造高端智能、新兴繁荣的大数据产业发展新生态，贵阳高新区、贵阳经开区、贵安电子信息产业园、黔南百鸟河小镇、遵义电子信息产业园等一批大数据产业集聚区初具规模。贵阳市已形成 16 个特色鲜明的大数据产业集聚区（基地、中心），进入省统计局统计平台的大数据企业数超过 1400 家，规上限上企业 175 家，初步构建了较为完整的大数据产业链条。遵义市集聚了一批智能终端企业，成为全国重要的手机、平板电脑等智能终端产品制造集聚基地。贵安新区规划建设了数字经济产业园、集成电路产业园、智能终端产业园、华侨城 V 谷创意园、启迪贵安数字小镇、跨境电商产业园等一批大数据产业园区。数字经济产业园已聚集 17 家重点企业。黔南州百鸟河数字小镇，打造"三生"小镇（生态、生活、生产为一体），推进发展大数据教育和大数据加工以及大数据康养三大业态，通过三大业态的同步发展使大数据产业形成集聚效应。

（七）大数据与实体经济深度融合培育转型升级新动能

通过实施"千企改造"工程和"千企引进"工程以及"万企融合"等工程，推动大实体经济在实际中不断深度融合运用，智能化、数字化转型在未来发展必须要加快推进。在全国率先编制完成《大数据与实体经济深度融合评估体系》，建设融合评估平台，2018年，全省通过完成1050个示范项目、102个标杆项目，引导10124户企业上云，带动融合企业1625户，全省企业云平台应用率37.7%，大数据与实体经济深度融合发展水平指数36.9，比2017年提升3.1，正在由融合初级阶段向中级阶段加速迈进。大数据与工业融合发展涌现新示范。贵州省"工业云"是国家工业互联网平台试点项目之一，是工信部认定的在全国只有4个面向特定区域的试点项目；国家级智能制造和两化融合试点示范，贵州有贵阳海信、航天电器等9家企业入选；国家信息化和工业化融合管理体系贯标试点企业，贵州有贵州轮胎、詹阳动力等10多家企业入选。大数据与服务业融合发展开创新模式。大数据的实际应用和深度挖掘对于贵州省的金融、生态旅游、健康养老、物流体系、文化等服务业的发展起了至关重要的作用，贵州省生产性服务业的企业不断通过大数据和互联网融合发展推动本企业创新自己的服务模式，不断创新发展模式的企业比例达17.9%，不断出现智慧旅游、优车动力等一批典型企业和应用，产生了众多新业态新产品，智慧旅游"一站式"服务平台对于全省4A级风景区的视频监测数据进行实时接入综合管理。大数据+农业的发展不断纵深融合。精准化的生产管理、全程化质量追溯以及网络化市场销售推进农业和大数据的不断融合发展，为农业经济效益提供坚强的支撑，入选国家级电子商务进农村综合示范县有3个市州、70个县，10个农业物联网基地建成，纳入追溯系统的农产品有458个，建成1.02万个村级电商服务站点。

（八）大数据创新应用催生新业态新模式

以产业带应用，以应用促产业，贵州省的呼叫服务数据采集、加工、交易、安全等产业近年来快速发展，多种新业态不断地涌现诸如共享经济、互联网金融、智慧农业、远程教育医疗、网络约车等新业态。上海市、北京市、广东省等12个省区都建有大数据交易服务分中心，为贵阳大数据的交易提供便利，在全国有近4000家会员企业，已接入225家优质数据源，经过脱敏脱密，150PB的数据、涵盖30多个领域的近2万个数据产品可在此定价交易，交易框架协议金额突破3亿元。贵安新区"数据宝"获得30个国家部委级授权数据加工资质。随着贵阳经济技术开发区大数据安全基地的建设，以及大数据清洗加工基地在贵阳和贵安新区的初步建设完工，安全产品的研发、生产、应用的大数据安全产业链初步形成。推出"贵州金融大脑"，建设智能融资撮合平台，使得政府与金融机构以及企业和互联网数据的中小微企业之间形成一个紧密的互通互联的关系。贵阳成为上、北、苏、广后的第五大呼叫中心产业发展及服务外包集聚地，呼叫中心及服务外包建设规模达15万席，签约投资运营的规模达10万席。

（九）大数据开启"大众创业、万众创新"新格局

搭建"数博会"高端平台，上升为国家级大数据博览会，成为全球大数据领域影响最大的国际性盛会。打造"智力收割机"，在美国硅谷、印度班加罗尔等地柔性引进专家。打造中国国际信息创客大赛、大数据商业模式大赛、中国国际数据挖掘大赛、全球人工智能大赛等创业创新平台。获批建设首个国家大数据工程实验室，成立创业孵化和投资机构23家，建成大数据资产评估实验室等科研机构28个，建成科技企业孵化器（大学科技园）35家，在孵企业1899家。大数据催生"贵漂"现象，每年到贵州生活工作的"贵漂"以上万人次增长。2015年，阿里巴巴发布的中国大学毕业生流入地排行，贵州排全国第七。腾讯QQ大数据发布全国城市年轻指数报告，2017年，贵阳市排名全国第二，2018年排名第一，成为全国"最年轻城市"。

二 贵州大数据产业发展存在的问题

（一）大数据产业发展环境需要不断优化提升

近年来，贵州省委、省政府将大数据作为全省战略行动高位推进，制定出台了《关于加快大数据产业发展应用若干政策的意见》《关于推动数字经济加快发展的意见》等大数据产业发展应用支持政策，强化顶层设计和产业布局，营造"实验田"环境，"洼地"效应明显，纵向比实现了快速反超逆袭，但总体环境仍有一定差距。中国电子信息产业发展研究院 2018 年 3 月发布的《中国大数据产业发展水平评估报告（2018 年）》从组织建设、政策环境、区域信息化发展指数等 3 项分指标对全国各地大数据发展环境进行评价，评价结果显示，2017 年，贵州省大数据发展环境指数为 11.1，在全国排第 17 位，不仅低于东部的浙江、江苏、上海、广东、福建、山东、辽宁及中部的湖北、河南、安徽、山西，而且低于西部的重庆、四川、陕西、宁夏、甘肃，产业政策吸引力优势不明显，产业发展配套能力较弱。

（二）数字产业化快速发展但缺少支撑性产业

贵州省大数据产业发展基础不够完善，大数据的采集、存储、加工、应用、交易、安全等产业几乎是"从零开始"，近年来，坚持一手抓信息化、一手补工业化的课，将大数据作为千亿级产业培育，大数据产业迅速发展，推动了经济结构战略性调整，纵向比实现了较快增速，但横向比整体体量还较小。

1. 电子信息制造业规模不够大

虽然全省电子信息产业占工业的比重，从 2013 年 0.3% 提升到 1.9%，但与江苏、浙江等发达地区相比差距还很大，体量小、附加值较低、竞争力不强。手机等终端产品中很大部分是面向非洲、东南亚的低端产品，产品附加值较低，同时还存在继续向外转移的趋势。

2. 软件和信息技术服务业总量小

虽然增速较快，但总量只是发达地区的零头，与四川、重庆等周边省份相比仍有不小差距，工信部数据显示，贵州省 500 万元以上软件企业仅为 225 家。从产业链条看，数据采集、加工、分析和应用全链条的大数据产品和服务的供给体系尚未形成良性循环，大数据产业对经济发展的贡献率还较小。

3. 产业发展层次较低，产业布局亟须完善

大数据产业整体发展层次较低，大数据产业链布局亟须完善。由于产业基础较为薄弱、经济发展水平较低等原因，大数据龙头企业相对较少，细分行业对个别企业依存度过高，存在一定的发展风险。比如，在电子设备制造、IDC 产业领域取得有目共睹进展，但在以海量计算、人工智能等为代表的高端产业领域，与国内先进省份仍有较大区域。总的来看，大数据大项目少，本土高成长性大数据企业总体规模小、实力弱，产业聚集成效不足，全省大数据产业整体竞争力的迸发提升需要一个过程。

（三）产业数字化深入推进但是产业化融合程度不够

推进大数据产业与其他产业融合是大数据发展的核心价值所在。贵州省近年来通过推动大数据与各行各业各领域融合，使一些传统行业和领域实现转型升级，在尝到融合甜头的同时，也发现了贵州省融合应用存在的不足和差距。在工信部指导下，全国首个面向大数据与实体经济深度融合的评估体系在贵州建立发展，将实体经济和大数据与深度融合的水平分为起步建设阶段（初级阶段）、单项覆盖阶段（中级阶段）、集成提升阶段（×××）和创新突破阶段（卓越阶段）四个阶段。从连续两年开展的大数据与实体经济融合大检查情况来看，2018 年，全省大数据与实体经济深度融合发展水平指数 36.9，比 2017 年提升 3.1。其中，大数据与工业、服务业、农业融合水平分别为 37.7、36.1、34.6，分别比 2017 年提升 3.5、4.5、3.5，但仍有超过半数的企业（53.4%）处于融合初级阶段，全省大数据与实体经济融合水平总体处于单项覆盖阶段的初期，融合水平还不高，还处于补课追赶阶段。全省两化融合发展水平 44.5，比 2017 年提升 1.2，但较全国整体水平低 16.0%，低于周边四川（54.5）、湖南（46.4）等省份，处于全国中等偏下位置。

1. 工业融合应用关键环节和软件系统普及亟须突破

全省工业企业实现智能化生产、网络化协同、个性化定制、服务化延伸的比例分别为 4.3%、25.0%、5.2%、17.5%。从产业链环节看，2018 年，实现大数据与研发、生产、销售、管理等关键业务环节全面融合的工业企业只占 33.9%，说明大数据与工业研发生产融合不深入不全面。从工业各行业应用看，工业融合应用主要集中在装备制造业，融合指数达 46.3，显著领先于其他工业支柱行业，占全省工业大头的煤矿等传统工业应用不足。从软件系统普及看，全省工业企业应用产品数据管理 PDM、数据采集与控制系统 SCADA 比例只有 32.9%、13.1%，26.0% 的工业企业应用各类工业 App，总体不足。

2. 农业融合应用起步晚水平低

全省绝大多数农业企业在信息资源建设和信息技术应用方面刚刚起步，全省农业企业实现生产管理精准化的比例达 27.7%，精准化不断提高；质量追溯全程化的比例为 12.2%，初步建立产品追溯体系；市场销售网络化的比例为 57.9%，销售渠道不断健全。基于农业物联网实现数据采集的农业企业只占 18.9%，实现农产品种养、初加工、运输、销售全程质量追溯的农业企业只占 12.2%。

3. 服务业融合应用服务模式创新水平不高

服务业企业基于数据开展平台型、智慧型、共享型创新的比例分别为 34.8%、29.5%、28.1%。除旅游、电商融合较好，其他服务行业融合不足，实现企业间关联信息共享交互的服务业企业只占 18.5%，搭建或应用行业信息交互平台的物流企业只占 31%。

4. 地区、行业融合水平差距大，融合支撑能力不足

从市（州）层面看，贵州省大数据与实体经济深度融合的水平不均衡，其中贵阳、贵安新区等地区，推动大数据与实体经济深度融合的起点高、投入大，融合水平较高。在区县层面，全省 88 个区县的融合发展水平呈现四个梯次的分布，各个区县融合工作开展情况差异显著。2018 年，贵阳市融

合指数达到 45.3，高于融合水平最低的黔东南州 15.5。同时，行业之间存在融合水平参差不齐，电力企业融合水平达到 45.3，明显高于建筑业（38.4）、制造业（37.5）、采掘业（36.4）等其他行业。融合关键环节亟待突破，融合服务支撑能力明显不足，本地融合服务商少，融合市场空间释放不充分，缺乏支撑团队，融合服务支撑能力明显不足。

（四）大数据产业发展支撑保障能力不足

大数据产业快速健康发展离不开必要的支撑保障，在全球科技创新日新月异、信息技术快速迭代、5G 等新一代通信技术加速落地应用，全国乃至世界各地纷纷抢滩部署新技术新产业，抢占人才、技术等优势资源的背景下，贵州省大数据发展的支撑保障能力尤显不足。

1. 大数据科技创新能力亟待提升

一是贵州省科技投入不足，根据国家科学技术部《2017 年全国科技经费投入统计公报》，2017 年，贵州省共投入研究与试验发展经费 95.9 亿元，仅占全国总数的 0.54%，相比于四川、重庆等周边城市也存在一定的差距。二是大数据创新能力明显滞后于大数据发展，严重影响了大数据发展后劲。《中国大数据发展指数报告（2018 年》显示，2017 年，贵州省大数据技术研发创新指数在全国排名第 22 位，在全国处于落后地位。其中，创新投入指数、创新基础指数、创新水平指数分别在全国排第 26 位、20 位、25 位，创新投入、创新水平弱项突出，是贵州省大数据产业发展亟待解决的问题。三是区域科技创新能力对大数据产业发展支撑不足。2016 年，科技部发布《中国区域创新能力监测报告 2016~2017》，表明贵州省综合科技创新水平指数为全国水平（67.57）的 60.4%，仅为 40.83，还不到第一名北京市（85.36）得分的一半，在全国各省区仅高于新疆（40.75）和西藏（31.23），居倒数第 3 位；分别为周边省份湖南、四川、重庆、云南、广西的 73.37%、66.01%、62.17%、98.74%、93.30%。

2. 信息基础设施与大数据产业发展不相适应

近年来，贵州省通过实施信息基础设施三年会战，开展数字设施提升行动，开通贵阳·贵安国家级互联网骨干直联点，信息基础设施水平得到较大提高。但与发达地区相比，信息基础设施尤其是新一代信息基础设施仍较薄弱，城乡数字鸿沟需加快缩小。一是网络基础能力较弱。根据中国信通院《贵州省数字设施水平评估报告》，网络基础能力作为数字设施评估指标体系的一类指标，贵州综合得分 63.89 分，在全国排名 17 名。作为网络基础能力指标的二级指标，贵州省人均互联网带宽排名全国 19 名，人均光缆排名全国 14 名，固定宽带可用下载速率排名全国 25 名，4G 基站占比排名全国 12 名。二是应用普及水平不高。根据中国信通院《贵州省数字设施水平评估报告》，贵州省数字设施应用普及水平指标得分 66.4 分，全国排名第 21，主要弱势在于固定宽带家庭普及率。按照评估标准，当前贵州省固定宽带家庭普及率为 53.1%，在全国排名第 26，是数字设施评估中的一个重要短板；移动宽带用户普及率为 76.9%，全国排名第 18；FTTH 普及率为 86.4%，全国排名 13；高速率带宽用户渗透率为 76.5%，全国排名第 11。三是宽带网络发展有待提升。宽带发展联盟发布的 2018 年第三季度第 21 期《中国宽带速率状况报告》表明，贵州省固定宽带网络平均下载速率 23.23Mbit/s，排名全国第 25 位，在周边省份中仅高于云南（23.1Mbit/s）、广西（22.48Mbit/s）。

在全球信息技术快速迭代、5G 等新一代通信技术加速落地应用的背景下，对互联网带宽、覆盖率、下载速率等提出更高要求，信息基础设施仍是制约贵州大数据产业发展的短板。

3. 大数据人才较为缺乏

大数据产业的发展需要大量的高素质专业人才的支撑，但是目前贵州省大数据专业高层次人才紧缺，综合型的管理人才不足，缺乏大数据的创业人才，截至 2017 年底，全省引进大数据高端人才约 1200 名，技术性、基础性人才储备不足，电子技术、通信、计算机、互联网、电子商务、大数据、人工智能等专业人才和复合型人才的缺失成为影响试验区建设发展的瓶颈。从人才培训看，省内有影响的大数据企业不多，大数据科研机构少，开设大数据相关专业的高校也不多，13 所本科院校在 2018 年大数据专业招生合计约为 1505 人，短时间难以产出大量人才。

三 贵州大数据产业发展面临的机遇和挑战

当今世界，信息技术创新日新月异，信息的发展处于领先地位，就能掌控发展的主动权和优先权。贵州省大数据产业发展从理念领先到风生水起，已抢占先机、快人一步，根据发展形势分析，贵州省大数据产业的发展，机遇与挑战共存，机遇大于挑战。

（一）存在的挑战

1. 外部环境挑战

一方面，世界正处于百年未有之大变局，新一轮科技革命和产业变革面临的国际环境和国内条件都在发生深刻而复杂的变化，中美贸易摩擦成为我国高端制造业和高科技产业创新发展的首要外部风险和最大不确定因素，贵州省大数据发展也必然面临绕不过、躲不开的影响。另一方面，进入新时代，全国各地纷纷部署大数据发展，在这轮深化党和国家机构改革中，十余个省成立大数据专门机构，发展大数据的力度都很大，步伐都很快，他们具有比较好的综合优势，产业、人才、技术和信息基础设施支撑都比贵州省好，前有标兵、后有追兵，各方面的竞争压力纷至沓来。

2. 自身不足挑战

主要是产业规模不大、融合及应用水平不高、科技创新能力不强及信息基础设施和人才支撑不足等制约随着大数据战略的深入推进越来越明显。

（二）面临的机遇

1. 新一轮科技革命带来发展新动力

从全球范围看，新一代信息技术创新空前活跃，前沿性技术、开创性技术颠覆行业发展，使得更多新技术被应用，革命性的产品被推广，使得更好的发展模式被挖掘，不断创造出新的产业生态体系，推动全球经济格局和产业形态深度调整。以人工智能、大数据、云计算为代表的网络信息技术加速与生物技术、新能源技术、新材料技术等整合融合发展，不断引发以智能和绿色以及泛在为主要特征的群体性技术发展。数字经济使得全球经济有助于产业的升级，平台经济和分享经济推动更多新业态的产生，三者为代表新经济推动全球经济不断的创新发展，持续推动经济绿色、包容、可持续发展。以网络技术优势、数字化建设能力、大数据治理水平为代表的国家创新力和竞争力正在成为世界各国新一轮竞争的焦点。加快信息化发展，建设数字国家已经成为全球共识。据有关机构预测，到 2020 年全球人工智能市场规模将超过千亿美元，而大数据和云计算的市场规模将分别超过 2000 亿美元和4000 亿美元。

2. 我国推动数字经济发展的政策叠加释放新活力

党的十九大把推动建设智慧社会和网络强国以及数字中国作为当前及今后发展的一个重大战略和方向，提出推动互联网、大数据、人工智能和实体经济深度融合，十九大后，中央政治局专门就实施国家大数据战略进行集体学习。国务院针对大数据的发展针对性地提出《关于进一步扩大和升级信息消费持续释放内需潜力的指导意见》《关于积极推进"互联网＋"行动的指导意见》《中国制造 2025》，推动大数据技术产业创新发展。国家有关部门共同研究制定《数字经济发展战略纲要》，制定实施《关于促进分享经济发展的指导性意见》，大力促进数字经济、分享经济健康发展。加快实施电子商务、"互联网＋先进制造业""互联网＋现代农业""互联网＋便捷交通"等专项行动，推动数字经济与实体经济融合发展，国家的高度重视对贵州大数据产业发展带来难得机遇。

3. 贵州近年来的探索实践为加快大数据产业发展积淀了强大后劲

大数据是贵州坚守发展和生态两条底线的战略选择，是深化供给侧结构性改革、推动高质量发展的重点方向，省委、省政府做出"一个坚定不移，四个强化，四个加快融合"的重要部署，出台《省人民政府关于促进大数据云计算人工智能创新发展加快建设数字贵州的意见》《贵州省实施"万企融合"大行动打好"数字经济"攻坚战方案》等政策文件，将大数据列为十大千亿级产业培育，坚定不移推动大数据战略行动向纵深发展的力度越来越大，加之"三先"优势没有变，各地区各部门抓大数据、信息化的意识、投入不断增强，学大数据、谋大数据、抓大数据成为各级干部的自觉行动，"实验田"环境只会越来越好。只要坚持自身定位，发挥自身优势，在国家大数据战略总体框架下，发挥综合试验区先行先试优势，坚持战略推进、协同发力，下好先手棋，打好主动仗，勇于先行先试，就一定能继续保持领先地位。

四 贵州大数据发展思路与对策建议

回顾过去，敢于创新、勇于探索，走别人没有走过的路是贵州大数据取得成效的根本。面向未来，继续创新、引领前沿，干别人还没有干的事也必然是贵州大数据保持领先的法宝。要落实国家大数据战略、网络强国和数字中国战略，按照"一个坚定不移、四个强化、四个加快融合"思路，把推进实施大数据战略放在优先位置，推动国家大数据（贵州）综合试验区的建设，紧扣融合这一新时代大数据发展的最大特征和价值所在，围绕数字产业化、产业数字化两个方向，充分把握人工智能、5G、物联网、云计算、区块链等前沿领域，突出"五个围绕、五个加快"，大力发展数字经济，加快建设"数字贵州"，运用大数据推动质量变革、效率变革、动力变革，助推全省经济社会高质量发展。

（一）围绕数字产业化，加快拓展大数据产业发展新空间

1. 加快推进新一代人工智能发展

积极发展计算机视听觉、生物特征识别、复杂环境识别、智能决策控制、智能客服系统等产品和服务。推动贵阳高新区、遵义新蒲新区、贵安新区等区域作为重点发展的区域，对于工业机器人本体、控制器、减速器、伺服电机等关键零部件产品的研发和应用。积极采用国内外先进的人工智能基础技术，重点研发面向农业、工业、物流、金融、旅游、健康医疗、电子商务等领域的人工智能应用技术。强化大数据与人工智能在智慧城市、智慧民

生中的应用，积极研发生产智能机器人和运载工具以及智能终端等产品，推进智慧旅游、智慧教育、智慧医疗、智慧家居等发展，初步形成具有一定竞争力和影响力的智能制造产业集群。

2. 加速推动数据资源产业化发展

发展数据采集服务。培育专业化数据采集服务企业，面向行业领域需求，采集经济、社会、市场、舆情、电商、社交等数据。培育数据存储和分析处理产业。发挥贵州省中国南方数据中心优势，面向国家部委、大型互联网企业等开展应用承载、数据存储、容灾备份等数据业务，依托贵阳、贵安大数据清洗加工基地，引进培育数据清洗、脱敏、建模、分析挖掘、可视化、应用服务等大数据企业。发展大数据流通交易等服务业务，构建形成大数据流通、开发、使用的完整产业链和生态链。

3. 大力发展智能化研发企业，扩展发展智能终端以及芯片等产业

推进建设贵阳、遵义、贵安新区等地区的终端芯片和智能终端等产业集聚发展，形成一个集研发与应用的产业发展集聚区。大力发展软件和信息技术服务业。积极推动软件开发应用和各种信息系统集成发展，大力发展多行业多领域的数据库、行业应用软件和特色软件服务产品，推进发展呼叫中心和服务外包产业。

（二）围绕产业数字化，加快推动大数据与实体经济深度融合

1. 加快推动大数据与工业深度融合

推动工业云与智能服务平台应用，加快部署和推进发展工业的互联网应用，打造贵州"数字工业"。围绕新型化工、煤炭产业安全生产、军民融合、白酒、特色食品、服装、电子信息制造、有色产业、民族制药产业、战略性新兴产业等特色优势行业，发展智能制造，推进工业互联网的发展应用，打造建设工业互联网平台的示范点，大力推动工业企业上云。实施工业技术软件化工程，大力研发推广使用工业 App，整合工业产前、产中、产后、研发设计等产业链各环节企业数据，促进软件技术与工业技术深度融合，构建工业互联网的产业支撑体系。

2. 加快推动大数据与农业深度融合

构建大数据和云计算融合，以及互联网和物联网技术融合，并且相互之间相互关联为一体的现代农业发展模式，大力推动大数据在产前、产品追溯和市场销售中的应用，推进智慧农业的快速建设，完成现代农业在产前、产中、产后的实时管理和控制，及时做出决策。使农业管理更加科学精确，逐步开展信息技术与农业生产全面结合的新型农业，建立完善的农田地理信息系统，通过土壤肥力管理、农田边界管理、产量管理、精确定位病虫害控制方法和施肥决策管理等，不断改善提高农产品的品质。形成完整的农产品质量追溯体系，使大数据贯穿产前、产中、产后整个生产流程，形成完善的来源可追溯、去向可查证、责任可追究的安全信息追溯闭环。加快推进农业市场销售网络化，形成能够熟练运用电商发展经济的电商主体，推进建设信息互联互通、开放透明的农业电商公共服务系统，力争建成集农产品商流、物流、信息流、资金流的便利运营体系。推进建设在线营销环节与用户或消费者的互动，综合质量追溯和用户评价反馈等信息，指导农业生产、销售和服务更加精准化，加强农产品交易、质量、需求、价格变动分析与预测。

3. 加快推动大数据与服务业深度融合

运用大数据发展基于互联网的山地旅游、城市医疗、健康养老、冷链物流等新兴发展业态，使服务业融合升级向平台型、智慧型、共享型加速推进发展。推进建设并用好"云游贵州"智旅平台，加速建设国际旅游数据中心等项目，在安顺、遵义、贵阳等地通过建设一批"智慧+（景区、旅行社、酒店）"的示范带动点。通过建设物流云为中心连接点，加速发展现代化的信息物流园、信息化的公路港等项目建设，根据目前现有的园区、各个信息化企业发展平台，实现商流和物流的数字化动态管理和交易。大力发展共享经济，利用互联网等先进信息技术推动闲置资源的整合和共享。

4. 加强融合支持，夯实融合基础

完善服务平台支撑，鼓励龙头企业积极搭建企业级平台，提高公共服务平台的服务能力和服务质量。鼓励支持企业上云，使得企业积极去购买和使用云端相关的产品和服务，并根据企业自身情况指导企业购买数字化智能化软硬件及解决方案，使得企业不断提升信息化能力。加强融合服务支撑团队建设，加快引进和培育一批熟悉贵州企业和产业情况，愿意扎根贵州、服务贵州的融合方案服务商。加大融合资金支持力度，充分利用现有渠道、积极拓展新渠道，以专项资金、税收优惠、投融资对接等多元化方式加大本省大数据与实体经济融合的资金支持，引导社会资本参与实体经济企业重大项目建设、企业技术改造，加大资金投入。

（三）围绕壮大企业主体，加快引进培育大数据产业集群

1. 强化对大数据企业的支持培育力度

进一步发挥好大数据专项资金和基金作用，加大服务企业服务项目工作力度，支持货车帮、易鲸捷、华芯通、汉能、吉利等企业加快发展，加快苹果云服务、华为数据中心和智能终端及服务器、腾讯数据中心、FAST 数据中心等重大项目建设。加强产业政策引导，营造服务环境优、要素成本低的良好氛围，通过行业数据优先开放和市场准入优先支持，着力培育一批具有较强成长力的大数据企业加快发展。

2. 强化对大数据企业的招商力度

突出招大引强和项目牵引，瞄准国内软件百强企业、互联网百强企业、国内外知名大数据创新及应用骨干企业，引进龙头企业和重大项目。坚持抓大不放小，通过基金培育、大赛挖掘、开展"寻苗行动"、开放数据资源、提供应用场景等，培育一批大数据"独角兽""小巨人"企业以及专注细分市场的"单项冠军"。

3. 加快培育大数据产业集群

加大资源整合，强化资金、技术、人才、项目和企业等产业要素集聚，支持省内有条件的高新技术产业园、电子信息产业园、软件信息服务产业园、数据中心基地等携手共建大数据产业基地，形成互补效应，抱团合作开

展针对性的招商引资，补齐产业链短板，合理引导大数据产业链上下游企业加速集聚，进一步优化全省大数据产业布局。

（四）围绕增强创新能力，加快推动大数据关键技术研发应用和成果转化

1. 建立完善机制积极打造创新平台

加强大数据国家工程实验室和科技创新中心、区块链测试中心、贵州伯克利大数据创新研究中心等大数据平台的初步建设。支持省内科研院所、高等院校、企业设立大数据科研机构，联合国内外科研机构，共同建设一批大数据工程研究中心、工程实验室、企业技术中心和院士工作站。建设大数据、云计算人工智能领域的双重创建平台，推进建设科技企业孵化器，吸引汇集全球顶尖的大数据和人工智能等方面的人才。

2. 加速推动大数据领域核心技术突破

加快基础性、通用性技术的研发推广攻关，使得关键软硬件（高端芯片、核心器件等）的研发应用系统化发展。强化战略性前沿技术超前布局，加强人工智能、大数据认知分析、区块链等新技术的发展布局和战略规划，促进网络信息技术、大数据技术与垂直行业技术深度融合。支持集成电路、移动智能终端、信息通信设备、智能工控系统、智能装备、工业机器人等核心产业，加快发展物联网、云计算和大数据、移动互联网等新一代信息技术产业，加速北斗、遥感卫星商业化应用，积极推动虚拟现实（VR）、网络文化产业等新兴产业发展。

3. 千方百计提升企业创新能力

利用大学城、科技城等创新平台，建设创新中心，强力推进以大数据融合发展为引领的科技创新，制定实施大数据应用和产业转型对策方案，针对企业创新能力不足等问题，发挥重点工程实验及孵化平台作用，通过严密的调查发布相关的技术榜单，培育一批具有较强的研发能力、拥有核心技术能力、整合能力较强的创新型企业。

（五）围绕增强支撑保障，加快筑牢大数据产业发展基础

1. 提升信息基础设施支撑能力

瞄准信息通信技术最新发展趋势，加快新一代信息基础设施布局建设，打造与大数据产业快速发展相统一的信息基础设施支撑。推进信息网络基础设施建设。建设以贵阳为核心节点，直连北京、上海、广州等地的城市直连网，建设国际通信专用通道。推进下一代互联网（IPv6）的发展规划。发展下一代广播电视网，抓好全国首个智慧广电综合试验区建设，加快全省广电网络双向化、数字化和智能化改造，鼓励发展广电宽带网络服务。推进三网融合，支持电信和广电业务双向准入。加快推动5G落地应用，培育5G产业发展生态圈。推进城市公共区域无线WiFi热点建设，推进政务服务中心、重点旅游景区、商务中心、机场、码头、车站等公共区域的无线网络（WiFi）覆盖。推进物联网基础设施建设。支持信息化基础条件好、管理水平高的工业企业以IPv6、工业无源光网络（PON）等技术改造工业企业内网，支撑智能制造发展。支持基于新一代移动通信网络建设窄带物联网（NB-IoT），实现全省中心城市NB-IoT全覆盖。

2. 提高人才的保障力度

加大人才引进力度。深入实施"百千万人才引进计划""黔归人才计划"和"黔灵访问学者计划"等相关人才工程，注重精准引才、强化团队引才、拓展柔性引才。根据贵州省高层次人才引进的各项政策规定，建立人才引进目录，构建吸引人才的全方位引才网络，结合实际引进国家"千人计划人才"、综合管理高层次人才、专业性的大数据顶尖人才。创新人才培育培训模式。积极探索多元化多层次的大数据人才发展方式，鼓励省内各大院校开设大数据相关的学科，加强相关教育学科的背景知识培育能力。鼓励省内高校与国内外知名院校、科研机构和大数据企业联合办学，共同培养专业性的人才，建立系统化培训的教育基地。支持企业与高校建立开展定向式的大数据人才培养，鼓励企业在高校建立大数据人才发展基地和实践基地。推进大数据管理干部培养，提升各级领

导干部大数据发展管理能力。鼓励企业建立首席数据官制度，开展首席数据官职业培训。

参考文献：

贵州省大数据发展管理局、国家工业信息安全发展研究中心：《2018 年贵州省大数据与实体经济深度融合评估报告》，2019 年 3 月。

《中共贵州省委 贵州省人民政府关于推动数字经济加快发展的意见》（黔党发〔2017〕7 号），2017。

中国电子信息产业发展研究院：《中国大数据产业发展水平评估报告（2018 年）》，2018。

国家统计局、科学技术部、财政部：《2017 年全国科技经费投入统计公报》，2018。

中国电子信息产业发展研究院：《中国大数据发展指数报告（2018 年）》，2018。

科技部：《中国区域创新能力监测报告 2016～2017》，2017。

中国信息通信研究院：《贵州省数字设施水平评估报告》，2018。

宽带发展联盟：《中国宽带速率状况报告》（2018 年第三季度），2018。

《贵州省人民政府关于促进大数据云计算人工智能创新发展加快建设数字贵州的意见》（黔府发〔2018〕14 号），2018 年 6 月。

《贵州省实施"万企融合"大行动打好"数字经济"攻坚战方案》（黔府发〔2018〕2 号），2018。

B.11

贵州大数据立法创新研究报告*

吴月冠**

摘　要： 本文分析了贵州大数据立法的基本条件，从地方性法规、地方政府规章和规范性政策文件等方面介绍了贵州大数据立法的相关进展，总结分析了贵州大数据立法创新与成效，指出贵州大数据立法具有鲜明的新时代背景，对未来贵州大数据立法做了相应展望，并提出相关的立法建议。

关键词： 贵州　大数据　立法

自贵州发展大数据以来，始终注重法律政策规则的探索构建。五年来，贵州从地方性法规、地方政府规章、规范文件等不同层面开展法律政策探索，在大数据领域形成了日益丰富的法规政策体系，在全国地方大数据立法探索中继续保持领跑。本研究报告聚焦于贵州大数据立法，着眼于贵州大数据立法渊源、现状、特点和未来发展等方面并予以分析，以期展现在立法领域贵州大数据发展背后的努力探索。

一　贵州大数据立法缘起

（一）国家信息化发展到特定阶段

进入 21 世纪第二个十年，席卷全球的信息化浪潮正深刻影响着中国经

---

　*　本文系贵州省社会科学院特色学科"大数据治理学"、贵州省哲学社会科学创新工程（编号：CXTD03）阶段性成果。

　**　吴月冠，贵州省社会科学院大数据政策法律创新研究中心副主任、党建研究所副研究员。

济社会发展的各个方面。中国互联网正对城市和农村实现更深程度的覆盖。作为世界上网民数量最多的国家，其网民、互联网企业、传统实体经济企业、公共权力部门全面拥抱移动互联网，其上有大量的移动互联网智能终端、应用、场景不断涌现，这些逐渐辐射和覆盖经济社会各方面活动的智能设备产生、沉淀、传输、共享着日益庞大的数据。然而，由于发展不平衡和不协调，各个领域、行业、部门、地域间的数据有机互联互通尚未实现，数据碎片化、数据孤岛、数据烟囱仍普遍存在。这就需要在数据汇聚共享阻力较小的地域、行业、部门率先实现数据的汇聚共享与开放，以实现单个主题数据全样本集聚、特定地域数据全样本集聚的大数据试验成为时代要求和可能。在这一背景下，如同一张白纸好绘美丽的画卷一样，信息化水平较低的贵州成为国家大数据发展应用的首个综合试验区。大数据综合试验面临很多全新的问题、困难需要集中当地乃至国家经济、社会、体制、机制等方面的要素保障予以破解，作为探索之举和保障之需，贵州大数据立法呼之欲出。

（二）国家网络和信息化法治达到特定水平

自 20 世纪末，我国网络信息化领域法制逐渐健全，特别是进入 21 世纪后，涉及计算机、互联网、个人信息的刑事、民事、行政、经济法律规范不断出台，特别是网络安全法、电子商务法、民法总则以及全国人大常委会的专项决定、最高人民法院和最高人民检察院有关解释的出台，使得我国网络安全和信息化法治达到新水平，立法正逐渐深入到数据层面的规范问题，人们普遍关注个人信息安全、大数据价值释放等问题，这使得大数据立法具备了相应的法治基础和出台时机。当前，国家正在加快制定个人信息保护法和数据安全法，这正是国家立法顺应时代趋势的表现，也是贵州大数据立法的法治背景。

（三）贵州率先探索大数据的实践面临代表性问题

贵州正从大数据信息基础设施、大数据聚通用、大数据与实体经济融合、大数据创新社会治理、大数据提升地方政府治理现代化、大数据对外开放与合作等领域发力大数据发展与应用，建设国家首个大数据综合试验区。随着大数据实践不断深入，面临必须破解一些基石性、关键性、难点性问题的局面。比如，有关数据发展应用基本原则法律问题、数据权属法律问题、数据采集法律问题、数据流通法律问题、数据交易法律问题、数据安全法律问题、数据基础设施保护法律问题、个人信息保护问题、企业数据权益问题、政务数据权益问题、数据开放法律问题、数据共享法律问题、数据跨境流通法律问题等等。这些问题的浮现，在国家上位法尚未做出具体规定之时，迫切需要贵州地方立法予以回应和探索。

（四）国家和地方立法机制更加生动

党的十八大以来，我国立法机制出现许多创新探索，从确保改革于法有据到探索试验性立法，立法机关对当今我国经济社会实践有了更灵活、及时、包容的反应。贵州省市两级立法机关抓住大数据立法需求和时机，主动服务于大数据战略在贵州的丰富实践探索，敢于面对大数据立法疑难问题和新兴问题，尤其是贵阳市立法机关敢于突破，充分用好对上级立法机关的请示报告机制，用好立法专家资源，促进贵州大数据立法不断取得新突破。

二　贵州大数据立法进展

（一）率先颁布《贵州省大数据发展应用促进条例》

2016 年 1 月，贵州省在全国率先颁布大数据地方性法规。这在国家促进大数据发展行动纲要出台、国家大数据综合试验区落地贵阳不到一年的时间里，即出台首个大数据全国省级地方性法规，贵州这一立法举措除具有法律指引、预测意义外，更具有构建大数据良好发展环境的宣示、倡导意义。《贵州省大数据发展应用促进条例》以法律的形式确立、确认了整个贵州的大数据发展体制和任务。首次以法律形式界定了大数据的内涵，确认了大数据引导、激励措施。以法律形式确认和初步规范了数据采集、数据共享、数据交易、数据开放、数据治理（包括数据铁笼、农业大数据等数据融合、大数据扶贫应用等）系列贵州大数据发展实践探索活动。确认了数据开放和数据安全基本原则。尤其是确认通过共享开放获取的公共数据具有同纸质文件同等法律效力。同时，法规还要求大数据发展相关环节的主体守好安全底线，建立安全评估排查和安全应急机制。这些开创性的大数据立法举措为贵州良好的大数据发展软环境提供了基础法律支撑，也为全国其他省市后续制定大数据地方性法规提供了范本和参考。

（二）率先制定《贵阳市政府数据共享开放条例》

2017年，贵阳市出台地方性法规《贵阳市政府数据共享开放条例》。以立法形式首次专门规范和促进政府数据共享开放各个环节。政府数据是体量巨大、质量较高、具有较成熟开发条件的宝贵数据资源。以政府数据为主题推进数据共享开放，无疑会在更大程度上促进和示范大数据发展应用工作，为大数据产业发展提供更丰富的原料和动力，同时通过立法推进和规范政府数据共享开放，形成和巩固大数据发展地域比较优势，可以更大力度地吸引大数据发展要素集聚，弥补贵州信息基础设施建设和大数据人才短板。条例率先以立法形式界定了政府数据、政府数据共享、政府数据开放的基本内涵，确立了政府数据共享开放体制。条例对数据采集汇聚、数据共享、数据开放以及保障措施做了基本规定。要求对政府数据进行分级、分类按目录管理，将数据共享分为有条件共享和无条件共享，明确了政府数据共享的协调机制。规定了落实"开放为原则、不开放为例外"的政府数据开放措施，并对不予开放的政府数据如何转化为可开放的政府数据提供了脱敏、脱密等合法转化路径。明确将政府数据共享和开放工作纳入政府目标绩效考核。

（三）率先颁布《贵阳市大数据安全管理条例》

2018年，贵阳市出台了《贵阳市大数据安全管理条例》，成为全国第一个有关大数据安全的地方性法规。条例出台表明贵阳大数据发展已经到一定程度，数据安全成为需要立法专题布局的重要领域，该领域的有关探索已经有了相对稳定的评价。条例创造性的确立了大数据安全体制，明确人民政府的大数据安全领导职责，明确网信部门的大数据安全统筹协调职责，明确公安部门的大数据安全监督管理职责，明确大数据主管部门的大数据安全体系建设职责。明确了数据安全各环节的基本原则和主要方法。尤其是对政府服务外包涉及数据处理情形进行了限制性规定，要求采取安全协议、安全保护措施、对导出复制销毁数据进行监督等方式保障数据安全。条例还规定了大数据安全监测与预警应急处置制度，从预防和底线处置角度管控大数据安全风险。条例出台无疑提高了大数据政府管理部门、企业从业者、社会公众等主体的数据安全意识，为政府部门推动开展大数据发展应用工作提供了安全保障指引。

（四）率先颁布《贵阳市健康医疗大数据应用发展条例》

2018 年，贵阳市出台了《贵阳市健康医疗大数据应用发展条例》，成为全国第一个专门行业领域的大数据地方法规。条例规定了健康医疗大数据管理体制，就健康医疗大数据相关机制进行了创新探索。在健康医疗数据归集方面，条例明确了数据要归集于全民健康信息平台原则，同时借助平台实现健康医疗信息共享、检查检验结果互认。条例提出要建设健康医疗领域诚信大数据，激励和规范行业单位和人员从业行为。同时，条例提出整合医疗社保领域数据实现一卡通用，以达到便民利民效果。健康医疗行业数据事关公众的个人信息，有不少数据是敏感的隐私信息，然而该行业大数据应用发展必然会涉及这些数据，有了法律明确规定可以进一步消减行业顾虑、明确行业责任、增加接受健康医疗服务的群众预期，促进大数据与医疗健康行业融合。

（五）率先颁布《贵阳市政府数据共享开放实施办法》等地方政府规章

2018 年初，贵阳市以地方政府规章形式颁布《贵阳市政府数据共享开放实施办法》。在该办法中，市大数据行政主管部门被赋予和细化了推动全市数据共享开放的"指导、监督、管理和协调"职责。对于有条件共享的政府数据和依申请开放的政府数据，在数据需求人无法获得数据时，市大数据行政主管部门负有责任和职责协调政府部门依法最大限度共享或开放。作为与地方性法规《贵阳市政府数据共享开放条例》配套的地方政府规章，该办法更多地从具体操作角度，对政府数据共享、开放等环节以及监督、考核等步骤进行了更有针对性的规定，规定了相应时限、相应责任等可操作要素。此外，贵阳市颁布了两项大数据领域地方政府规章《贵阳市政府数据资源管理办法》《贵阳市政府数据共享开放考核暂行办法》，加强政府数据资源管理和共享开放的实施和保障。贵阳市连续出台这三个地方政府规章法律文件，足以彰显以贵阳市为代表的贵州对政府数据资源管理、打通数据资源、开放数据资源以释放更大价值的果断决心、信心和目标，这也正是贵州发展大数据良好软环境的重要体现。

（六）率先出台《贵州省政务数据资源管理暂行办法》等规范性文件和标准

2016 年，贵州省政府办公厅以规范性文件形式印发了《贵州省政务数据资源管理暂行办法》，对贵州省政务数据采集、目录管理、登记、共享、开放、安全、监督保障等系列环节做出了原则性规定和安排，较系统地针对政务数据在大数据战略行动落地过程中的系列环节做出规范性安排，促进政务数据共享开放活动的基本秩序的形成。自 2013 年以来，贵州省在大数据领域探索制定了一系列促进和保障大数据发展应用规范性文件，这些规范性文件蕴含着贵州发展大数据的决心、探索和努力，其中的政策红利逐渐在贵州各个行业和部门领域大数据融合与应用的纵深发展中得以释放。当前，随着大数据实践的深入，贵州的大数据政策正向及时、管用、深入发展，例如，在政府机构改革中，贵州明确了各职能厅局对本部门领域的数据管理职能；将省大数据发展管理局的大数据领域统筹推动职能与其他各职能厅局对本部门领域的数据管理职能有机衔接，促进了贵州大数据战略行动落地机制的完善。

三　贵州大数据立法创新与成效

（一）贵州大数据立法具有鲜明的新时代背景

习近平总书记指出"贵州取得的成绩，是党的十八大以来党和国家事业大踏步前进的一个缩影。"贵州大数据发展应用取得的成就是在践行国家大数据战略进程中，在国家层面各种资源政策支持下，抢抓信息社会时代发展机遇，贵州全省上下奋力探索，共同努力的结果；贵州大数据领域成绩是贵州全省成绩的一个代表。贵州大数据立法正是在这一政治经济社会背景下展开的。

党的十八大以来，特别强调改革要做到于法有据，这对立法工作提出了更高要求。要求立法引领改革、立法服务改革、立法保障改革。贵州大数据发展应用工作涉及大数据政用、商用、民用各个领域，正实现大数据与社会治理、民生服务、产业发展深度融合，必然会带来各个领域和层面的变革，这种变革对贵州省地方立法提出了迫切要求。尽管在地方立法过程中面临着各种困难和问题，贵州省立法机关在全国立法机关和国家相关职能部门支持下，充分用好地方立法权、探索开展大数据促进和管理法规制定工作，为社会各方共同营造良好大数据发展软环境、构建新型数据规则、激活和释放数据价值做出积极贡献。

贵州省立法机关在近年来的大数据立法活动中发挥能动作用，逐渐探索出了一些适应大数据领域特点的工作方式。比如，在国家上位法未明确规定情况下，大数据地方立法中的立法权限问题。大数据发展应用活动中，数据权属问题、国家秘密和商业秘密及个人隐私的边界、数据安全问题、数据交易权属转移问题、数据共享问题、数据开放问题、数据使用问题等系列基石性问题都是迫切需要从具有法律效力层级的立法予以回应并加以妥善安排的。有了明确规定，才能为包括大数据企业、大数据政府部门、社会组织和个人等主体相应活动提供基本的效果预期和风险预判，从而指导其大数据领域生产、消费、应用和相关生活等行为。而这些领域的立法活动有不少规定都是需要制定国家法律的范畴。立法法第 8 条规定涉及国家安全、民事基本制度、基本经济制度的事项只能制定法律。大数据法律问题涉及的数据安全问题与国家安全相关，涉及的数据权属问题与民事基本制度和基本经济制度相关。如何在遵守国家法律规定的同时发挥地方立法的主动性，保障和服务贵州大数据战略行动，这是贵州地方立法机关大数据立法面临的必须解决的前提问题。为此，贵州及其省会城市贵阳的地方立法机关充分发挥请示、汇报这一工作机制，就大数据立法之中涉及的重大、基本、疑难法律问题，及时向全国立法机关请示汇报相关情况，争取上级立法机关的指导和帮助，并充分争取工信部、公安部、中央网信办等相关国家部门支持和帮助。通过这一机制，将大数据地方立法中可能涉及的立法权限等问题在地方性法规和地方政府规章制定过程中予以妥善解决，有效化解大数据地方立法的权限分不明的问题，为促进地方发展创造有利条件。

（二）确立大数据发展应用的基本原则

贵州在大数据战略行动开展两年后便探索以法律形式确立并巩固实践中的有效经验做法，特别是以立法形式确立了贵州大数据数发展应用的基本原则。

首先，坚持以政府数据撬动社会数据、市场数据的发展应用工作。基于全社会 80% 的数据都掌握在政府手中这一事实判断，贵州专门推动政府数据资源共享与开放的大数据立法工作，将促进政府数据共享开放确立为一项大数据立法原则。

其次，坚实打好信息基础设施建设。信息基础设施是贵州发展大数据必须破解的基本硬件问题，西部欠发达省份的贵州在信息基础设施方面的历史欠账较多，贵州大数据立法进一步明确了地方政府在促进信息基础设施建设方面的职责，设置倡导性条款，从立法层面促进这一问题破解。

再次，鼓励大数据创新应用。数据的价值在于应用，以创新促进数据应用是贵州发展大数据的应有之义。贵州大数据立法赋予地方政府采取各种措施促进大数据创新的职责，同时鼓励大数据企业创新创业。这些鼓励创新法律规范将为大数据发展提供动力源泉。

最后，明确鼓励探索多种形式的大数据试验。贵州大数据立法进一步肯定和鼓励建设国家大数据综合试验区、大数据产业技术创新试验区、大数据产业发展聚集区、大数据重点实验室等大数据载体建设，为这些试验探索提供了法律保障。

（三）明确大数据发展应用的激励措施

贵州大数据立法从资金、人才、土地、税收等方面设置优惠措施，进一步形成具有特定竞争优势的大数据发展环境。贵州大数据立法明确要求设置大数据引导专项资金，带动社会资源和市场资源致力于大数据发展应用工作。同时，注重大数据领域人才培育和促进工作，对大数据领域人才予以特别重视。注重大数据产业的土地政策完善工作，对大数据发展用地予以优先保障。注重大数据税收政策应用，对大数据产业相关税收和大数据人才个人所得等均设置有一定的比例优惠。这些措施一经法律确认，就更能增强大数据产业投资者、大数据人才对贵州大数据发展环境更好的、更稳定的预期。

（四）提出大数据发展应用的底线

贵州大数据立法自启动之初，就将底线思维贯穿之中。首先，立法坚持大数据安全底线。注重大数据发展应做好国家秘密、商业秘密和个人隐私保护工作，鼓励对涉密数据进行脱敏、清洗，鼓励数据安全措施应用和数据安全产业发展，鼓励开展数据安全攻防演练，对健康医疗等敏感数据集中领域予以特别规定和保护。其次，坚守大数据发展底线。突出促进大数据发展应用、便利经济社会发展的立法目的，强调贵州大数据立法并非是要管死大数据行业，而是要保障、促进大数据发展应用，使大数据规范健康发展，进而稳定长久的释放大数据红利。最后，强调大数据为民服务底线。强调运用大数据优化再造行政、社会、市场流程，让数据多跑路、群众少跑腿，坚持大数据发展应用工作是要便利社会、市场各个主体和群众，而非人为增加负担或流程。

（五）规范政府数据共享开放

贵州大数据立法对大数据发展应用中重点推进的政府数据共享开放工作进行了集中和率先规范。首先，规范政府数据资源登记管理。立法要求对政府数据进行登记，摸清家底，按标准进行分级分类登记和管理。将其分为公开数据、依申请公开数据和不予以公开数据三种类型。为政府数据共享和开放奠定基础。其次，规范和促进政府数据共享。立法提出政府数据共享的目的之一就是要避免数据重复采集、行政相对人反复向不同行政部门提交本属各行政部门掌握的数据。提高政府治理效率、降低群众和市场主体办理时间和金钱成本。明确行政机关在数据共享中获取的文书类、证照类、合同类政府数据同纸质文件具有同等法律效力。最后，规范政府数据开放。立法进一步确认政府数据开放"公开是原则、不公开是例外"的基本原则，同时确定民生服务领域如金融、信用、医疗、教育、交通等领域的数据优先向社会开放，以更好激活政府数据便民利民。立法要求加强政府数据共享开放的考核等工作。

（六）促进大数据创新社会治理

贵州大数据立法注重促进和规范社会治理领域大数据创新应用工作。鼓励将大数据用于教育、医疗、交通、社保、环境、扶贫等民生服务领域。要求推进民生领域政府数据共享互通。要求涉民生服务数据优先开放。要求注重保障民生服务领域数据安全。

（七）推进大数据融合实体经济

大数据要释放更多价值，与实体经济融合是一个很重要的抓手。贵州大数据立法促进大数据民用、商用领域应用，同时促进大数据核心业态、关联业态和衍生业态发展，促进农业大数据、工业大数据、服务业大数据发展，设置相关优惠激励措施，加强政府引导工作考核，同时注重保障大数据与实体经济融合中的安全保障。

四 未来贵州大数据立法展望

随着贵州大数据战略行动向纵深推进，大数据逐渐渗透应用到经济社会发展的方方面面，大数据与实体经济融合、大数据与地方治理融合、大数据与社会民生融合，越来越多大数据发展应用中的新型、深层问题会逐渐显现，并需要法律层面的全新、及时的回答和引导。近期，贵州大数据立法可以考虑从下述几个方面进行探索。

首先，继续做好贵州省大数据安全与贵州政府数据共享开放方面的立法工作。随着贵阳市大数据安全法规和政府数据共享开放法规制定和实施，贵州省立法机关可以根据贵阳市现有立法经验以及法规执行中的新问题，加快省级层面大数据安全和共享开放的立法工作，为全省大数据深化发展提供法律保障；为国家数据安全立法和政府数据共享开放立法提供贵州探索。继续用好立法工作中的请示汇报机制，争取全国立法机关和国家职能部委的指导、帮助和支持。同时，就相关核心关键问题做好立法论证。比如数据安全体制问题；应当根据数据安全管理科学规律以及中央机构改革和地方机构改革发展趋势，深入研究确定大数据安全的主管部门，妥善处理好公安部门、网信部门、工信部门、大数据部门之间的职能交叉，合理界定四部门间的数据安全职责分工，避免大数据领域的"九龙治水"难题。再比如数据共享机制问题；可以争取国家职能部委调整数据单独管理的部门规章或行政法规在国家大数据综合试验区的适用，实现在省级层面各厅局业务领域数据之间在根本上的共享和互联，避免厅局面临国家部委数据管理与省级其他厅局共享需求之间的两难命题局面。

其次，做好贵州省信用大数据等公共大数据立法工作。信用机制是治理能力和治理体系现代化的重要功能性机制，信用将行为主体现在的行为与未来的成本相关联，进而引导人们自觉控制和规范自身行为，有利于降低社会管理成本，减少社会资源浪费。大数据与信用机制相结合的信用大数据是社会运行的基石性数据，法律很有必要布局这一领域，促进信用大数据机制完善并发挥作用，赋予其法律效力。信用大数据立法可以从信用大数据基础设施建设促进、信用大数据行业管理、信用大数据应用、信用大数据保障等方面探索相关法律规则，促进信用大数据作用尽早发挥。

再次，做好《网络安全法》配套地方立法调研。网络安全法作为国家安全法律保障的重要组成法律，是当前网络空间引导、规范网络行为、产业、应用等健康发展的重要依据，促进和保障着信息网络执法。网络安全与数据安全是密不可分的信息化环节，贵州发展大数据必然要促进《网络安全法》更全面、深入的落地贵州，为此很有必要做好《网络安全法》配套地方法规在贵州的落地工作。除大数据安全保障条例外，可以考虑制定《贵州网络安全条例》等配套法规，对关键信息基础设施安全保护和网络安全等级保护予以细化规定，结合贵州实施大数据战略实际，制定管用规范，为贵州大数据发展提供更多法律保障。

最后，贵州还可以做好个人信息保护法和民法典分则有关个人数据保护配套地方性法规调研和政府数据资产、企业数据资产地方性法规调研，为贵州大数据发展应用提供更多保障和激励，促进贵州经济社会全面发展。

B.12
贵州大数据国际交流合作发展报告

赵燕燕 罗爽*

摘　要： 近年来，贵州坚持平等合作、互利共赢原则，开展大数据国际合作交流，有效推进与有关国家在大数据相关的产业、技术、政策和应用以及安全标准等方面的交流与项目合作。当前，贵州在开展大数据国际交流合作中仍面临着多方面考验，应通过借鉴全国各地的经验，有的放矢、紧跟实际推进大数据国际交流合作，为提升我国在国际大数据领域的地位和影响力，抢抓全球大数据发展先机和话语权贡献贵州力量。

关键词： 贵州　大数据　国际合作　数博会

当今世界，以信息技术为核心的新一轮科技革命正在兴起，大数据作为信息时代的新技术利器正日益成为创新驱动发展的先导力量。自 2016 年 2 月国家三部委批复同意贵州建设首个国家大数据综合试验区以来，围绕大数据发展面临的主要问题，贵州省开展数据开放共享、数据中心整合利用、大数据创新应用、大数据产业聚集、大数据资源流通、大数据国际合作、大数据制度创新 7 项系统性试验，加快推进全省经济社会发展。贵州把大数据作为"十三五"弯道取直、后发赶超的战略引擎，推动传统产业与大数据深

---

　* 赵燕燕，贵州省社会科学院贵州省大数据政策法律创新研究中心、党建研究所助理研究员，法学硕士，研究方向：智慧党建、党的政治建设；罗爽，贵州产业技术发展研究院，中级经济师，教育硕士，研究方向：经济数据处理、大数据。

度融合发展，大力开展国际合作框架体系内的大数据交流合作，是贵州大数据产业发展的一项重要内容。

一　在平台打造、宣传推介中推进大数据国际交流合作

从 2015 年到 2018 年，中国国际大数据产业博览会（以下简称数博会）已在贵阳连续成功举办了四届。数博会秉承国际化、专业化、高端化和可持续化的总体定位，每年吸引着全球大数据领先企业和先行者齐聚贵阳，大数据研发者、创意者、生产商、应用商、投资商、交易商等通过数博盛会平台向世界集中展示推广国内外技术研发、产品应用、解决方案等最新大数据成果，集聚国际性资源和要素，以国际会展交流平台的姿态有力推动了贵州大数据产业迅猛发展。

（一）高峰对话与专业论坛促 "大师" 交流

四届数博会共举办了 240 场高峰对话及专业论坛，吸引了来自全球各行各业人士的关注和青睐，全球共有超过 13 万人从数博会论坛及峰会上获得合作机遇及行业交流机会。2015 年数博会论坛围绕 "互联网＋"、数据开放、隐私保护、信息安全、数据中心、ICT 市场趋势、智能终端等主题进行了探讨，马云、郭台铭、马化腾、雷军等业界 "大腕" 出席并发表演讲，全球 500 强、知名央企和互联网、金融、通信、能源、民航、高端制造、电商、行业协会等近 400 家企业和机构出席会议。2016 年，会议论坛较 2015 年增加了 46 场，新增了区块链、共享经济、人工智能等讨论议题，紧随行业趋势与时代主题，来自 21 个国家和地区的 1 万余名专家学者、行业精英云集数博会，超过 300 家大数据企业带来了 1000 余项全球最新的科技产品和解决方案。2017 年，数博会升级为国家级展会活动，共举办峰会及论坛 77 场，涉及议题除数字经济、工业大数据与智能制造、机器智能、人工智能、区块链等前沿话题外，还出现智慧城市、数据安全等新热议焦点，阿里巴巴、腾讯、百度、苹果、微软、谷歌、亚马逊等顶级互联网企业的 146 位

全球高管，18 位"两院"院士，66 所国内知名高校的 165 位负责人及专家学者参会。2018 年数博会共举办了 73 场论坛会议，各行业大咖和业界精英在高端对话和专业论坛上提出了许多新思想、新观点，661 位外籍嘉宾从全世界 29 个国家和地区聚集在贵州，为探寻新一轮科技和产业革命背景下大数据发展的方向分享思想创见、碰撞智慧火花。

（二）展览会促企业联动

数博会"一会、一展、N 赛及系列活动"，每年吸引着全球知名企业和企业家参会交流，为企业和企业家扩大商务合作"朋友圈"，创造无限商机。其中"一展"即数博会展览会，是全球大数据产业中新产品、新技术、新应用、新成果、新解决方案的展示平台，许多全球顶尖大数据企业参展，全方位展示了大数据产业生态各个环节的产品和服务。四年来，全球近 30 个国家超过 1389 家企业登上数博会展台，5000 余项新产品和服务通过数博会向世界集中展示，来自全球各国政府、科研机构、行业协会和媒体界代表，以及企业和广大科技爱好者共 34 万人、55 万人次现场观展，实现了全球联动以及产、学、研、政、企的高度集中。通过数博会，企业进行有效的行业信息收集、品牌推广和市场开拓，促进企业间服务贸易和招商合作，至 2018 年，数博会共达成签约项目 760 个，涉及总金额 1411.5 亿元，招商引商成果丰富、效果明显。

（三）大数据赛事促人才汇聚

数博会不仅仅是为各类大数据研究和实践领域的最新技术、应用产品提供展示的平台，还通过举办多场比赛契合每一届数博会创新、科技、融合的主题，促进来自全球的大数据人才齐聚贵阳。2015 贵阳大数据草根创新公开赛是首届数博会上举办的关于大数据创新应用的赛事，围绕数据开放和数据交易，吸引国内、国际优秀企业、团队参加。2016 年首届中国痛客大赛暨社会共治·企业信用痛点主题大赛吸引了来自全国各地的 2000 余名"痛客"参赛，共收集到涵盖多个领域的 2700 个"痛点"。2016 中国国际电子信息创客大赛暨"云上贵州"大数据商业模式大赛是国家级、国际化赛事，在2016数博会期间举行总决赛，参赛团队超13000个。2017中国国际大数据挖掘大赛吸引全球先进技术及人才，在数据开放共享基础上开展数据深度挖掘，释放更多数据价值。2018中国国际大数据融合创新·人工智能全球大赛横跨美国硅谷、以色列特拉维夫和北京三大国际赛区，以及华东、华中、华南三大国内赛区，吸引了15个国家的1116个团队报名参赛，通过加强与国内外人工智能领军企业合作，搭建国际化人工智能交流平台，推动大数据融合创新生态圈建设。2018首届无人驾驶全球挑战赛吸引了全球100多名顶尖工程师报名，最终近10个国家30名工程师被选拔来到现场参赛，活动推动全球无人驾驶合作交流，汇聚全球无人驾驶资源落地贵州。数博会通过赛事向全球创客发出"英雄帖"，全球尖端的科技产品、信息会随着参赛人员来到贵州，汇聚到贵州，大力提升大数据贵州影响力，帮助合作企业和参赛团队拓展中国和全球市场，建立国际合作，协同开发。

（四）媒体报道促声名远扬

数博会为国内外及贵州大数据发展提供重要的成果展示平台，对提升我国在国际大数据领域的地位和影响力，抢抓全球大数据发展先机和话语权具有重要意义。每年数博会，华尔街日报、金融时报、美通社、彭博社、日本经济新闻、意大利国际杂志、韩国中央日报、印度教徒报等海外媒体，国内主流媒体，网络媒体等全方位、多形式、多视角对数博会盛况进行了报道，向世界传递了"互联网＋"的最新观点和趋势，信息网络点击量惊人。2017年，到会媒体和记者数量均创历史新高，共计有210家媒体和1028名记者参会，39家全球知名媒体65名记者进驻报道，引起了全球各界人士的广泛关注与热议，数博会网络点击量超过20亿次，远超国内外同类展会。2018年数博会传播工作有了重大突破，与央视财经频道开展战略合作，央视财经频道派出60余人团队在贵阳设立报道指挥部，推出"聚焦数博会"专栏，相关稿件在13个国家和地区以3种语言同时发布，外媒发布总量达263家（次），数博会宣传短片在纽约时代广场纳斯达克大屏上播放，领英、推特、Facebook 等海外社交媒体推送 2018 数博会相关信息 100 余次。

数博会以大数据领域的全球盛会姿态有力推动了国家大数据战略的深入实践，近年来逐渐成为国家大数据发展对外开放交流的重要平台，在国际上确立了话语权、抢占了制高点、引领了新风潮，数博会成为全球关注的大数据盛会，贵州、贵阳依托数博会风行全球，影响力、美誉度持续提升，与世界各国的交流合作正变得越来越紧密，为贵州、贵阳进一步扩大开放、用好国际国内两种资源、两个市场提供了重大支撑。

二 在招商引资、产业集聚中开展大数据国际交流合作

大数据是新时代的黄金和石油，其发展必将成为全球发展的重要一环，是世界各国的重点项目。我国以大数据为核心的全产业链、全服务链、全治理链建设已经开始布局并逐步走向成熟。站在新的历史节点，为把握好大数据发展的重要机遇，应当与世界各国加强交流互鉴，深化沟通合作，才能加速融入全球产业布局，促进我国大数据产业健康长效发展。目前，贵州正在搭建大数据国际合作公共服务平台，建立完善国际合作机制，推进与有关国家在大数据相关领域的交流与项目合作。

（一）以平台打造、要素聚集推动国际交流合作

贵州抢抓和打造大数据产业生态示范基地、绿色数据中心集聚区、创业创新示范基地等平台，全力聚集要素。一是打造大数据研发创新平台。贵阳观山湖区建成贵阳大数据创新产业（技术）发展中心，围绕孵化、培训、研发"三维一体"的创新发展模式，与红帽、戴尔、甲骨文等国际知名企业合作，共建孵化基地、培训基地和公共开发与试验平台。贵阳国家高新区建成贵州科学城，努力打造大数据发展的"最强大脑"。引进了微软、英特尔等 11 家全球顶级大数据企业在贵阳组建大数据产业技术联盟，累计聚集研发机构 141 家、创新服务机构 200 家、院士工作站 12 个。二是打造大数据金融支撑平台。贵阳国家高新区全力打造"大数据资本服务中心"，已聚

集投融资机构 118 家，聚集全省 90% 的股权投资基金和 50% 科技金融机构。设立了 3 支大数据政府引导投资基金，规模达 10 亿元的"大数据产业基金"成功注册，目前正有序推进资金募集工作。三是打造大数据国际合作平台。贵阳综合保税区"一带一路"大数据服务基地一期项目贵州国际金贸云基地大数据中心已建成，国际农业云、贵阳智慧医疗云平台、教育云等系统已正式上线，综保区服务外包中心已进入主体施工阶段，2017 年已启动中国——东盟信息云平台建设。贵安新区连续举办"云上贵州大数据国际年会、大数据博览会、大数据青年学子创业计划"等活动，打造大数据交流展示和推进合作的国际化平台。贵阳国家高新区成立高新区大数据国际合作促进中心，吸引境外企业落户，帮助区内企业走向国际化。

（二）以海外数据资源招商推动国际交流合作

一是完善相关政策措施，推动国际合作。2018 年，贵州省首次设立了产业投资专家智库；在美国、瑞士和意大利等地设立了面向海外的贵州投资促进代表处，完善了海外投资的阵地建设。二是开展境外大数据招商推介活动。2017 年，贵州省代表团赴德国、西班牙、瑞士开展经贸交流和旅游推介工作，省人民政府与瑞士联邦中小企业联合会签订了"共建瑞士（贵州）产业示范园协议"，该产业园主要布局高端精密制造、大数据电子信息等产业，建成后将作为贵州产业对外开放的窗口。贵阳市商务局和大数据委、高新区组团赴美国硅谷开展大数据、区块链专题招商推介。高新区与贵创北美孵化器签订了投资协议，共建北美·高新站——贵阳高新（硅谷）孵化器。三是推动外资项目落地。由加拿大 I FUTURE DATA&TECHNOLOGY INC. 独资成立的"数景未来科技（贵州）有限公司"，投资总额与注册资本 725 万美元的外资项目在 2017 年落地贵阳，该公司主要从事数据采集、存储、开发、处理、服务和销售；大数据资源的整合、应用、开发、服务和运营，用户画像、推荐引擎、精准营销、个性化广告、社交画像、人才画像、商业智能平台等大数据产品的研发、销售和市场推广；各行业的大数据应用开发、销售和实施；大数据、人工智能、物联网、区块链及科技服务等。

（三）在"一带一路"倡议合作框架内开展国际交流合作

贵州是"一带一路"中国西部重要的陆海连接线，贵阳将成为"一带一路"的重要结点城市。近年来，贵州大力开展与"一带一路"沿线国家在大数据领域的国际交流合作并取得了丰富成果。一是努力搭建"一带一路"国际交流合作平台。贵州省投资促进局与印中友好协会卡纳塔克邦分会签署友好合作备忘录，成功搭建国际交流合作平台；贵阳综合保税区积极探索建立跨境数据自由港、"一带一路"大数据中心贵阳分中心。2018 数博会举办了"数字经济：'一带一路'建设中的云服务布局"论坛，开设"一带一路"国际合作伙伴城市展区，以色列展团、俄罗斯展团、马来西亚展团、英国展团、印度展团等 47 家企业集中参展。除此之外，由中国外交学院、中国贵州大学联合云上贵州大数据产业发展有限公司共同提出的"云上丝路"这一构想，旨在携手国内外著名 IT 企业、AI 企业、高等院校、商会组织作为技术支撑，构建具有国际化计划视野的"一带一路"国际合作大数据平台，开启贵州与"一带一路"国家在教育、旅游、科学、文化、经贸等方面实现信息共享和深入合作的数字创新通道，成为贵州这一内陆省份多边合作共赢的纽带。二是与东盟及周边国家开展大数据警务国际合作交流。2018 年 7 月，第一届中国—东盟及周边国家大数据警务国际合作交流论坛在贵阳举行，来自 13 个国家和地区的 38 名海外嘉宾和来自国内的 200余名代表出席论坛，紧紧围绕"大数据与警务现代化"这一主题，对话大数据与警务工作的融合发展、大数据与警务变革的趋向及时间、大数据与警务国际合作等重大议题，中国—东盟及周边国家大数据警务国际交流合作基地揭牌，发布了"六项共识"，形成了中国—东盟及周边国家大数据警务国际合作交流的一项重要成果。三是与印度开展多领域合作。贵阳高新产业投资集团与印度电子与半导体协会签署合作意向书，让贵州企业与印度企业成功牵手；贵安新区管理委员会与印度索玛科技有限公司达成合作共识，将在发展信息技术服务、智慧城市和大健康医药企业等方面开展合作，还与印度国家信息技术学院（NIIT）签订了大数据和软件服务外包实训项目合作实施协议；黔南州与印度 IT 巨头印孚瑟斯（Infosys）公司达成协议，印孚瑟斯（Infosys）公司签约入驻贵州惠水百鸟河数字小镇，共建黔南州大数据人才培养基地，同时，印孚瑟斯（Infosys）公司与惠水县签订大数据精准教育与扶贫平台开发建设合作协议书。

（四）与英国、意大利、法国、美国等其他国家开展国际交流合作

2018 数博会举办了 2018 中英大数据交流合作英国日，针对"中国制造"和"互联网＋"的深度融合，聚焦物联网垂直领域，优先对接贵阳优秀企业，以期促成合作协议。英国日从硬件、软件和综合集成解决方案三个不同维度全面深入展示英国企业，并设立"中英科技企业商务对接会"环节，为与会中英嘉宾创造深入交流合作的机会，通过设立对接会，中英在金融、医疗和信息通信以及大数据领域，与贵阳本地部分高新企业达成初步合作意向。"中意大数据合作机遇：医疗及公共服务"论坛促进中意两国之间在大数据医疗领域的研究合作。2018 年，贵州与法国法中协会共同签署《共建中法（贵州）产业园的战略合作框架协议》。"'互联网＋'助力传统企业转型升级"论坛的举办有效促进中美企业与地方政府的沟通交流，并以此为契机建立了合作关系；贵州还通过一大批创新平台加快推进大数据对外交流合作，如在美国硅谷成立了贵阳大数据创新产业（技术）发展中心、思爱普贵阳大数据应用创新中心以及贵州伯克利大数据创新研究中心等。

（五）支持企业"走出去"，开拓国际市场

贵阳市商务局依托阿里巴巴跨境电商（贵州）服务中心建设"贵阳跨境电商人才培育孵化基地"，举办传统企业跨境电商培训活动，联合贵州财经大学、贵州商学院等高校，共同打造大数据跨境电商人才孵化项目，为企业解决外贸人才，培育企业跨境电商团队。加快发展"电子商务＋外贸"，成立阿里巴巴跨境电商（贵州）服务中心，积极引进立可购、万有引力等一批跨境电商平台入驻贵阳。依托贵阳综合保税区着力打造贵州省跨境电子

商务产业园，韩国商品保税区展示交易中心，支持省内企业走出去，开拓国际市场，有力推动企业间的国际交流合作。

三　在人才引进、人才培育中推动大数据国际交流合作

发展大数据，人才是关键，教育是根本。加强大数据人才培养国际合作是贵州大数据长足发展的重要手段。

（一）人才引进国际化促交流合作

一是支持大数据企业培养、引进国际一流高层次人才和领军人物。贵州对大数据人才的需求归根结底是企业对人才的需求，将大数据人才国际交流合作的主动权交给企业，联合贵州高校，促进校企之间、行业之间的各类资源共享和互补。贵阳国家高新区搭建"天下英才云平台"，利用大数据手段精准引进和培育人才，成立了全球贵州博士俱乐部，建成了贵阳国际人才城、贵阳归国留学人员创业园，大力打造贵州大数据人才引育平台。另外，数博会上招商引资的外资企业落地贵州后也为贵州引入了大量高层次、技能型的人才。二是转变人才引进模式。贵阳市投资促进局根据大数据产业发展人才需求，从单纯招商向"人才、技术、资金、项目"一起"打包"引进模式转变。与加拿大归国人才团队签署共建跨国人才交流、培训中心及落地人力资源大数据加工基地的合作协议，与硅谷人才汇签订以硅谷为核心的欧美招商引智合作协议，与全球排名第一的孵化器 FoundersSpace 创始人史蒂夫·霍夫曼签署共建跨国创新孵化器的合作协议。同时，与微软团队、美国全球移动通信系统协会、印度国家信息学院等国外知名机构充分沟通，达成多项合作意向。

（二）人才培养国际化促交流合作

一是搭建国际化人才培育平台。贵阳经济技术开发区以人才智库建设为抓手，打造大数据安全人才基地，大力推进院士工作站、重点实验室、技能人才培训基地以及"千人计划"专家工作站等人才培育载体，推进伯克利

项目平台搭建，引进美国加州伯克利分校社会福利学院、数据科学学院BIDS、社会利益信息中心CITRIS的先进技术资源，搭建在贵阳开展面向政府、企业、院校、研究机构及个人的大数据培训平台等。位于贵阳的清镇市打造职业技能型人才培养示范基地，浙江大学科创中心及大数据产业研究院、中科院软件研究所贵阳分部清镇研发中心、教育培训中心均在清镇市职教城挂牌成立。二是多方式联合办学培养。贵州在实现大数据人才国际化培养上采取了多种方式。首先是政府联合。贵阳国家高新区与印度NIIT学院、INFOSYS企业等合作建立了贵阳大数据人才培训实训基地，组建了北大青鸟贵州大数据学院、高新区大数据学院。其次是校企联合。贵州大学、云上贵州大数据（集团）有限公司联合华为、阿里巴巴、京东、科大讯飞、泰国玛希隆大学、马来西亚英迪国际大学等上百家参会单位共同发起成立"一带一路"大数据教育联盟。中电熊猫、华唐教育、东软集团、日本u-can等国内外知名大数据企业和培训机构入驻清镇职教城开展校企合作。贵阳职业技术学院与思科中国公司合作成立"思科网络学院"，引入公司路由交换等网络课程资源，嵌入专业教学，与微软公司合作成立"微软IT学院"，与Oracle公司合作"Oracle学院"。校企双方明确以贵州"互联网＋"、大数据产业发展为依托，以专业合作、课程嵌入为基础，大力推进贵州云平台、大数据、网络数据库等新兴产业人才培养。最后是校校联合。贵阳职业技术学院与加拿大荷兰学院合作举办计算机网络专业高职（专科）教育项目，引进国外先进的教育资源、教学管理经验，以及先进的教育思想和教育理念，为贵州培养具有国际视野的，适应大数据、云计算产业经济发展需要的应用型、创新型IT人才。三是召开论坛会议招才引智。2018年7月，云上丝路"一带一路"大数据教育与人才培养合作对话会议在贵阳召开，会议以"数字变革——对话大数据教育与人才培养"为主题，联合培养"一带一路"沿线国家所需要的大数据、人工智能、云计算、区块链等方面的人才，促进"一带一路"国家人文交流及教育合作。贵州还通过数博会、相关"引智"、"推介"等活动引进了大量国内外优秀的大数据人才，其中包括知名企业家、专家、学者、行业顶尖人才以及产业团队和科研团队等。

四 基本评价与工作建议

贵州发展大数据先行先试，在大数据国际交流合作方面硕果累累，国际影响力不断提高，与重点国家、地区以及国际组织的大数据多双边合作取得了一些成绩。因为先行先试，贵州发展大数据在开展国际交流合作中，不可避免地面临着体制机制不健全，能够参与到大数据国际交流合作的主体分散、合作能力有限等问题，在获取重大国际合作项目上，贵州的机会还不够多，实力还不够强，"走出去"和"引进来"都存在重大挑战。通过借鉴全国各地开展大数据国际交流合作的经验，贵州在下一步工作中应从以下几个方面做出努力。

（一）着力搭建大数据国际交流合作工作的体制机制

出台贵州大数据国际交流合作的规划和实施方案，成立贵州大数据国际交流合作促进中心。各相关单位根据自身实际情况，制定和完善符合本单位运行特点的大数据国际交流合作规章制度，主要包括大数据产业国际项目管理办法、大数据学术交流活动管理办法等，通过规范大数据产业国际合作项目的实施和相关交流活动，提高贵州省大数据国际交流合作管理效率，做到大数据国际交流合作工作有章可循、有法可依。同时，要着重加强大数据国际交流合作工作的队伍建设，在广泛吸收专业队伍的同时，充分发挥相关人员参与国际交流合作的积极性和主观能动性，全面提升贵州省大数据参与国际交流合作的能力。

（二）持续打造"数博会"等会展交流平台

持续打造"数博会"等会展交流平台。一是持续推出"数博发布"特色品牌，依靠数博会专业论坛，围绕全世界大数据发展的最新技术创新与成就，共同探讨大数据与各行各业深度融合的成果和问题，集聚大数据领域领先成果于贵州，吸引国际型企业参展，做强贵州大数据的宣传推介。二是继续沿用专业定位，更加聚焦产业，吸引外国政府及外国行业协会、展团等集聚数博会；继续开设"一带一路"国际合作伙伴城市展区，用好数博会平台，加强与"一带一路"沿线国家的大数据交流合作。三是在推进数博会招商成果转化的同时，以生态文明论坛、贵洽会、中国地理信息产业大会、诺贝尔医学奖获得者峰会、茶博会、酒博会等重大活动为契机，打开对外开放窗口，把产业链招商、集群化招商作为主攻方向，整合资源，围绕区域产业发展需求和企业需求，以商招商。

（三）强力推进国际合作框架体系内的大数据交流合作

贵州要通过发展大数据产业实现后发赶超，应始终坚持平等合作、互利共赢的原则，依托网络空间命运共同体、"一带一路"倡议合作框架、中国－东盟全面经济合作框架、中国欧盟合作框架等，强力推进国际合作框架体系内的大数据交流合作。一是尽快搭建大数据国际合作的公共服务平台，在自身抢抓机遇厚积薄发的基础上充分利用国际创新资源，促进贵州大数据发展。同时，抓住在东南亚、欧美等地举办旅游推介会活动的机会，积极开展境外主题招商推介活动，精准对接目标企业，增强招商引资精准度，推进大数据国际交流合作。二是推动数据资源国际流通，将大数据存储业务的目标定位于国际型企业，大力引进国际性的数据资源入驻贵州，在数据跨境流动的模式和制度体系上集中力量积极探索。三是在大数据核心技术上广泛开展国际交流合作。贵州发展大数据在核心技术上存在较大短板，特别是在大数据加工、大数据挖掘分析等技术上，应支持企业投资并购、海外参股、境外上市等，让本土企业"走出去"，积极开拓国际市场，通过企业发展突破核心技术短板。四是加快推进"招商云"建设，围绕主导产业招商选商，招才引智，走出一条可推广的信息化招商、智能化招商新路子。

（四）努力推动大数据人才国际交流合作

一是进一步完善配套措施，大力支持大数据企业培养、引进国际一流高层次人才和领军人物；鼓励海外高端人才回国就业创业，充分利用"数博会"招商引智功能,吸引高层次、技能型的海外人才到贵阳干事创业;联合贵州高校,促进校企之间、行业之间的各类资源共享和互补。二是进一步开展与国际院校的交流合作,充分运用"政府机构联合""校企联合""校校联合"三种模式,推进大数据人才培养国际化。一方面重视复合型人才的引进培养,另一方面利用现有资源,抓好本地大数据人才培养,在注重人才增量培育的同时,也要做大人才总量。三是秉承"不求所有、但求所用"的人才理念,整合各方力量柔性引进国外院士、研究员等高端人才,为大数据企业瓶颈难题出谋划策,解决大数据发展领域的共性问题。

B.13
大数据民事权利属性和权利保护问题研究

史麒麟 张可 郭民*

摘 要: 本文在理论层面系统梳理了大数据产业链运行中民事权利属性和权利保护的意义、大数据产业的发展现状、国内外立法情况和相关研究情况评述,从物权法、债权法、知识产权法、司法审判等方面,分析了大数据产业发展在民事法律层面遇到的问题,进而提出了构建数据财产权的理论依据和现实可能性,并对数据财产的特征、主体、客体和内容进行了阐述,提出了一些具有独创性的观点。

关键词: 大数据 民事权利 属性 保护

数据资源已成为一种财产,正和土地、劳动力、资本等生产要素一样成为促进经济增长和社会发展的基本要素,随之而来不可避免地会产生大量纠纷,对其规范和保护显得异常迫切。但在现有民法体系内,数据财产处于权利模糊地带,不能准确地作为独立客体进入民事法律关系范畴加以保护,从而导致对大数据产业链运行过程中产生的各种数据民事权利属性不明、法律构造不定,数据收集主体、资料来源主体、数据分析主体、数据运用主体各方的权利义务不清,数据侵权、数据保护、数据交易和涉及数据纠纷的审理

---

* 史麒麟,共青团贵州省委组成员、副书记,法学硕士,研究方向:行政法学、民商法学;张可,贵州省社会科学院大数据政策法律创新研究中心副主任、法律研究所研究员,法学博士,研究方向:大数据法学、民族法学、金融法学;郭民,贵州钝初律师事务所律师,法学硕士,研究方向:民商法学、金融法学。

规则不确定，不利于大数据产业的发展。

本文在理论层面系统梳理了大数据产业链运行中民事权利属性和权利保护的意义、大数据产业的发展现状、国内外立法情况和相关研究情况评述，从物权法、债权法、知识产权法、司法审判等方面，分析了大数据产业发展在民事法律层面遇到的问题，进而提出了构建数据财产权的理论依据和现实可能性，并对数据财产的特征、主体、客体和内容进行了阐述，提出了一些具有独创性的观点。

一　研究大数据民事权利属性和权利保护的意义

大数据时代已然展露出其恢宏磅礴的历史趋势，数据资源已经成为一种财产，正和土地、劳动力、资本等生产要素一样成为促进经济增长和社会发展的基本要素①，直接或间接地创造着巨大财富，但随之而来不可避免地会产生大量纠纷，对其规范和保护显得异常迫切。2016 年以来，贵州先后获批建设全国首个"国家大数据综合试验区""贵州大数据标准化技术委员会"和"贵州·中国南方数据中心示范基地"，贵州大数据产业发展已发挥出先天、先发、先行优势。立足于贵州优势，探索建立有利于推动大数据产业发展的政策法规和标准体系，对于助推大数据产业聚合发展，掌握大数据发展的话语权意义重大。

在全面推进依法治国的大背景下，我们必须从法律的角度去探索、研究、思考数据的财产权及其相关问题。在现有民法体系内，数据财产处于权利模糊地带，不能准确地作为独立客体进入民事法律关系范畴加以保护。②物权法直接以"物"为调整对象，而数据不是物质实在，不是物。知识产权法上的"知识产权"本质是一种思想观念和智力劳动，而数据财产权的

①　吴晓灵：《大数据应用：不能以牺牲个人数据财产权为代价》，《中国人大》2016 年第10 期。

②　齐爱民：《论信息财产的法律保护与大陆法系财产权体系之建立》，《学术论坛》2009 年第2 期。

客体通常就是数据本身。如果将数据财产之上的权利设计为物权或准物权，看似与数据交易的实际情况相符，但最终可能导致传统物权法的混乱。如果用知识产权进行保护，也并未实现权利设计方面的实质性突破，不能满足实践的需求。债权法保护模式把数据作为服务的一部分对待，而数据的交易生产实践已然脱离了"服务行为"而存在。这些保护模式的最大弊病是从根本上抹杀了数据的独立性，从而导致对大数据产业链运行过程中产生的各种数据民事权利属性不明、法律构造不定，数据收集主体、资料来源主体、数据分析主体、数据运用主体各方权利义务不清，数据侵权、数据保护、数据交易和涉及数据纠纷的审理规则不确定，不利于大数据产业的发展。为此，我们有必要对大数据的民事权利属性和权利保护进行研究，以促进大数据产业的健康有序发展。

二 大数据财产在民事法律层面遇到的问题

在大数据产业链运行过程中，主要有基于大数据收集产生的数据集合，基于数据治理产生的对象数据等。大数据交易的实践，已经充分体现出大数据具有使用价值与交换价值，无疑是一种财产性权利。当然，数据之上还有人格权的问题。从人格权法的角度分析，自然人依法对其个人数据进行控制和支配并排除他人干涉的权利，但在我们的民法体系中，其未能得到应有的重视。从财产法的角度分析，我们需要证明数据财产属于物权还是知识产权，或者通过债权法可以进行有效的保护。遗憾的是，数据财产遭遇了前所未有的尴尬。主要体现在五个方面。

（一）数据财产不是"物"

这是由两者的物理形态决定的。数据财产在法律性质上与传统物权法意义上的物质，有着本质差别。自罗马法以降，物必有体的观念成为大陆法系物权立法的灵魂。罗马法关于物的分类中对后世影响最大的标准是将物分为有体物和无体物。《法学总论》中指出，"有些物是有形体的，有些物是没有形体的"。① "罗马法划分有体物和无体物的目的是将无体物排除在物权客体之外，而以有体物为基石设计出物权法律制度"。② "《法国民法典》第516条规定，财产或为动产或为不动产。在所有权概念下才出现了物的概念"。③ "《德国民法典》第90条至103条对权利客体做出集中规定，将'物'界定为有体的、占有一定空间的客体"。④ 我国《物权法》第2条规定，"本法所称物，包括不动产和动产。法律规定权利作为物权客体的，依照其规定"。法学界对"物"的界定多采用有体物说。孙宪忠教授指出："物权支配的对象是具体的物，即有体物。权利支配的对象在法学上为权利客体。物权的客体是有体物，即具体的、能够为人的感觉器官所感知、并能为人所控制的物。"⑤

数据财产的存储虽然占用一定的空间，但这并不能说明数据财产就是"物质"。打个比方，有时数据存储在人脑之中，但人们不会因此认为人脑中储存的数据是物质。当数据和载体作为一个整体存在时，适用物权法是恰当的。但无物质载体的数据，比如在云端进行交易的数据就不再是有体物，不能作为物权的客体存在。从贵阳大数据交易所的交易情况来看，数据财产权往往不存在直接支配的情况，在一个数据财产上可能同时存在着多个权利主体，表现为"权能分离"的状态。数据是可以复制的，如果用物权进行保护，不是利用了数据可复制的优点，而是消灭了这一优点。

实践中，数据财产的交易是大量存在的。按照民法所有权的占有、使用、收益、处分"四权能"理论，不能圆满地适用于非实物形态的数据产品。如果突破或放弃了有体物这一理论基石，物权法就丧失了独立性，和其他财产法难以区分。

---

① 〔罗马〕查斯丁尼：《法学总论》，张企泰译，商务印书馆，1989，第59页。

② 〔意大利〕彼得罗·彭梵得：《罗马法教科书》，黄风译，中国政法大学出版社，1992，第185页。

③ 《拿破仑法典》，李培浩等译，商务印书馆，1979，第68、72页。

④ 〔德〕卡尔·拉伦茨：《德国民法通论》（上册），王晓晔等译，法律出版社，2003，第380页。

⑤ 孙宪忠：《中国物权法总论》，法律出版社，2003，第40页。

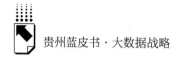

那么，数据财产能否纳入准物权进行保护呢？通说认为，准物权主要是对一定自然资源的利用权，如采矿、渔业和水权等权利。无论是从内容还是客体上来看，数据财产权利与准物权都是完全不同的概念。

（二）数据财产不是知识财产

知识产权产生的直接原因，是知识财产具有易逝性，知识产权制度的设计目的，就是使知识财产处于"专有领域"的状态，并赋予权利人合法的市场垄断权，以获得经济上的利益。知识财产的本质是一种思想观念和智力成果，具有抽象性。虽然知识产权有时保护的对象为体现智力成果的数据，但数据的价值并不仅仅体现为智力成果。知识产权的权利行使方式主要是通过许可得以实现，但数据交易的最终用户购买的是数据产品，而不是知识产权许可。例如，数据库交易的销售者尽管还保有数据库的著作权，但作为一项产品的数据财产已经转让，而不是著作权的许可或转移。

从成立要件上看，知识产权法定授权的条件是必须公开（商业秘密除外），其制度设计的初衷是"客体共享、权利专有"。而数据财产权不以数据公开为成立要件。数据产品的生产不是为了发表而生产，而是基于满足他人需要、获取相应收益。

（三）债权法保护的不足

目前的法律实践中，数据和服务通常绑定在一起被纳入债权法领域保护。这种保护模式的包容性比物权法和知识产权法广泛得多，正如黑格尔所说"精神技能、科学知识、艺术、甚至宗教方面的东西以及发明等，都可以成为契约的对象，与在买卖等方式中所承认的物同视"①，技术咨询服务合同的大量存在就证明数据财产早已登上历史舞台。但在技术咨询服务合同中，数据财产是以"行为"的方式进入债权法领域的。随着大数据技术的发展，数据财产是可以重复使用和加工的，已经脱离了"行为"而独立存

---

① 〔德〕黑格尔：《法哲学原理》，范扬、张企泰译，商务印书馆，1961，第151页。

在，传统的债权法保护模式就显得捉襟见肘了。同时，数据作为能帮助实现收益和增值的价值以及取得财产的资格和手段，是人可以支配的，不是"请求他人为一定给付的权利"，这就与基础权利的请求权（如合同之债）和救济权利的请求权（如侵权之债）有了明显差别。而侵权责任的认定和损害赔偿都是基于因果关系，但是大数据的低密度性使得个别数据的使用和产生的结果之间的因果关系变得模糊。基于这一现实，突破债权法保护模式，确立一种新的财产权保护模式，是人类社会进入大数据时代的必然要求。

（四）个人数据保护问题

大数据时代数据挖掘、商业智能、追溯集成等技术给个人数据保护带来巨大挑战，个人数据正从简单的自然人身份识别符号转变为具有重要市场价值的基础性资源。随之而来的是，个人数据不当采集行为增多、个人数据泄露现象频发、个人数据违法使用概率增大，对我国尚不健全的个人数据保护体系和数据产业秩序提出巨大挑战。

在传统民事法律框架内，个人数据被作为一种个人隐私加以保护。在大数据时代，个人数据与个人隐私在权利侧重、权利客体、权利性质、权利救济等方面的差异日渐凸显。发端于"被遗忘权"和"个人数据自决权"两大理论，英美法系在传统隐私权的观念中发展出了"数据隐私权（information privacy）"的概念，而大陆法系在对个人数据进行保护的同时，通过赋予数据主体一种新的权利——个人数据权（right to personal information）来加以实现。尽管两大法系关于个人数据保护方面存在诸多差异，然而一种新的建立在个人数据之上的人格权利诞生了。这种权利不能仅仅理解为保守秘密，而应该是关于个人数据收集与披露的关乎伦理道德的一整套规则体系。

在我国，有关个人数据的保护规范本就既不完备也不统一，主要是零散地规定在特定领域或行业的特殊管理规范中，这些规范在保护一般性的个人数据隐私方面已显现出诸多不足，更不用说在大数据背景下对个人数据安全予以保护。此外，大数据应用与个人数据保护存在固有矛盾，强调大数据应用的发展，必然在一定程度上弱化对于个人数据主体的权益保护，反之亦然。个人隐私问题在大数据时代肯定会日益突出，而对于企业来说，肯定希望把用户数据搜集得越全越好，因为这样对数据进行挖掘、整理、分析、增值的可能性就越大。立法和司法者应秉持一种动态平衡观，通过调整个人数据保护与流通之间的规范平衡点，在确保个人合法权益的前提下合理挖掘利用数据，创新数据增值服务，寻求并实现公民权利保护和数据产业发展之间的价值均衡。可以考虑将个人数据划分为属于公共物品和个人物品两部分，界定个人公开和不公开的边界，鼓励公共物品部分的数据在隐掉了个人身份标识属性的情况下，进行深度加工和交易。

（五）大数据纠纷的请求权基础难以固定

请求权基础理论是民法学家王泽鉴教授的创设，在世界民法领域享有广泛共识。贵州省虽然目前涉及大数据的纠纷还没有直接进入法院，但是可以预见，伴随贵州大数据产业的加速发展，这一态势不可避免。面对这一新类型案件，如何固定请求权基础，从而明确审理的方向和规则，显得十分重要。请求权基础，简单而言就是谁向谁依据什么，主张什么。结合大数据产业发展的实际情况，当事人可以有多种请求权。一般来说，法官分析请求权基础的顺序为：第一是契约，第二是准契约，第三是物权请求权，第四是侵权，第五是不当得利。但摆在我们面前的问题是，与传统民事权利的界分以及内涵、外延不同的是，附载于数据之上的民事权利很难被明确进行归类。当事人在纠纷中的请求权基础便因此难以固定，这给裁判过程中法律的适用和要件事实的认定带来挑战。例如，按照传统民法理论，我们通过网络在线交易获得一本关于数据分析的调研报告，却不能获得物权，因为此时物质载体消失了。如果说购买人取得的是知识产权，那是特别许可还是一般许可？如果是一般许可，根据诉讼法原理，当有人侵犯购买者权利的时候，购买者作为一般知识产权许可人是不具有侵权之诉的请求权基础，他只能告知销售商进行诉讼。坦率地说，如果数据财产权的规则体系不建立起来的话，目前大数据讼争进入法院，是由传统民商事审判部门还是知识产权审判部门来审理，都是一个问题。

三　大数据财产权的定义和特征

（一）数据财产权的定义

王利明教授指出："财产权是指以财产利益为内容，直接体现某种物质利益的权利……凡是具有经济价值的权利都可纳入财产权的范畴。"[①] 数据财产不同于物和知识财产，是大数据时代背景下产生的一种新型财产权形态。数据具有客观实在、非物质形态、可复制、可加工、不可绝对交割、有价值的自然属性。这些属性决定了数据财产权法律属性的特殊性，即：第一，数据财产权是财产权，具有经济利益内容，直接体现为财产利益；第二，数据财产权是控制权，权利人可依照自身意志对数据财产直接行使权利，而无须征得他人同意；第三，数据财产权是对世权，权利主体特定，义务主体不特定。任何人侵害数据财产权时，权利人可以行使请求权，排除他人侵害并恢复数据财产应有的支配状态；第四，数据财产权较一般财产权而言，关注的是获取融资价值权或对价，因此对数据财产权的保护也更多地采用赔偿损失方式。

（二）数据财产权的特征

1. 不可触摸性

指数据财产权客体的无形性，这是区别于以物质财产、有形财产为客体的所有权最为显著的特征。数据财产权的这一特性决定了它所保护的对象不可实际占有、不会物理消灭，也决定了它在权利行使和保护方面独特的制度安排。

[①]　王利明主编《中国物权法草案建议稿及说明》，中国法制出版社，2001，第126页。

2. 法定性

数据财产权属于无形财产，传统民法上的占有方式无法对其进行控制，其保护范围应当通过法律，对数据财产权的客体进行明确的权利边界、时间边界、空间边界划定。数据财产权由法律确定，数据权利人在行使权利时，不得违反法律的禁止性规定。

3. 不可消耗性

数据是不可消耗的，无论经过多少次的传播和使用，它可以做到和最初一样。这一特征决定了数据财产的不可绝对交割，因此在数据交易的制度设计中就需要做出与之相符的制度安排，以确保在保护权利人合法权益的同时加速数据的聚合升值。

4. 零边际成本性

边际成本指每增加一个新产品带来的总成本的增量。数据财产产生后，增加一个新产品无论对于消费者还是生产者，边际成本几乎为零。因为数据产品是排他的却是非竞争的，数据产品使用者数量的增加不会同步增加数据财产权人的成本。这也是大数据时代，人类生产生活方式将发生巨大变革的原因之一，法律制度必须予以回答，以适应时代的发展。

5. 排他性

由于数据的不可绝对交割的特性，数据财产权的排他性不同于物权的排他性。数据产品经下载、复制或加工后，会呈现控制状态的多元化，即同一个数据产品分别由不同的人控制。这会使得数据的使用价值受到多重分割，多个相互关联而又各自独立的财产权利将得以并存，具体的法律规范和交易规则应该对其做出相应的规定。

6. 地域性

数据财产权的地域性特征是和数据主权紧密联系在一起的。数据财产权在空间上的效力不是无限的，它依据一个主权国家或司法管辖区的法律而产生，其效力仅及于本国（地区）境内。有形财产权领域，国际上奉行"涉外物权平等原则"。但在无形财产权领域通常以"不承认他国法律"为原则，这就需要通过国际协调，在促进数据自由流通和保护数据主权之间寻求有效的平衡。

7. 非绝对性

基于平衡私权与公益的需要，需要对数据权利进行适当限制，以保障数据的正常流通利用。对于开放的数据而言，要求利用者不得实施与数据的正常利用相违背的行为，也不得损害数据所有者的合法利益。

四　大数据财产权的主要内容

（一）数据财产权的主体

"主体资格是民事主体在民法上（包括无形财产权制度）的法律人格，是自然人及其组织成为民事主体的法律前提"。[1] 数据财产权主体，是数据财产权利益的承担者，是依法享有民事权利能力的自然人和法人，在一定条件下可以是非法人组织以至国家。

数据财产权主体资格的获得，应该是原始取得基础上的法定取得，以生产、先占为基础，以法定取得为条件。对数据的最初加工方式就是选择。通过选择，原始存在的数据得到主观确认，从而提升数据的价值。选择、清洗、分析等行为，使数据权利人获得数据财产权主体资格地位。但是，如没有国家的授权，数据财产权的原始取得就没有法律依据。如《证券法》第113条规定证券交易所对发布证券交易即时行情的专属管理权，沪深证交所均规定"本所市场产生的交易信息归本所所有，"对这一交易规则，各方认识不同。但法院对"新华富时"案的判决，隐含了对其数据财产权的认可，进行了事实上的确权。可以预见，在涉数据纠纷越来越多的条件下，法院在数据财产权形成机制中扮演的角色将愈发重要。

另外，在约定不明的情况下，投资方和数据生产加工者对数据财产权的归属如何确定的问题有三种模式可以选择，一是归投资方所有，二是归数据生产加工者所有，三是双方共有。我们倾向于归投资方所有。从有利于产业

---

[1] 李开国：《民法基本问题研究》，法律出版社，1997，第54页。

发展和公共利益的角度出发，归投资方所有会鼓励产业投资，也会使当事人形成合理预期，对当事人的利益平衡形成指导作用。以非独创的数据库为例，独创性的智力成果对于实现数据库的价值作用不大，相反是满足需求程度高低、对数据库的投入大小对决定数据库的价值具有决定意义。如果不对投资人的利益加以保护，会限制大数据产业的发展。这里还涉及一个问题，即数据的原始产生个人的权利如何归属的问题。从理论上讲，个人对其个人数据享有人格和财产权益。但现实中，当个人数据淹没在海量的大数据之中，且数据产品往往都是经过清洗加工的情况下，个人对其数据的财产权益很难实现，几乎无法建立付费模式。当然，这并不否认对个人数据之中的隐私权、被遗忘权等人格利益的保护。

（二）数据财产权的客体

正是由于技术的发展，数据能够独立于载体而存在，数据本身可以成为独立的交易标的，才成为独立的权利客体。"独立存在"不是指数据内容固化在一定介质上，而恰恰是指能够以一定的符号系统表示，并且能够再现和复制。

需要关注的是，数据财产权客体和公共数据的关系。公共数据是公共资源，我国《政府信息公开条例》规定加大政府信息公开的力度，充分发挥政府信息对人民群众生产、生活和经济社会活动的服务作用。在我国，大数据的源区块主要集中在政府管理部门、互联网巨头和移动通信企业等带有公共产品生产性质企业的手中。如果不对公共数据的公开和使用做出法律上的制度安排，将出现"数据垄断"和"数据孤岛"现象，这对于大数据产业发展的制约是决定性的。至少应该明确两点，一是公共数据要有目的地主动公开；二是利用公共数据再加工形成的产品，不再是公共数据的范畴，而是数据产品。如贵州成立云上贵州大数据产业发展有限公司，在全国建立了首个全省政府和公共数据统筹存储、统筹共享、统筹标准和统筹安全的平台，完成4107个数据资源目录的梳理和发布，面向公众开放了110个省直部门数据资源，在公共数据公开方面走在了前列，撬动了大数据产业集聚。

（三）数据财产权的内容

根据民法财产所有权理论，数据财产权的内容，包括数据财产权利人对数据财产享有控制、使用、收益、处分的权利。

1. 控制

共享经济时代，"不求所有、但求所在"成为经济活动聚合增值的有效形式。不同于传统物权强调占有，数据财产权不是物化的"占有"，而是实际的"控制"。这种控制不是控制数据资源本身的私权，而是禁止非权利人擅自使用数据产品为其谋利的权利。通过复制、加工从而分享数据利益的成本极低，技术条件的便利和巨大的收益使得"搭便车"的现象滋生，因此必须确定数据财产权主体的法定权利，弥补合同保护的局限性。

2. 使用

数据财产的使用权主要体现为加工权，通过选择、加工发现并提升数据的使用价值，当然也包括出让、转让、抵押等权利。如贵阳银行在 2017 年已完成了数据资产的第二笔抵押业务。在大数据产业中，数据权利人通常通过签订合同，以授权使用或许可的方式，把数据加工权转移给使用方。使用方加工出数据产品后，又获得相应的数据控制权。如贵阳大数据交易所交易的数据就是经过清洗、分析、建模、可视化出来的数据产品，而不是底层数据，从而获得了新的数据控制权。例如，北京市高级人民法院（1997）高知终字第 66 号民事判决书认定，霸才公司未经阳光公司许可，获取了 SIC 实时金融信息电子数据库中上交所、深交所、天交所的行情数据，并为商业目的向其客户有偿即时传输。其行为违反了经营者在市场交易中应当遵守的诚实信用原则和公认的商业道德，损害了阳光公司的合法权益，构成不正当竞争。① 这一裁判思路和审理规则，对我们构建保护数据财产权的法律和裁判规则具有参考价值。

---

① 最高人民法院中国应用法学研究所：《阳光数据公司诉霸才数据公司违反合同转发其汇编的综合交易行情信息不正当竞争案》，载《人民法院案例选》1999 年第 2 辑，时事出版社，1999。

3. 收益

数据财产权人利用数据财产并获得经济收益。数据财产权的收益和物权不同，物权的收益包括天然孳息、法定孳息和利润，数据财产权没有天然和法定孳息，只有利润。数据财产化是一个获得收益权的过程，收益权一般由所有人行使，也可以转让给他人。数据财产的收益权具有多样性和长期性的特征。数据财产的不可绝对交割决定了数据产品可能为若干主体同时占有而获得多样性的收益。数据财产权利人主导形成产业链，并控制数据资源与数据产品的市场价格。而受益人在控制、使用数据产品时，着眼于数据资源的使用和收益。数据的不可磨损性和新数据的不断积聚，使得数据财产的收益获得是长期而持续的过程。

4. 处分

数据财产权人有权决定数据财产事实和法律上的命运。数据财产权人可以转让数据财产权或者部分权能，也可以在事实上销毁数据财产。数据财产权的消费并不意味着数据财产价值或其自身的消失。数据财产权的处分不同于物质财产的处分，其更多地着眼于财产利用，而不是财产归属。因此，追求数据财产有效利用方式以及最大化地实现数据的使用价值，与数据财产的归属同等重要甚至更为重要。

（四）数据财产权的效力

一是排他效力，即同一数据财产之上不得成立两个或两个以上内容不相容的数据财产权；二是请求权效力，即在数据财产权的实现上遇有某种妨害或可能会发生某种妨害的情况下，数据财产权人有权对造成妨害其权利事由发生的人请求排除此等妨害的权利，以恢复其权利的圆满状态；三是优先效力，即数据财产权具有优先于债权的效力；四是追及效力，即数据财产权人的数据财产不管辗转流入何人之手，数据财产权人都可以依法请求数据财产的不法占有人返还该数据财产。

B.14
大数据时代网络舆情传播新规律研究*

张菲菲　苍璐**

摘　要： 随着移动互联网的快速发展，新媒体已然成为公众表达舆情和传递声音的重要出口。而大数据时代的新媒体不仅改变了传媒的生态环境，还衍生了新价值。由于海量舆情信息传播的急速性给网民提供多元渠道的表达方式又是传统媒体无可比拟的天然优势。因此，运用大数据对新媒体传播领域的新规律、途径和特征进行研究，更好"抖出"主旋律、展现中国音，最终实现其大数据在网络舆情中的社会应用与社会价值。

关键词： 新媒体　大数据　网络舆情　社会应用　社会价值

党的十九大制定了新时代中国特色社会主义行动纲领和发展蓝图，提出建设网络强国、数字中国、智慧社会，推动互联网、大数据、人工智能和实体经济深度融合。[①] 在大数据和移动通信技术推动下，新媒体平台的网络舆情空前发展，在"弘扬正能量、唱响主旋律、发展社会主义先进文化、为人民提供精神指引"等方面起到不可替代的积极作用。[②]

---

　*　本文系贵州省社会科学院特色学科"大数据治理学"、贵州省哲学社会科学创新工程（编号：CXXT201902）阶段性成果。

**　张菲菲，贵州省社会科学院传媒与舆情研究所助理研究员，研究方向：舆情治理、传播学；苍璐，多彩贵州网有限责任公司舆情服务部。

①　孟威：《2018年新媒体研究热点、新意与走向》，《新闻与传播研究》2019年1月。

②　赵丹、王晰巍、韩洁平、杨文聪：《区块链环境下的网络舆情信息传播特征及规律研究》，《情报杂志》2018年9月。

随着互联网的快速发展，我国网民数量逐年上涨，互联网行业持续稳健发展，互联网已成为推动我国经济社会发展的重要力量。数据显示，截至2018年6月，中国网民规模达到8.02亿人。① 在大数据和移动通信互联网技术推动下，新媒体平台的网络舆情得到空前的发展，视频已然成为人们获取资讯、娱乐的重要手段，人们在工作和休闲活动中也越来越依赖于各种新媒体。各种视频及手机App正向能量的宣传则起到不可替代的积极作用。在此，我们也要看到由于网络舆情具有信息交互中心化和信息生产不可变更的特点，利用好大数据技术分析、推送等手段对网络舆情信息的传播在一定程度上限制垃圾信息生产、杜绝虚假信息散布。

一　大数据时代网络舆情传播现状

2018年，网络生态治理朝常态化、长效化、基层化演进；行业巨头生态化、国际化、智慧化布局；新生态女性群体引领媒介消费新格局；AI井喷与全民互联网化；媒介终端的超级演化与跨界连接网络舆论环境表现出复杂形势；在网络舆论环境方面，涉众型互联网违法犯罪频发，成为群体性舆情事件的高风险源头；性别等议题敏感度上升，网络空间的公众表达意愿更为强烈；互联网治理继续收紧引发舆论震荡，治理手段的争议性凸显；个案引发对行业规则和漏洞的质疑更加明显，呼唤更高社会治理水平；短视频平台异军突起，政法宣传向短视频、直播等领域延伸等特征。

（一）新媒体已然改变传统媒体生态环境

我国日益提高的互联网普及率以及不断扩大的网民规模短视频行业为短视频提供了肥沃土壤，同时也为新媒体发展创造了良好的环境。数据显示在手机网民方面，2018年手机网民的占比已高达98.3%。随着智能手机的推广和普及，未来手机网民的比例仍将继续攀升。

---

① 资料来源：中商产业研究院。

图1　2014~2018年我国手机网民规模情况

资料来源：cnnic、中商产业研究院整理。

（二）行业监管下的新媒体短视频用户活跃

随着行业监管的升级和加强，推动中国短视频行业的良性发展。中国短视频月活跃用户规模2018年1~9月持续稳定增长，从4.25亿人增长至5.18亿人。

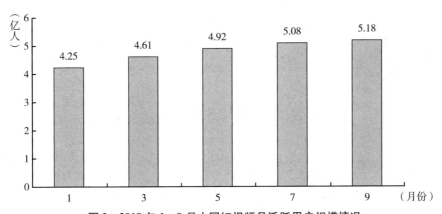

图2　2018年1~9月中国短视频月活跃用户规模情况

资料来源：QuestMobile、中商产业研究院整理。

数据显示，在中国主流短视频 App 月活跃用户情况中，快手月活跃用户为 25723 万人，抖音为 23063 万人，西瓜视频为 11655 万人，其后分别为火山小视频、微视。

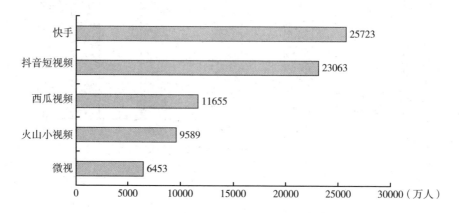

图 3　2018 年 9 月中国主流短视频 App 用活跃用户情况

资料来源：QuestMobile、中商产业研究院整理。

（三）数媒融合下的短视频用户市场前景广阔

2018 年中国短视频市场规模有望突破 100 亿元大关，达到 113.25 亿元。为促进中国短视频市场的良性发展，规范短视频行业生态，国家不断加大对短视频行业的监管力度。

二　大数据时代网络舆情传播新特征

近年来网络舆情具有鲜明的特点，即舆情趋于"平静"、爆发力度与持续性减弱、"舆论倒逼"现象减少、不满情绪的表达转向私人圈。与此同时，网络空间也出现舆论麻木、舆论力量弱化、涉官舆情增多等问题。网络空间态势总体平稳向好，主旋律突出，正能量充沛，但网络舆情也出现了一些新特征、新趋势。

（一）线上线下趋于"同步"化

一是移动化、融合化的网络媒介赋予舆情更快的传播速度，不仅可以实现"两微一端"上的即时传播，更有视频、直播网站带来的实时传播，事件发生和舆情传播在时间上正无限趋于同步化。

二是可视化、实时化的传播方式赋予网民更强的现场感和参与性，实现线上舆情对线下事件的高度关注。

三是传播的分众化、差异化更加凸显区别于纸媒和 PC 门户时代的新闻资讯"编辑分发"模式，今日头条、澎湃新闻等移动新闻客户端基于大数据技术筛选用户兴趣点，开发"算法分发"以满足个性化的需求，真正实现精准化内容推送。

此外，人工智能结合搜索引擎技术，甚至可识别语音、图像和视频，网民主动获取信息的能力增强，使网络传播的精准性更高。

（二）网络意见领袖"去中心化"

从门户网站时代的少量名人博主，到论坛、微博时代的版主、大 V，再到移动互联网时代版主、大 V、自媒体人、答主（知识社区）、UP 主（弹幕网站）、播主（直播网站）同场竞合，网络意见领袖群体的数量由少到多，形式从单一趋于多元，话语权从集中到分散，身份从精英趋于草根。

（三）网络空间的性别议题更为强烈

在互联网和全媒体的加持下，很多以往被忽视但长期存在的性别问题得到更全面、直接地呈现，并引起社会舆论的重视，使得性别议题越来越成为网络舆情的一大敏感议题。由于性别问题容易挑动所有人的敏感神经，吸引媒体和公众去深挖、曝光类似案件，在此呼吁司法介入、完善长效机制，并反思其中暴露出来的社会公平与正义的缺失。

（四）短视频向政法等领域延伸

现今，抖音因其有趣、新潮、充满活力，成为当下许多年轻人日常休闲的必备 App，使不经意间接收到的信息更容易被消化吸收，在潜移默化中加固印象；据抖音官方 2018 年公布的用户数据显示，抖音国内的日活跃用户突破 1.5 亿，月活跃用户超过 3 亿，24 岁到 30 岁用户占比约过 40%。抖音短视频平台作为一种新兴的媒介形态，为网络社交与互动增添了前所未有的可能。在此形势下，政法机关应立足于传播新时代正能量。另自从中央政法委官方新闻网站"中国长安网"第一个入驻抖音后，现已有 360 个政法单位开通抖音账号并认证通过。可以预见，占领抖音宣传阵地已成政法新媒体未来发展趋势。①

三 "数读"贵州热点舆情案例

2018 年 5 月 26 日数博会开幕当天，国家主席习近平向会议发来贺信。这一封贺信，将舆论的热度、高度、智度升到"燃点"。中国、贵州，在这一刻成为世界的焦点。网友热议不断，并称赞"未来正在走进。"数博会举办期间，各种高新科技的展示、数据技术的应用、各大高端论坛的大咖对话倍受社会各界关注。②

（一）数据分析

1. 全网数据分析

从图 4 关注度走势可见，数博会的举办受到媒体高度关注，开幕式当天关注度达到峰值，当日信息传播量近 5 万次，微博及网络直播实现多次跳转传播。盛会动态传播几乎覆盖全国各地，获得社会各界广泛关注。

统计时间段内，系统共采集到相关信息 135355 条，其中微博 96999 条，新闻网站报道 9080 篇，门户网站文章 12587 篇，微信 5569 条，新闻客户端 6872 篇，报刊 585 篇，外媒报道 33 篇，论坛帖文 1408 篇，博客 322 篇，政务网站 1229 篇，视频 671 条。

---

① 《政法舆情》2018 年第 21 期。
② 案例来源：多彩贵州网有限责任公司舆情服务部。

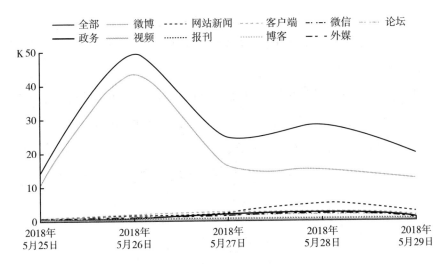

图 4　2018 数博会关注度走势

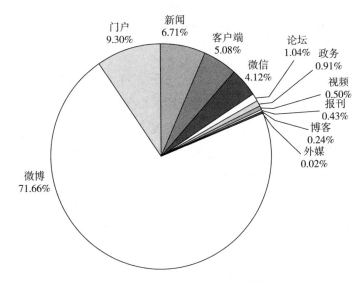

图 5　2018 数博会信息发布平台数量占比

统计时段内，微博信息发布占比高达 71.66%，其次占比较高的是门户网站和新闻网站分别为 9.3% 和 6.71%。从信息发布平台占比情况来看，此次数博会的举办受到网友的广泛关注，参与的积极性也很高。通过对微博平台发布内容的收集分析显示，网友主要通过微博平台对活动开展情况进行图

213

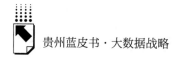

片和视频展示，部分媒体通过官微对活动进行了网络直播，也有部分网友对论坛上名人大咖的精彩发言进行了转载，整体舆论氛围向好。

2. 地域热度分析

系统监测分析显示，在整个数博会期间，活动开展的相关情况受到全国各地的广泛高度关注。BAT 三大掌门人：马云、马化腾、李彦宏齐聚贵州，行业大咖智慧碰撞共话数据时代发展魅力，11 项全球最新"黑科技"亮相数博会，这一连串的精彩绽放都让"数博热度"辐射面不断延伸。

（二）热点舆情

1. 贵州实践为大数据发展探路导航　牵引力面向全球

从"互联网"到"互联网＋"，人类进步的脚步从未停止过。有前行，就有先行者。国家将贵州作为首个国家级大数据综合试验区，不仅是国家战略发展的长远部署，也是贵州的决心体现，坚守底线，后发赶超，决胜贫困，同步小康。

一路走来，贵州不断探索、总结、创新，将"互联网＋"与数据应用进行了优化组合，从政务服务到智慧城市的数据应用，从便民服务到助力脱贫功能转换。互联网、大数据在贵州的发展可谓是风生水起，花开果盛，亮点纷呈。"中国数谷""无现金城市""数据跑路"这一系列的网络热词都诠释着贵州大数据发展所取得惊人成绩。

有网友评论说，贵州发展已不是"加速度"所能概述的了。跨越，在贵州而言也不只是翻越几座大山那么简单。苹果、高通、华为等全球知名企业的入驻足以证明贵州大数据发展所产生的强大的导航牵引力。

2. 大数据与实体经济融合发展"运劲"而"发力"

在"网络扶贫：大数据助力精准扶贫高端对话"会上，全国网络扶贫深度贫困地区行动在贵州启动，13 家全国网信知名企业与贵州省 10 个深度贫困县结对帮扶正式"牵手"，为贵州脱贫攻坚、同步全面小康贡献力量。网友盛赞："这是数据产业与实体经济的一次深度融合，对社会发展具有深远重大的意义。"

贵州运用大数据，依托电商平台拓宽产品销路，促进增收；打造便民服务平台，提升群众生活质量；建设电子政务服务体系，让数据多"跑路"，群众少走路。如今，13家全国网信知名企业将结合自身企业优势资源，通过大数据应用，为结对帮扶的贫困县带来新一轮的生产发展新动力。网友表示，"大数据存在的意义在于融合，而价值的体现就在于应用。没有'意义'、没有'价值'的产业终将成为时代的'淘汰品'。"

舆论认为，推动大数据与实体经济的深度融合，要注重以企业为主体、市场为导向，发挥市场在资源配置中的决定性作用，注重数据的资源整合，用最少的投入换取最大的产出，挖掘大数据的潜在价值，以数据流不断优化资源的配置效率，全面提升全要素生产率，实现大数据与一、二、三产业的深度融合。"运劲"而"发力"，精准助推区域经济增长，助力脱贫攻坚。

3.网友担忧"领航人"调离大数据发展会减速 2018数博会一组数据为群众"解忧"

贵州发展大数据，一直以来都是贵州群众引以为傲的一件大事，数博会更是群众心中迎接四海来宾的盛会。大数据的发展情况一直备受群众关注，有网友和群众曾担忧，时任贵州省委书记的陈敏尔、贵阳市委书记的陈刚，这两位贵州大数据发展的"领航人"先后调离贵州，会让贵州的大数据发展减速或是停滞，数博会也会逐渐变得冷清。

有网友表示，群众有担忧，说明群众重视，群众重视的就应该是党和政府需要努力的方向。以孙志刚、谌贻琴为核心的省委、省政府领导班子，高度重视国家部署的大数据战略，积极努力建设网络强国、数字中国、智慧社会。2018数博会的成功举办，不仅证实了贵州大数据的发展进度，更展示大数据发展的美好前景。

4.精彩数博迸发青春活力 年轻化已成数博新"体征"

"新鲜血液的注入是活力产生的重要能源，而活力则体现着一个'生命体'的年轻化程度和健康指数。"这一概念准则也同样适用于数博会。

在以"数聚生命·智惠未来"为主题的爱博物科学少年论坛上，70位青少年学生与华大基因董事长汪建、中国科学院FAST重点实验室主任、贵州省科技厅副厅长彭勃，北京天文馆馆长朱进，GigaScience 主编 Laurie Goodman 等多位科学家，共同探讨大数据生命科学。这也是数博会第一次面向中小学生的论坛活动。舆论认为，数据发展受益的是后代、是未来，让青少年参与其中，不仅可以帮助他们树立正确的科学发展观，更是对未来数据发展的突破，整体发展环境奠定理念基础和人才基础。这样的办会理念和创新实践，对于数博会的持续延伸将起到续航效应。

从本届数博会取得的实际成绩来看，越来越多的国家、企业、学者、群众参与到数博会，参与进了数据发展的潮流之中。智慧的汇集，思想的碰撞，技术的成长，应用的扩宽，论坛的高度，观念的深度这一系列的"新生活力"共同组成了数博会、大数据的"新体征"，网友称赞，"精彩数博迸发青春活力，年轻化已成数博'新体征'。"

5. 高端对话——BAT 掌门人放眼未来"预见"贵州

在 2018 年数博会上，"大数据助力精准扶贫——互联网主力军征战脱贫攻坚主战场"高端对话上，阿里巴巴集团董事局主席马云对贵州做出了他的"估价"："贵州和贵阳将是未来中国最有意义，最富有的地方之一。"

腾讯公司控股董事会主席兼首席执行官马化腾在"数字经济"高端对话上，公布了 QQ 大数据的一项分析结果，"贵阳成为全国最年轻的城市。"马化腾对于贵州大数据的发展形势这样评价道："目前大数据产业在贵阳集聚，未来将形成新的数字生态。"

百度公司董事长兼 CEO 李彦宏在"人工智能"高端对话中分享了自己对 AI 的理解，他说："AI 不是替代人，是让技术忠诚于人类，服务于人类，让人类的生活变得更美好。"

BAT 三大掌门人的精彩发言成为媒体关注的重要焦点，网友对于三大掌门人给出的评价发言表示认同。近年来，贵州在坚守生态和发展两条底线上，始终在坚持不懈地努力着。发展绿色新型产业，转型升级传统产业，不仅保护了绿水青山，更为发展创造了无限可能。有网友说，"发展空间的宽广，在于眼光的长远，贵州给了自己一片海阔天空。也为更多的年轻人、有理想抱负的人提供了发展的空间和平台。"

　　舆论认为，贵州的创新、实践、发展所创造出的价值，不是单纯的可以用金钱来衡量的。更蕴含了一个时代、一个地方，一方干部群众勇于探索，敢于挑战的拼搏精神。数博会呈现给世人的也不只是几个展馆，几项产品。透过数博会，贵州也在向世界传递着一个信号："未来正在走进。"

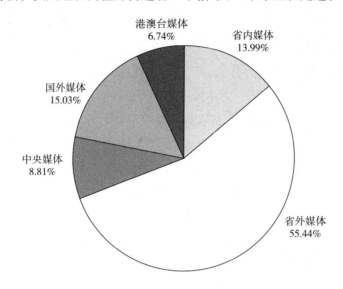

图6　2018数博会省内外媒体单位参会占比

（三）数据产业发展领跑全国成媒界关注焦点

　　数据显示，2018数博会全球共有193家媒体1639人报名参加，而去年仅为1268人，增长了约30%，人数创历届最高。省外媒体参会数量持续上涨。

　　从媒体报道内容和关注点来看，中央媒体广泛关注了大数据发展的未来动向，大数据应用的落地实施，其中重点一项就是贵州大数据如何助力贵州脱贫攻坚。此外中央媒体还特别关注了大数据发展如何规范化、更加智能化，如何提升安全性等问题。外媒重点关注了贵州对外开放程度以及数据产业发展对外相关政策。省内媒体报道重点则倾向于成果展示方面，以及外界对于贵州大数据的评价。同时也特别关注了行业领航者，业界专家，企业大咖关于贵州大数据发展的观点建议。

在数博会一系列精彩时刻中，习近平主席的那封贺信可谓是本次盛会的全场最佳"时刻"。贺信内容引发社会各界广泛的舆论反响，贵州青年在收到习近平主席的来信后倍感振奋，多彩贵州网以网络为信使，将贵州青年的心声，用一首歌和一段手指舞献礼数博会，将贵州大数据的发展故事唱给习近平主席听。视频播出之后，24 小时内访问量突破了 15 万次，36 小时内达到 30 万次。网友纷纷留言称赞，"手指之间，真情浓厚，感恩中央，骄傲贵州！""向上的贵州青年，突飞猛进的贵州，日新月异的大数据。"

综合媒体报道情况而言，这次媒体单位的联动报道，资源共享使信息传播效果达到最大化，发挥了媒体融合发展对社会进步、产业发展的推动作用。既向受众很好地普及了大数据理念，为数据技术在生活中的应用进行了推广，又为政府部门和企业收集了信息参考意见。同时，也为贵州将来的大数据发展营造了良好的社会舆论环境。

（四）舆情建议

2018 数博会的成功举办虽取得丰硕成果，但仍有不足之处。有群众和网友反映，数博会对于公众的开放程度不够。很多对数博会有着浓厚兴趣的群众、企业代表购票难，进场难。此外，还有群众反映，有名人大咖在的论坛会场限制太严，排队时间长，进场时面部识别系统耽误进场不少时间，场地人数容量也小，很多人都因为排队和身份验证耽误了进场，或是人数已满错过了论坛的精彩内容。此外，活动的秩序维护太过于偏向会议自身，对公共秩序的维护有所忽略，拥挤的现象时有发生。

针对群众反映情况，建议数博会组委会，在今后办会过程中，扩大活动对公众的开放程度，在场地的设计安排选择上进行更好的科学规划部署，可以市州联动，扩大办会地域范围，尽可能地让更多希望参与数博会的群众和企业能够参与其中，进一步提升活动覆盖面和影响力。对于论坛的安排设置，可根据关注热度对场地进行缩放调整，简化优化入场流程，高效保障论坛顺利进行，满足听众需求，让一场论坛的价值意义真正达到最大化，而不是只走一个过程环节。会场的秩序维护，应该是要维护嘉宾和听众双方的，这是反映社会民主平等的一个重要体现。

四　数媒融合下的网络舆情治理路径

大数据时代的任何行业都无法与数据完全地"割裂"开，在"冷冰冰"的数据背后存在相关统计信息，不同网民的兴趣与偏好，如何用这些数据来产生"有态度"的内容，实现"有温度"的营销，创造"有深度"的产品，[①] 从而最大化的实现大数据的社会应用与社会价值。

（一）最大限度挖掘大数据在新媒体传播中的价值

大数据技术让人们越来越多地从数据中观察到人类社会的复杂行为模式，不断增加我们的可用知识，由于它具备传统手段所无法比拟的分析能力，这也为新媒体带来了前所未有的机遇。

一是自媒体应用的机遇交融发展。微博、微信等自媒体平台的广泛应用实现了"人人都是信息的传播者"，自媒体和大数据在实际发展中更加相互交融，这也促成了两者直接的契合；二是潜在渠道的机遇得到挖掘。随着新媒体时代传播渠道的多样化，定制化渠道及个性化需求必将成为新媒体运营者细分市场的核心竞争力，以及新旧媒体之间的渠道转换及打通，实现渠道的创新与受众的触达；三是抓住大数据营销的机遇。大数据营销的核心是让网络舆论在合适的时间，通过合适的载体，以合适的方式，投放给合适的人。

（二）运用大数据技术手段规正失真、变异的舆情

众所周知网络舆情治理是社会治理的一部分，而网络舆情事件又是网络空间共同关注的对象，其本质是"治于理"，而不是以管为"理"。运用大数据技术手段将失真、变异的舆情规正过来，防止政府形象被少数人劫持，

---

① 邵晶：《大数据在新媒体传播中的运用》，《新闻传播》2018 年第 12 期。

民意被网络推手操纵并炒作，这是舆情治理的关键所在。因此，如果能彰显舆情其本来的是非曲直，那么积聚的风险就会得到释放。最终每一个舆情事件的处置都能让民众感受到公正，这不但降低舆情风险的聚集而且社会环境乃至舆论环境都会得到改善。

（三）提前预警，切实提升舆情响应的灵敏度

从本质上说，网上舆情大多是对线下事件的反映，要跟上"实时化"的传播速度，运用大数据技术抓取相关数据使相关单位形成制度化、即时化的舆情通报机制，对可能上网的重要内容提前预警，设置专题，做好准备。若网络舆情不能消除或还有扩大迹象时，应及时上报舆情应对领导小组，按照重大舆情应对处置流程办理。

针对敏感舆情要适时组织召开新闻发布会，对外宣布事实真相以及处置结果。运用主流网络媒体、网络评论员队伍，采用跟帖回帖、发表评论、微博声明等方式，对舆情进行正面引导、疏导，积极掌握舆情发展的主动权。

（四）运用大数据手段不断提升网民和媒介素养

在信息化遍地传播的今天，由于我国对网民的发声途径仍缺乏健全的机制，网络便成为公民表达利益诉求、批判社会现实的输出口。由于网民对网络水军、无良商家等发布的网络谣言没有很好的甄别能力，对相关事件信息和言论没有形成理性分析和参与的能力。因此，政府需要充分利用大数据平台分析、推送积极、正向的网络舆情来提升网民媒介素养和知识素养。

主要参考文献：

黄金衔：《自媒体时代如何甄别信息的真伪》，《新闻研究导刊》2015 年 3 月。

耿磊：《机器人写稿的现状与前景》，《新闻战线》2018 年 1 月。

殷格：《网络舆情事件的最新特点及其治理路径——以 2016 年河南省网络舆情事件为例》，载《郑州航空工业管理学院学报》（社会科学版），2017 年 10 月。

B.15
贵州省共享交通领域的法律挑战与对策

王向南　吴俊杰*

摘　要： 当前贵州省共享交通领域经济发展在发展中暴露出了诸多问题。共享交通领域引发的社会保障系统风险，共享交通平台的信任问题，共享交通平台监管体制不完善等问题依然存在，如何进一步完善市场准入制度、保护消费者权益、从业者权益，健全共享交通领域的经济信用体制，实现共享经济与信用体系的双向促进作用。共享交通领域经济的快速发展对相关法律保护和规制问题都提出了新的更高要求。

关键词： 共享交通　法律保护　规制

一　贵州省共享交通领域经济发展现状

我国最大的出租车公司拥有1.47万辆车，全国一共拥有130万辆出租车，而全国私家车的数量却为1.05亿。这些数量庞大的私家车的使用情况又如何呢？私家车一天之内只有10%的时间被用到，其余时间都处于闲置状态。根据共享出行企业Uber的统计数据，Uber平台上一辆利用充分的车子，每天平均行驶时间大约是私家车的8倍。

共享汽车进入贵阳后，如今贵阳的街头巷尾，GoFun、摩拜等多个品

---

* 王向南，贵州省社会科学院大数据政策法律创新研究中心、法律研究所助理研究员，法学硕士，研究方向：民商法；吴俊杰，贵州贵达律师事务所律师。

牌共享汽车已经随处可见。共享汽车受到广大市民的青睐，俨然成为贵阳人尤其是贵阳年轻人的出行"新宠"。以首汽 GoFun 共享汽车为例。2018年3月16日，首汽 GoFun 共享汽车正式进入贵阳。目前，已分3批次，先后在南明区、云岩区、花溪区、乌当区、白云区、观山湖区、清镇市投放了650辆共享汽车，其中400辆为新能源车，250辆为汽油车。共享汽车操作方便，不限号、租车费用便宜、不用担心停车位问题、环保，共享汽车的广泛推广，在实现了对资源合理利用，也为保护生态环境做出了应有贡献。

共享单车2016年在北京率先出现，随后短短一月时间，上海、杭州、成都等地的共享单车如雨后春笋般涌现。2017年1月，共享单车登陆贵阳，2018年底共享单车在贵阳的投放量已经达到10万辆。共享单车面临着乱停乱放，缺乏安全保障、恶意破坏等管理问题，2018年贵阳共享单车数量大幅减少，时至今日，共享单车在贵阳市已经难见踪影。

二 共享交通领域发展面临的挑战

共享交通的快速发展给社会经济生活带来了极大便利，也为社会管理带来了一些挑战，其中最受争议的，表现为三点：一是共享交通平台监管体制不完善问题，二是共享交通平台劳动者社会保障问题，三是消费者权益保护问题。

（一）监管体制不完善，对社会公共治理形成挑战

随着共享经济的发展，相关治理机制的完善既是经济体制管理完善的客观要求，也是共享经济产业进一步发展的必然结果。政府、企业、社会组织应当积极制定相应的规范，而消费者也应该为形成有效的社会公共治理秩序规范自己的行为。从长期来看，共享经济为弱势群体提供了更多的就业机会和参与社会创新的机遇，有利于促进社会公平公正。

1. 共享经济对现有的层级监管体系造成了冲击

以"共享交通"为代表的共享经济，是以互联网等通信平台为基础，聚合各类资源主体，形成的扁平型组织结构：平台型组织①。这种扁平型的平台组织与现有等级层级监管机制难以适应，由于组织的跨地域性，也很难适用属地管辖。人为地将平台型按等级、区域等进行分割管制的话，必然就会造成平台型组织的控制力下降，增加监管成本，造成社会资源的浪费。

2. 共享经济对社会公共治理的安全度提出更高要求

共享交通平台在发展初期，会暴露出一些问题，如今年滴滴平台出现的两次公关危机。2018年5月初，空姐李某在乘坐滴滴顺风车时遭残忍杀害，舆论风波还未平息，2018年8月24日，又有一名浙江省温州市女孩在乘坐滴滴顺风车时被害。滴滴再次被推上舆论的风口浪尖。从警方公布的情况看，滴滴公司在"8·24"事件中负有不可推卸的重大责任。两次恶性事件都暴露出了以滴滴平台为代表的公共交通平台存在的重大经营管理漏洞和安全隐患。2018年8月26日下午，交通运输部联合公安部以及北京市、天津市的交通运输、公安部门针对上述事件，对滴滴公司开展联合约谈，责令其立即对顺风车业务进行全面整改，切实落实承运人安全稳定管理主体责任。滴滴公司做加强公司管理整改的承诺。由此可见，共享经济的发展对于社会治安管理和共享经济企业的安全防范提出了更高的要求。

（二）劳动者缺少社会保障，暗藏成本危机

分享经济下，分享经济平台与合作方相互之间的关系没有明确界定，一般情况下，分享经济平台作为提供服务的格式合同制定方，会选择考虑免除己方责任，认为其与平台上劳务提供者之间不存在雇佣劳动关系。那么，平

---

① 谢新水、刘晓天：《共享经济的迷雾：丛生、真假及规制分歧》，《江苏大学学报》（社会科学版）2017年第7期。

台下的劳动者就不享有传统雇佣模式下的各类社会保障，例如社会保险、双倍工资、加班费等福利。当劳动争议发生时，缺少相关社会保障机制，劳动者一般难以从共享经济平台获得赔偿。共享经济目前发展迅速，该类纠纷很有可能会大量增加。如果劳动者缺乏社会保障机制的现象得不到有效改善，将隐藏潜在危机。

劳动者权益问题是分享经济平台面临较多的一个问题。比如，2015年6月，美国加州劳动委员会认定Uber的一名司机是该公司的雇员，而非Uber一直主张的独立合同工。我国《网络预约出租汽车经营服务管理暂行办法》第十八条也规定，专车经营者与接入的驾驶员签订劳动合同。这一政策引发了业界一片质疑和反对。事实上，平台和供应方、需求方之间的关系，不同于传统的雇主、雇员、消费者之间的关系，雇主需要和雇员签订劳动合同，并为雇员的职务行为向消费者承担责任。如果继续将传统劳动关系用于分享经济平台，必然导致分享经济平台向传统商业组织回归，导致分享经济丧失赖以生存的土壤。比如，有的网络预约租车公司有超过100万专车司机，如果要求其和所有司机签订劳动合同，无疑会成为全球雇员最多的公司，而雇员最多的互联网公司亚马逊也不过10万员工，相应的强制性劳动保障和福利将让其承受巨额经营成本，这对创业公司而言是致命一击。因此，探索、创设新型劳动关系成为各国政府大力推进分享经济的当务之急。

（三）内部管理松散，消费者权益缺乏保护

分享平台将分享从强关系圈子拓展到弱关系的陌生人之间，信任是分享行为产生的前提，信任保障体系决定着信任的程度。进而影响分享的活跃度和平台的发展。分享平台的供方为自雇型劳动者，与平台之间是松散的管理模式，自雇型劳动者一方面约束力差、不稳定，同时来源广、素质参差不齐。对于平台而言，在急速扩张的同时难以保证面向客户的服务质量，带来各种信任问题，例如顾客的安全保障问题和平台的不良体验问题，平台因此需要投入较大成本进行补贴来维持供需方的稳定，并通过事后的一系列管理

规则来规避和补救。

除了面临着对与平台有直接关联的劳动者的权益保障的挑战之外，来自消费者的权益诉求也是自雇型经济平台目前正着力思考的问题之一。据媒体报道，2016 年 1 月，南京一名大学生小陈搭乘"专车"发生事故，保险公司以车辆擅自变更使用性质为由拒赔。原来，该乘客小陈搭乘"滴滴专车"过程中，当事车主为避让车辆与另一辆车发生摩擦，小陈也被碰伤。二人希望从保险公司处获得赔偿，保险公司得知事故车辆是从事"专车"运营后，认为刘某车辆是按照私家车投保的，而他擅自变更车辆使用性质，造成车辆风险增加，于是拒绝赔偿。车主刘某试图找滴滴公司也未获得赔偿。这一事件经民警协调，车主和乘客达成赔偿协议。但值得注意的是双方都没有获得保险理赔，无论是刘某的私家车险抑或是滴滴专车方面的相关保险。这只是自雇型经济在员工权益保障和用户权益保障上存在漏洞的众多案例之一，类似事件在自雇型经济产生之初就不断出现，在全球各地陆续上演，随着社会对于自雇型经济的关注热度不断高涨，社会对身处其中的自雇型经济平台和公司无疑提出了更多质疑和要求，是亟须找到妥善解决方式的议题。

共享经济商业模式相比传统商业模式而言是一种巨大的商业模式变革，这需要相应的制度供给，而我国目前在共享经济商业模式的制度供给方面仍显仓促与不足，传统的法律法规面临着共享经济发展带来的诸多挑战。共享经济应当是法治经济，是对所有利益相关方负责任的经济，共享经济的合法性问题仍是规制共享经济商业模式的重点，也是规制共享经济商业模式的最终目标。共享经济商业模式应当遵守法律和公认的商业道德，并不享有无限制的自由而必须恪守自己的行为边界。

三　共享交通领域的法律保护路径分析

当前中央和地方政府都出台了多项政策支持共享经济发展，并对其发展的内容和形式给予了较大自由。然而，共享经济在实际发展中面临较大的市场监管法律适用上的障碍，具体可以概括为"一体两翼"共三个方面的内容："一体"指的是分享经济的市场准入需进一步规范；"两翼"指的是适用于分享经济发展的消费者权益保护和从业者保障这两方面的配套制度。建议健全共享经济中市场监管法律法规，完善加强劳动者和消费者权益保护等方面法律规定。共享交通是发展最为迅猛，也是目前体量规模最大的共享经济形式，目前关于网约车市场的法律法规也最为健全。

（一）加强共享平台监管责任

共享经济不属于传统的经济模式，传统经济实行属地管辖，由权力机关对经营者进行审核并颁发许可证，定期对经营者进行各类检查。共享经济是依托互联网平台建立，公众通过交易平台的审核后，直接参与交易。权力机关如果依照传统模式对共享经济企业进行检查审核，并没有真正触及交易平台上发生实体经济关系的当事人。平台上参与到共享经济行为中的服务提供者实际上是传统意义上的经营者或经营者的雇员。此类经营者在实体经济中通常是严格的审核监管对象，而在共享经济平台中则免于权力机关的直接监管。共享经济平台不同于传统意义上的公司，共享经济平台对于从业者的管理力度一般较弱，面对数以万计的从业者，对于从业者的审核工作绝大多数通过已经设定的互联网程序自动完成。共享经济在发展之初为了做大规模，抢占市场，[①] 往往没有对服务提供者设置过于烦琐严苛的审核程序，那么，审核机制的不健全对共享经济交易本身就存在一定风险。

共享交通行业的管理一直受到高度重视，国家和各省已经相继出台相关

---

① 网约车和共享单车都存在过度竞争的问题。两种商业模式都经历多家公司参与激烈竞争（如补贴大战），最终淘汰成为寡头的过程。这是由平台的网络外部性决定的——一旦抢占市场份额，供给与消费两端均会对平台产生依赖，对于企业而言，前期最重要的工作就是抢占份额。但是，不论是滴滴快的的补贴大战，还是摩拜与ofo的疯狂投放，从社会总体收益而言均为资源浪费。此外，这种过度竞争造成了竞争手段的扭曲——网约车本来更应当注重安全性和便利性，竞争中却基本依靠补贴进行；单车竞争既要看数量也要看质量，过度竞争使运营商更多关注覆盖面和数量。

法律法规。① 2018 年两起滴滴出行司机行凶杀人事件造成了恶劣的社会影响，这两起恶性事件的发生暴露了滴滴平台的管理漏洞，加强共享经济平台监管引起社会各界广泛呼吁。截至目前，已有 70 多家网约车平台公司在部分城市取得了经营许可，网约车发展亟待纳入规范化轨道。前文已经提到，交通部、公安部积极做出一系列工作部署，2018 年 9 月 10 日，两部门就进一步加强网约车顺风车安全管理发布紧急通知，通知要求各地要立即组织开展网约车平台公司安全大检查，一是要加强网约车和顺风车平台驾驶员背景核查，二是要严格督促企业落实安全生产和维稳主体责任，其中包括，在派单前应采用人脸识别技术对车辆和驾驶员一致性进行审查；运用大数据技术对路线行驶偏移、不合理长时间停留进行预警；实行随机派单，禁止驾驶员选择乘客，乘客可以选择驾驶员等规定。要加强乘客信息保护，关闭顺风车平台社交功能，屏蔽乘客信息，防止泄露个人隐私。三是要开通"一键报警"，设置 24 小时应急机制。通知对共享经济平台的大数据、物联网信息技术应用提出了更高要求。

贵州省快速做出回应，9 月 13 日，贵阳市公安局出台《贵阳市网络预约出租汽车安全管理规定》。②《管理规定》的制定和发布，既是贵阳市公安

---

① 为规范网约车，2016 年 7 月，《国务院办公厅关于深化改革推进出租汽车行业健康发展的指导意见》（国办发〔2016〕58 号）和《网络预约出租汽车经营服务管理暂行办法》（交通运输部令 2016 年第 60 号）颁布，深化出租汽车行业改革工作全面启动实施。公开数据显示，截至 7 月 26 日，除直辖市外，河南、广东、江苏等 24 个省（份）发布了网约车实施意见；北京、上海、天津等 133 个城市已公布出租改革落地实施细则，还有 86 个城市已经或正在公开征求意见。其中，直辖市、省会城市、计划单列市等 36 个重点城市中，有 30 个已正式发布实施细则。已正式发布实施细则或公开征求意见的城市，其涵盖的新业态市场份额已超过 95%。为监管共享单车，2017 年 8 月交通部牵头下 10 个部门共同制定了《关于鼓励和规范互联网租赁自行车发展的指导意见》（2017 年 8 月 3 日，交通运输部、中央宣传部、中央网信办、国家发展改革委、工业和信息化部、公安部、住房城乡建设部、人民银行、质检总局、国家旅游局 10 个部门联合出台了《关于鼓励和规范互联网租赁自行车发展的指导意见》）。因应共享单车行业的迅猛发展，中国自行车协会在 2017 年 5 月设立了共享单车专业委员会。
② 《贵阳市网络预约出租汽车安全管理规定》从"营运服从安全"的理念出发，强调企业要严守安全底线，落实承运人安全稳定管理主体责任，以人为中心抓安全管理，并从公司备案、内部设置、安全管理、安全教育、背景审查、重点人员管理、数据接入、信息报送八个方面进行了细化，具有可操作性。

机关对网约车新业态安全管理工作的总结和探索、填补这一领域无章可循的空白，又是贵阳市公安机关对网约车进行安全管理的遵循，更是网约车平台公司进行内部安全管理的指引和守则。

共享经济平台以大数据、物联网等新兴技术为依托，代表了最先进的生产力，而生产力需要生产关系的指导，如何将大数据技术有效地运用到共享经济平台的管理中，除了平台由于自身发展和外部竞争需要自发运用外，更多地需要政府通过法律法规的制定，完善行业标准，倒逼行业通过技术引入完善管理漏洞，尤其是那些切实关乎消费者生命财产安全，而与企业盈利关联性较弱的新兴技术，企业在应用这些技术时需要较多投入而不能带来收益，仅仅依靠企业自觉性是不够的。共享经济起源于大数据产业，而管理的完善更需借助于大数据技术，相信借助大数据技术的有效应用，网约车的管理漏洞进一步弥补，完善法律法规，健全规则，有利于网约车市场健康、有序、快速发展。

（二）强化消费者权益保护

1. 人身财产权的保障

人身财产权是自然人最重要的权利，共享经济平台应当建立完善的制度，保障消费者个人生命和财产安全，是对共享经济平台提出的最基本的要求，也是共享经济得以持续健康发展的必要前提。根据《电子商务法》第三十八条规定"电子商务平台经营者知道或者应当知道平台内经营者销售的商品或者提供的服务不符合保障人身、财产安全的要求，或者有其他侵害消费者合法权益行为，未采取必要措施的，依法与该平台内经营者承担连带责任。对关系消费者生命健康的商品或者服务，电子商务平台经营者对平台内经营者的资质资格未尽到审核义务，或者对消费者未尽到安全保障义务，造成消费者损害的，依法承担相应的责任。"平台经营者在知道或应当知道所提供服务不满足要求而未采取必要措施的，与经营者承担连带责任，如未尽到审核义务，承担相应责任。该规定对共享经济平台赋予较重的管理责任，有利于消费者人身财产权的保障。

2. 完善征信机制

完善消费者权益保护相关的配套制度能在共享经济发展过程中起到保障交易安全的作用。完善网络时代下的征信制度，能够较为有效地保护共享经济中的消费者权益。这是因为共享经济实现了陌生人之间个人对个人资源交换，交易双方对对方履约能力的信任是交易能够达成的直接原因，因此信用制度是共享经济规范发展的前提和必要条件，也是共享经济模式下消费者权益保护的第一道防线。共享平台通过审查交易双方的资质并对其履约情况进行累计评分，能够建立相对完善的征信体系，保护消费者。

《电子商务法》第三十九条规定"电子商务平台经营者应当建立健全信用评价制度，公示信用评价规则，为消费者提供对平台内销售的商品或者提供的服务进行评价的途径。电子商务平台经营者不得删除消费者对其平台内销售的商品或者提供的服务的评价。"该条规定了电子商务平台经营者的信用评价制度建立，对于确立共享经济平台信用制度的完善建立有很好的促进作用。《电子商务法》第七十条规定"国家支持依法设立的信用评价机构开展电子商务信用评价，向社会提供电子商务信用评价服务。"建议进一步扩大征信体制之间衔接，目前中国最完善的征信信息系统，包括以人民银行征信中心为代表的金融征信，商业征信以及各类行政监管征信（包括公安、工商、税务、海关等），无法为共享平台所分享，大部分的征信信息主要依靠平台企业在运营过程中自行积累，这无疑将给共享平台在消费者进入交易前提供风险预警信息带来障碍。

相关部委也及时出台了若干规范性文件，这些文件都不同程度地反映了国家对社会信用体系构建的重视。例如，2017 年 7 月国家发改委等八部门联合发布《关于促进分享经济发展的指导性意见》（发改高技〔2017〕1245号），其中指出要积极发挥全国信用信息共享平台及相关系统、数据库的作用。2017 年 8 月，交通运输部等十部门联合发布《关于鼓励和规范互联网租赁自行车发展的指导意见》（交运发〔2017〕109 号），其中规定要加强信用管理，加快互联网租赁自行车服务领域信用记录建设，建立企业和用户信用基础数据库，定期推送给全国信用信息共享平台。

值得一提的是 2018 年由国家发改委指导，国家信息中心和国家公共信用信息中心主办的全国各级信用信息共享平台和信用门户网站建设观摩培训活动中，贵州省代表队全国信用信息共享平台（贵州）和信用中国（贵州）网站的成绩排名全国第四，成为西部地区唯一连续两年进入决赛的省份。此次比赛展示了贵州省较高的信用信息化基础设施建设水平和较好的信用信息公示情况。但该平台主要运用在政府服务工作上，下一步，如何将平台延伸到市场化应用，需要部门之间统筹协作，打通行业壁垒，服务于共享经济平台仍有很长的路要走。贵州省对于相关法律法规应当进一步细化，通过法律法规的形式授权有关部门具有互联网平台征信管理和处罚权力，切实加强保障消费者权利保护。

3. 加强个人信息保护

个人信息与财产利益关系日益密切，是一种新型企业资源，收集和分析个人信息对企业决策和经营规划的影响越来越大，已经成为企业经营的重要环节之一。因个人信息被恶意披露甚至非法买卖的灰色链条等现象的存在，导致生活中垃圾信息推送、电话打扰现象影响消费者权益。共享经济平台应用处理的信息量庞大，如对个人信息的利用不加以管理，那么消费者权益很难得到有效保障。一是要明确信息收集者的主体责任，建立"谁收集谁负责"的原则，促使共享经济平台树立信息管理意识，完善企业内部严格信息管控制度，采取有效技术措施保障信息安全。二是明确个人信息为独立人格权，个人信息裂变传播方式已经成为信息传播的主要方式。在当今这个去中心化多元共享的大数据时代，个人信息权以其独特的范围、内容，以其支配、控制、排除他人侵害的各项权能对各类个人信息在收集、存储、流通、交易的全方面予以保障，确立个人信息独立人格权更能适应时代的发展要求。三是落实用户授权机制。在个人信息采集中，用户授权通常发生在对信息进行采集时，但后续个人信息利用与初始授权不相匹配时，应采取相应措施明确消费者对后续行为的进一步授权。《电子商务法》第二十五条做出规定"有关主管部门应当采取必要措施保护电子商务经营者提供的数据信息的安全，并对其中的个人信息、隐私和商业秘密严格保密，不得泄露、出售或者非法向他人提供。"但该规定较为笼统，有关部门应出台细则予以完善。

在互联网等新技术的推动下，共享经济迅速发展，给我国本来就脆弱的个人信息保护领域带来了前所未有的压力，我国应当立足自己国情与法律传统，结合我国目前"共享经济"发展迅速的特点，尽快出台一部具有中国特色的《个人信息保护法》。

（三）完善劳动者权利保障

共享经济催生出了新型劳动关系，制定适用于共享经济的从业者保障配套制度能有力助推共享经济的发展。共享平台提供供需信息，为从业者创造了就业条件、扩大了就业机会，同时平台上供需双方互评机制有利于实现就业平等，这调动了人们的劳动积极性和创造性，因此越来越多的个体从业者选择自主创业，利用自己的知识和技能，通过接入网络平台提供服务来获得收益，成为新型的自雇劳动者。但是如何对这类从业者权益进行保护，仍有待进一步探讨。

劳动关系的建立虽然是基于双方当事人的意思自治。但是劳动关系是否成立并不取决于当事人的主观认识，而在于是否满足法律构成要件，是否符合法律的相关规定。如果提供劳动者与平台之间有较强的管理和从属关系，共享经济平台对劳动者按月发放较为固定的工资，建立有完善的奖惩制度，劳动者接受平台的管理，那么双方就符合有关法律法规规定的用人单位和劳动者的主体资格，这种情况下，双方建立的关系就符合劳动关系的特点。共享经济平台的劳动关系也应当受到《劳动法》《劳动合同法》等法律法规和规范性法律文件的保护。劳动者社会保险、加班费、双倍工资等合法权益应当予以保障。

对于共享经济平台兼职劳动者，如未能与平台形成较强的管理与从属关系，不受相关劳动法律法规的保护，那么，共享经济平台应当为劳动者购买足额保险，足以满足劳动者在共享平台从事劳动时的权益保障。

共享经济平台劳动者相较传统产业与劳动者之间有其特殊性，建议应当尽快完善相关立法，以满足对共享经济平台劳动者保障的需求。

四 贵州省加强共享经济规制的对策建议

共享经济运行中存在的问题，需要寻求科学的解决路径和方案。作为共享经济的规制就是要通过制度的设计、外力的使用、监管的开展，纠正共享经济行为的偏离，实现公平、正义和有效率的真正的共享经济。

（一）健全组织领导机构，示范带动发展

颁布促进共享交通产业发展的专项规划或计划，着力推进贵州省共享交通顶层设计。建议贵州省率先出台关于共享交通领域的"产业发展规划"，规划期限在4～5年，内容可以涵盖发展共享交通的总体设计思路、主要发展目标、产业具体布局、重点工程项目、产业发展保障措施等。成立专门的推进共享交通的组织领导机构和咨询委员会，共同推动共享经济产业发展。建议贵州省设立专门的共享交通产业发展领导小组或联席会议等协调统筹机制，作为全力推进共享交通产业发展的保障措施之一，赋予相关联席会议或领导小组对共享交通产业的协调推动职能，由于共享经济具有一定的专业性，可以设置专家咨询委员会，结合本地高校及研究所设置共享经济研究机构，开展对共享交通领域的研究。加强基础设施建设，消除共享交通发展制约瓶颈，出台优惠政策，降低共享交通企业建设和运营成本，通过示范、试点项目带动产业发展，培养市场。

（二）制定法规政策，规范共享交通产业发展

科学技术的发展往往对法律监管提出新的挑战，旧的法律不能涵盖科技发展引发的新的法律问题时，就需要新的法律法规的制定。通过法律法规的完善来创造共享经济发展的良好环境。健全省级层面共享经济有关的法规规章，作为共享经济发展的强有力后盾，为共享经济发展保驾护航。

就法律的适用而言，目前没有专门针对共享交通适用的统一的法律；贵州省可以率先制定《共享交通经济保护条例》。就共享交通领域法律保护应当方式方法适当，对于共享交通领域法律保护应当翔实，不应过于笼统，缺乏可操作性；共享经济相关法律条款不能仅对共享交通保护问题轻描淡写，立法应当揭示共享经济保护的基本原则、主体的权利义务、共享经济保护的执行机制及监督机制等共享经济保护法应当具备的重要内容。

（三）加大监管力度，完善行政监督管理

通过赋予相关部门监管职能，加强对于共享交通领域共享经济的行政监管。第一就是市场准入管理，这种准入标准要根据各个共享经济本身对公共利益的相关性，进行不同的备案或者审批制。对平台的准入标准进行设定，包括技术标准、信息安全标准等。对于共享经济出现过度竞争的行业，要实行产业准入的数量限制，超过标准便不予准入。第二是日常共享经济行为管理，通过现代互联网技术，对共享经济行为进行监测、行为正当性合理性进行认定，对违法违规的共享经济行为进行处理等。

（四）配套司法保障，促进纠纷顺利解决

共享经济与大数据、物联网等科技紧密结合，由于科技因素的介入，与传统司法过程存在不同。共享经济与大数据、物联网等科技紧密结合，由于科技因素的介入，与传统司法过程存在不同。第一，共享经济平台格式合同对司法产生影响。共享经济平台与劳动者或消费者地位不平等，格式合同的制定往往不利于平台相对人司法权力的保障。共享经济平台一般规模较大，劳动者与消费者与共享经济平台之间签订的往往是共享经济平台所制定的格式合同，对于当事人双方具体权利义务的规定，往往更加有利于条款的制定者。第二，共享经济属地管辖与经济形态扁平化之间的冲突。共享经济的司法管辖问题，共享经济的服务器所在地与侵权行为发生地或许物理意义上相距甚远，具体以何种标准来界定共享经济服务者所在地，如果合同约定在共享经济平台所在地法院管辖，无疑为共享经济消费者和劳动者维权增加难

度。贵州省可以依据大数据产业经济特点，探索建立大数据法庭试点，将包括共享经济在内的新型经济纠纷纳入大数据法庭进行裁判，加强裁判结果的公正性，引导包括共享经济在内的大数据产业健康发展。

结 语

共享经济具有解决就业、实现可持续发展、鼓励创新创业等多方面优势。但随着近年来共享经济迅猛发展，也暴露出了共享经济自身不完善之处。共享经济的发展已经引发许多新现象和新问题，如共享经济平台监管准入制度不完善，劳动者、消费者权益保障不足等。建立多主体互动的社会公共治理体系，使得共享经济的每个参与者，包括政府、共享型企业、社会机构、消费者等多方力量参与其中。通过行政、立法、司法多方面规制，让各主体通过社会公共治理机制在共享前、共享中、共享后都能保护好各自的权益，完善共享经济保护的不足。共享经济本身就是科技的产物，在信息科技飞速发展的今天，我们相信社会公共治理要充分利用现有的信息技术和大数据，通过技术的发展进一步解决弥补缺陷，引导共享经济的各利益相关方履行社会责任，实现社会公共治理社会公益最大化的目标。贵州省在加快推进大数据产业与实体经济的深度融合，共享经济作为大数据产业与实体经济融合的典范，也已经在贵州省快速发展，相信共享经济在贵州省将有广阔的发展前景。贵州省应尽快落实相关国家法律法规，细化相关政策文件，通过对共享经济制度的完善和法律的健全来保障共享经济平台、消费者、劳动者各方主体的权利与利益。

参考文献：

甘培忠：《共享经济的法律规制》，中国法制出版社，2018。
马化腾：《数字经济 中国创新增长新动能》，中信出版社，2017。

张新红:《共享经济:中国新故事》,电子工业出版社,2018。

〔美〕埃尔文·E. 罗斯:《共享经济 市场设计及应用》,傅帅雄译,机械工业出版社,2015。

程维、柳青:《滴滴——分享经济改变中国》,人民邮电出版社,2017。

于雷霆:《分享经济商业模式——重新定义商业的逻辑》,人民邮电出版社,2016。

B.16
大数据视角下贵州县级
媒体融合发展的策略研究*

李迎喜**

摘　要： 大数据、云计算等技术的广泛应用在改变人们生活的同时，
也促进媒体更加向智能化发展。本文分析了大数据技术带给
当前贵州县级媒体的新任务、新挑战，对贵州县级融媒体建
设的现状进行了调查总结，分析了其中存在的主要问题，并
在此基础上，提出了贵州县级媒体融合发展的策略。

关键词： 大数据　县级　媒体融合

　　随着信息科学技术的迅速发展，全球每天的数据总量呈井喷式增长，从
而使大数据及其技术为越来越多的人所接受，社会的各个方面都或深或浅地
受其辐射影响。毋庸置疑，媒体行业也不可能幸免地置身于大数据时代之外。
媒体行业如果能很好地应用大数据相关新技术，无疑会给自身带来更大的发
展机遇；如果不能将信息搜集、新闻报道与大数据技术很好地相结合，将随
时可能会被大数据时代所抛弃。而对于贵州基层县级媒体来说，大数据仍较
为生疏，大数据技术的掌握也非常缺乏，因此，如何更好地在新一轮的媒体融
合中应用大数据技术抢得发展先机，从而让基层县级主流媒体新闻舆论的传播
力、引导力、影响力、公信力得到很大的提升，是非常值得探讨的问题。

---

　　* 本文为贵州省社会科学院 2019 年省领导圈示课题"贵州县级融媒体中心建设现状及后续发
展路径研究"的阶段性成果。
　　** 李迎喜，贵州省社会科学院传媒与舆情研究所副研究员。

一 大数据时代贵州县级媒体面临的新任务、新挑战

（一）大数据推动县级媒体深度融合转型

当前，贵州经济社会正经历深刻变革，媒体格局和舆论生态正在发生深刻变化。大数据、云计算等技术的广泛应用在改变人们生活的同时，也促进媒体更加向智能化发展；人工智能、物联网、VR/AR 等技术的发展在驱动媒体智能化的同时，也推动新一轮传媒业生态的重构。特别是随着智能手机等移动终端的快速普及，极大地改变了新闻传播和新闻生产方式，用户平台、新闻生产系统、新闻分发平台及信息终端等几个关键维度都在发生生态变化。"中国互联网络信息中心（CNNIC）的数据显示，截至 2018 年 6 月底，我国网民规模为 8.02 亿，首次突破 8 亿大关。其中，手机网民规模达 7.88 亿，网民中使用手机上网人群的占比达 98.3%。"[①] 以传播迅速、开放互动为突出特点的新媒体汹涌来袭，以微信、微博、论坛、贴吧等为主流的自媒体蓬勃发展。用户在传统媒体和新媒体之间此消彼长，传统媒体的用户在大量流失，互联网已经成为用户获取信息的第一入口。基层主流媒体尤其是县一级的主流媒体，面临前所未有的新挑战和新任务，改革转型势在必行，必须研究把握现代新闻传播规律和新兴媒体发展规律，强化互联网思维和一体化发展理念，推动各种媒介资源、生产要素、人才队伍的有效整合，加快大数据等新技术的掌握与应用，以县级融媒体中心建设为抓手，迅速推动本地主流媒体深度融合转型，以适应基层人民群众信息需求变化。

（二）大数据催化县级媒体人员技术本领恐慌

大数据时代背景下，数据已成为媒体运营商的核心资源，数据处理技术也构成了传播中的核心竞争力。在各种信息载体相互融合、新闻信息资源海

---

① 习近平：《加快推动媒体融合发展　构建全媒体传播格局》，《求是》2019 年第 6 期。

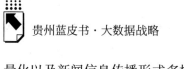

量化以及新闻信息传播形式多样化的形势下，对媒体从业者的职业素养和专业技能提出了更高的要求，即媒体从业者要能"通过跟踪网页海量浏览痕迹，运用大数据技术实时把握用户需求、分析消费者心理、把握当下热点，从而为用户提供个性化服务，"① 而贵州县级媒体人员在运用大数据等新技术手段处理新闻信息图表数据时困难重重，在挖掘、处理海量新闻信息数据更是明显的力不从心，从而面临自身角色认知的困惑和全新的考验，造成本领恐慌。

（三）县级媒体新闻舆论"四力"建设任务艰巨

党的十九大报告中指出，"牢牢掌握意识形态工作领导权，高度重视传播手段建设和创新，提高新闻舆论传播力、引导力、影响力、公信力。"当前，贵州县级主流媒体"四力"建设问题凸显，建设任务艰巨：一是新闻传播的时效性低、现场感弱、信息量少，导致新闻传播的品位、魅力、深度、高度等诸多方面缺少舆论传播力。二是在自媒体时代，公众以自媒体披露信息、发表意见、转传观点，都可以绕开主流新闻媒体，新闻舆论传播在这种形势下发挥和实现引导力，面临着异常严峻的挑战和考验。三是公众并不是单向地接受新闻媒体的舆论影响，他们会反过来影响新闻舆论，在这种新形势下如何推出客观真实、含有较高新闻价值的新闻作品，是新闻采编队伍发展需要思考的现实问题。四是由于人手、经费等限制，少部分县级媒体未能做到对每一条新闻稿所涉事实的反复核实和多源求证，刊播不实报道，使整个新闻媒体的公信力因受牵连而遭受损失。

二 贵州县级媒体发展的总体情况

县级媒体融合发展当前已经成为全国和贵州都比较关注的改革话题。2018 年 8 月 21 日，在全国宣传思想工作会议上，习近平总书记强调，

---

① 朱文佩：《人工智能时代新媒体行业的发展》，《青年记者》2019 年第 1 期。

"要扎实抓好县级融媒体中心建设，更好引导群众、服务群众。"贵州各级党委政府都高度重视县级融媒体中心建设，全省的推动媒体深度融合发展会议和县级媒体融合发展大会分别于 2018 年 7 月 2 日和 10 月 19 日召开，对贵州全面推进县级融媒体中心建设做出了安排部署，并提出于 2019 年 3 月底前，全省 88 个县（市、区）级融媒体中心基本建设完成；5 月底前，进一步调试完善后投入实际运行。目前，各级各部门都在压实责任狠抓落实。

省委宣传部与省社会科学院组成的课题组对全省基层主流媒体建设进行全面摸底调查的数据显示，截至 2018 年 10 月，贵州共有县级主流媒体 239 家；其中县级广播电视台 89 个，报社 45 个，党政门户网站 82 个，其他媒体 23 个。现共有工作人员 3910 人，其中行政事业人员 2747 人，聘用人员 1163 人；35 岁以下 2514 人，36～49 岁 1128 人，50 岁以上 268 人；本科以上学历 2799 人，专科学历 940 人，高中及以下学历 171 人。2017 年度县级主流媒体职工平均年收入为 5.75 万元，其中，行政事业人员平均年收入为 6.87 万元，聘用人员平均年收入为 4.63 万元；2016～2018 年县级主流媒体累计招聘 1139 人，流失 603 人（见表 1）。

表 1　贵州省各市（州）县级媒体情况

层级		贵阳市	遵义市	安顺市	毕节市	六盘水市	铜仁市	黔南州	黔东南州	黔西南州	合计
县级媒体数量		29	42	12	27	10	37	25	34	23	239
县级媒体类型	广播电视台	8	12	8	10	4	11	10	17	9	89
	报社	6	12		8	3	7	3	1	5	45
	党政门户网站	8	15	4	8	3	13	8	16	7	82
	其他	7	3		1		6	4		2	23
现有人员	总数	348	848	191	459	297	498	493	457	319	3910
	行政事业人员	306	497	151	332	208	356	364	274	259	2747
	聘用人员	42	351	40	127	89	142	129	183	60	1163

续表

层级		贵阳市	遵义市	安顺市	毕节市	六盘水市	铜仁市	黔南州	黔东南州	黔西南州	合计
年龄结构	35岁以下	182	532	116	282	189	319	371	323	200	2514
	36岁~49岁	129	268	61	127	84	156	99	102	102	1128
	50岁以上	37	56	14	50	24	23	23	32	17	268
学历结构	本科及以上	283	615	128	320	205	326	385	305	232	2799
	专科	51	186	48	127	73	153	92	125	77	940
	高中及以下	14	47	7	12	19	19	16	27	10	171
2017年县级媒体职工平均年收入情况（万元）	行政事业人员收入	9.03	6.4	7.47	6.92	6.59	6.69	6.47	5.94	6.31	6.87
	聘用人员收入	6.75	4.88	5.53	3.3	5.47	4.13	3.85	2.6	5.15	4.63
	平均收入	7.89	5.64	6.5	5.11	6.03	5.41	5.16	4.27	5.73	5.75
2016~2018年人员进出情况	招聘人数	26	258	45	126	71	147	142	251	73	1139
	流失人数	24	144	16	32	35	107	101	106	38	603

注：本表数据在全省各县宣传部提供数据的基础上统计而成，由贵州省社会科学院传媒与舆情研究所主任沙飒副研究员统计制定。

三 贵州县级媒体融合发展中存在的问题

通过省委宣传部与省社会科学院联合课题组的调研，可以发现贵州在县级媒体融合发展中存在的主要问题有一定的共性，其中以下几个问题最应引起重视。

（一）人才结构：留人与进人两难并存

1. 技术专业人才匮乏

在调研中，各县主流媒体普遍反映存在人手不够，专业人才缺乏的突出问题。尤其是各县整合成立广播电视台（新闻中心、传媒中心）后，有些媒体看似人员充沛，包含了报纸、电视、网站、广播、微信公众号、手机报等众多宣传平台，但其实分流后人员严重缺乏，采编力量严重不足，能胜任、适应现代媒体发展新形势的从业人员更是少之甚少，越往县一级媒体人才缺乏越明显，部分县级技术开发力量几乎为零，媒体建设只有维护没有开发。懂大数据等新技术，能运用大数据技术进行数据处理、图片处理、信息抓取、精准传播的人才更加缺乏。同时，虽然从总体上看，贵州县级主流媒体人才队伍中青年人才和本科以上学历的人才比重较高，但在专业配置上明显不足，新闻传播专业人员占比较少。

2. 人才流失严重

基层主流媒体新闻采、编、播、制人员流动性大，很难引入和留住优秀专业人才。从调研统计结果可以看出，贵州全省的县级主流媒体人才流失很严重，2016~2018 年全省县级主流媒体共招聘工作人员 1139 人，流失 603 人。其中，铜仁市县级主流媒体 2016~2018 年共招聘工作人员 147 人，流失人数达到 107 人。部分区县媒体近半数新招聘人员工作不到一年即离职，这部分人才往往是媒体重点培养对象，在刚熟悉业务流程，即将发挥效用的时候跳槽或转岗，始终处于"招进一批、培养一批、流走一批、再招再培"不断培养新人的人才循环状况，造成基层媒体人才结构断层，业务流程脱节。

3. 在编人员与聘用人员同工不同酬问题凸显

由于全省县级主流媒体行政事业人员编制少，部分县（市、区）新闻传媒中心一直未能面向社会招聘正式工作人员，不得不面向社会聘用临时人员来充实宣传队伍。目前，全省县级主流媒体约有招聘人员 1163 人，占总人数的 30%，一些地区超过半数以上员都是合同制。但招聘人员普遍待遇不高，与行政事业人员的工资待遇相比，差距也很大，同工不同酬现象突出。据本次调研统计的数据，全省县级媒体行政事业人员 2017 年的平均年收入为 6.87 万元，招聘人员 2017 年的平均年收入为 4.63 万元，仅相当于行政人员年收入的 67%。一些地区的收入差距更大，如：黔东南州县级主流媒体行政事业人员 2017 年的平均年收入为 5.94 万元，招聘人员为 2.6 万元，仅相当于行政人员年收入的 44%。许多招聘人员工作报酬低、心理落差大，加上招聘人员工作不稳定、缺乏安全感等原因使基层主流媒体人员流动比较频繁，人才流失比较严重，工作开展比较困难。

4.“存量人员”使用难

部分基层主流媒体的从业人员对市场化理念、互联网意识的接受普遍趋于保守，甚至存在一些抵触情绪；体制内人员流动难，上升通道窄，从业人员年龄老化，吃老本、不思进取的现象蔓延；从业人员身份差别，同工不同酬的问题长期存在，挫伤了部分员工的工作积极性。同时，一些媒体部门之间各自为政的局面没有得到根本改变，他们各司其职，极少协同互动。这些问题都导致在推动县级媒体融合发展的过程中阻力重重，人力难以统一调配，“存量人员”能量无法有效激活，甚至“无才可用”。

5.“增量人才”引进难

媒体融合发展对媒体人的集合能力提出了更高的要求。县级主流媒体只有大量引进具有互联网思维和能力的全媒体复合型人才，才能满足媒体融合发展的需要。但引进“增量人才”同样面临诸多困难，突出表现在以下两个方面：一是“编制瓶颈”；二是财力不足。县级媒体在财力、物力上本来就处于劣势，而目前新媒体内容生产、创意策划、技术研究、资本运作和经营管理方面的人才又是行业的需求热点，这类竞争力强的人才通常在大城市、大型媒体解决就业，县级媒体如果没有较高的薪酬待遇根本无法引进优秀人才加盟，甚至连原有的一批业务骨干都有随时被互联网企业挖走的可能。

（二）经营状况：投入有限与造血不足并存

资金问题是加强县级主流媒体传播阵地建设的关键，资金不足问题也是造成媒体发展不平衡问题的关键因素。从本次调研的结果可以看出，贵州县级主流媒体普遍存在政府财政投入有限、媒体自身运营能力不足和盈利模式不明、资金缺口大等突出问题。

1. 财政投入有限

目前，县级主流媒体的运营主要依靠各级财政的支持和补贴，而各地财政状况不尽相同，能够拿出支持主流媒体的经费和编制有多有少，造成了各地主流媒体的资金缺口情况不一，加之目前各县级主流媒体都在紧锣密鼓地建立融媒体中心等更需要大量的资金支持，从而使资金缺口短期内呈现扩大趋势。由于投入不足，部分县级媒体没有专门资金购买无人机拍摄、现场直播等高端影音设备，也没有针对新媒体的渠道拓展、营销推广等运营费用。

2. 媒体自身造血功能不足

当前，新媒体对传统媒体的冲击十分明显，县级媒体较之中央、省级媒体，生存空间变得更为狭窄，受众分流更为严重。随着人们媒介使用习惯的转变，传统媒体阅读量大幅下滑、广告等营收断崖式下跌是不争的事实。各县广播电视台的广告等经营性收入只能勉强保障机构正常运转；报纸期刊等媒体受新媒体冲击影响大，广告市场空间被进一步挤压，加之媒体之间的同质化竞争不断加剧以及印刷成本的不断提升，使报纸期刊等纸质基层主流媒体长期入不敷出。虽然一些新媒体已经有了一些广告收益，但收益与投资成本的差额较大，而其他形式的服务运营机制和盈利模式又未形成。

（三）媒体融合：步子大与实效小并存

目前，贵州全省县级媒体已经踏上了融合发展的"快车道"，许多县（市、区）级主流媒体都已经在着手整合资源，建设融媒体中心。但从前期进行融合发展试点的县级媒体的状况来看，大部分成效并不明显，资源整合能力和水平整体较低，还处于"物理融合"阶段，没有形成协同机制，集约化、规模化的竞争发展优势不明显，强势品牌和平台少，从简单"相加"走向真正"相融"的道路还很长。主要表现在以下几个方面。

1. 体制机制不够"优"

推进媒体融合发展，关键在解决体制机制固化的弊端。但许多县级媒体的改革雷声大、雨点小，事业体、企业体纠缠不清，资产权属不明晰，法人治理结构不完善，现代企业制度尚未完全建立。推动内容、技术、平台、渠道、经营、管理深度融合，实现传统媒体和新兴媒体优势互补、一体化发展的体制机制尚未完全建立。许多媒体领导和工作人员存在既想固守既得利益，又想开拓市场的纠结心态，呈现逆势的体制固化。

2. 思想意识不够"新"

许多县级媒体的融合依然存在"＋互联网"而非"互联网＋"的问题。一些领导和工作人员对媒体融合的重要性认识不足，思维和观念还没有从传统媒体工作的思维模式中完全转变出来，缺乏互联网思维，缺乏运营意识，甚至有的还存在观望思想，一定程度上存在"完成任务"的心理，存在"重建设，轻融合"的现象。多数县级媒体是被新时代的潮流推着走、推着转、推着变，许多还是用传统的思维和方法管理新媒体，认为融合就是"新瓶装旧酒"，即把纸媒和电视台的内容搬到新兴媒体上传播。

3. 整合程度不够"深"

贵州全省各县级媒体目前都在如火如荼地进行融媒体中心建设，但各媒体组织架构相互独立，各自为政、多头管理、独自发展的情况仍然存在，整合资源、统筹管理起来有一定的难度；有的地方微博、微信、客户端等运营主体也各自为政，相互之间缺少互动、互融、互通，未能形成合力共同打造和发展新媒体平台；有的地方在媒体形态上追求大而全、小而全，当地电视台有微博、微信、客户端，当地党报也有，且内容基本雷同，重复建设和同质化竞争问题突出；部分基层主流媒体的新媒体账号多而不精，"两微一端"、直播、抖音样样都有，仔细一看，内容缺乏新意，粉丝、关注量寥寥无几，空有架子，却未获得人们关注。

四 加强贵州县级媒体融合发展的对策建议

（一）强化互联网思维与用户意识

县级媒体融合发展中出现的许多问题，根源还是在于思想懒惰、理念创新不够。因此，要做到吐故纳新、与时俱进，保持思想的敏锐性和开放度，勇于打破陈旧观念束缚和习惯思维定式，解放思想，因势而谋、应势而动、顺势而为。加强对新媒体知识的学习，从上至下培育县级媒体的互联网思维和用户意识，打破过去传播媒体单向性、权威性的思维桎梏，养成善于策划、精于营销的品牌观念。

（二）提升运用大数据技术挖掘信息与精准传播的能力

在大数据时代，要求媒体从业者要成为名副其实的"数据通"，不仅要掌握数据、分析数据，即要能在海量的信息数据中利用大数据等新技术手段以极低的代价准确挖掘抓取到用户（读者）感兴趣或有价值的信息数据，而且要在最短的时间内用受众乐于接受的方式（讲故事、可视化、H5、全景呈现），精准推送其感兴趣的新闻资讯。因此，贵州县级媒体在融合发展中要着力培养、提升从业人员的运用大数据等新技术分析处理数据和图片的能力，才能在大数据强大的洞察功能和丰富的挖掘能力作用下，以用户为核心，根据用户的需求，处理整合信息，实现精准传播，从而大大提高信息的传播效率。

（三）用制度创新破解人才难题

应根据建设融媒体中心的新情况，深入调研、科学合理设置岗位，根据岗位需要选择人才。建立岗位责任与业绩挂钩的薪酬制度，实行"基础工资＋绩效工资＋绩效奖励"的薪酬分配模式，做到编制外与编制内人员同工同酬、优工优酬。采取"采编发稿数＋优秀稿数"和"新媒体供稿数＋阅读点击量＋点赞数"为主的全媒体绩效考核制度，有效激发"存量人员"的工作能量。同时，要加强新型人才的引进、培育力度，用好贵州省人博会和高校招聘等平台，在坚持政治素养、新闻专业能力的前提下，重点招聘营销策划、广告创意、新媒体采编、音视频编辑、互联网美工设计等专业人才，优化人才结构，建立涵盖采编、管理、技术等多方面的复合型人才队伍。

（四）扎实有序推进融媒体中心建设

加快推进县级融媒体中心建设既要追求速度，更要讲求实效，要把融媒体中心建设作为解决县级媒体一直以来存在的人才、资金、技术、传播平台等问题的重要机遇和抓手，优化媒体结构，形成新的传播力。一是机制为本。要理顺各种关系，打破体制藩篱。省委宣传部要尽快出台《贵州省县级融媒体中心建设实施意见》及指导手册，引导县级融媒体中心建设健康有序发展；各市（州）要尽快制定县级融媒体中心发展规划和实施计划，完善组织架构、运行流程，逐步实现内容、渠道、平台、经营的深度融合。二是资金保障。县级融媒体中心的建设需要大量的资金支持，媒体融合发展是一个需要时间推动才会有"双效产出"，也注定是一个持续投入的过程，因此，各级财政要全力保障县级融媒体中心建设资金及时到位，成立专门的媒体融合投资基金，加大媒体融合重大工程的资金扶持力度。三是内容为王。内容永远是媒体自身发展和赢得群众关注支持的核心竞争力。要充分利用县级主流媒体的权威性和内容生产上的优势，改变内容枯燥、形式单一的信息形式，提供个性化、多样化的新闻信息吸引读者，把群众关心的政策信息、社会新闻、民生事务等及时发布并予以解读，针对热点问题和突发事件要及时发声，以权威性提升公信力、掌握话语权。

（五）打造地方特色传播品牌

地域局限性是县级媒体弱项，反过来也是县级媒体的独特优势。在媒体竞争日趋激烈的情况下，县级媒体要以本地人文、历史资源为依托，突出本地化特征。一是立足本土。要立足各自的区域优势和拥有相对固定受众群体的优势，多做"本土新闻""社区新闻""乡村新闻"，体现地缘特色；要坚持百姓视角，通过平实精练的语言，综合运用图文、图表、动漫、音频、视频等多种形式，满足群众多样化、个性化的需求，增强传播亲和力和感染力，从而积攒更多、更"铁"用户量。二是打造地方特色品牌。要注重品牌塑造，努力打造更多群众基础好、传播影响大的特色品牌，及时传递党和政府声音，汇聚基层群众民心民意，并有意识地将本地的自然环境特色、历史文化特色和生活观念特色注入版面节目中，提高本地群众对媒体的归属感、认同感，同时，利用县级融媒体中心统一接入多彩贵州宣传文化云大平台的契机，拓宽本地社会文化信息、文化的传播范围。

总之，贵州县级媒体要在大数据的时代背景下，要在融合发展改革中抢得先机、重新焕发生命活力，必须要先在观念意识上进行转变，在保持传统媒体内容求精的基础上，更要树立互联网思维，用户意识，主动学习、运用大数据等新技术手段，与时俱进、开拓创新。

B.17
大数据、人工智能的知识产权
法律保护问题研究

——以大数据知识产权司法保护为视角

张德昌 蒋 炜 刘万能 章 杰*

摘 要： 本文以大数据、人工智能的知识产权司法保护为切入点，重
点论述了现有知识产权法律框架下对大数据的保护，并对大
数据知识产权案件的疑难问题进行分析，具体包括大数据软
件的著作权法保护、《反不正当竞争法》在大数据类案件中
的保护、数据的垄断和排他等，最后提出应从遵循人本原则、
适度采集和隔离使用原则、合理避让原则、利益平衡原则、
鼓励数据流动分享原则、遵守法律伦理原则等方面对大数据
进行知识产权司法保护。

关键词： 大数据 人工智能 知识产权 司法保护

一 大数据知识产权司法保护概述

随着智能信息技术的不断发展，数据已经成为一种新的商业资本和一项
重要的经济投入，可以为人类创造出新的经济利益和商业价值。大数据系统

---

* 张德昌，贵州省高级人民法院审判委员会专职委员；蒋炜，贵州省高级人民法院研究室副主
任；刘万能，黔东南州中级人民法院研究室主任；章杰，黔东南州中级人民法院民事审判团
队法官助理。

和大数据产业给人类生活带来了诸多的益处，但随着智能信息技术的不断深入和创新，数据也呈现出日益庞大、类型愈加复杂的趋势。

（一）知识产权制度对大数据信息和产业的司法保护概况

鉴于大数据集合的复制成本低廉的特征，围绕着大数据的产生和取得方式以及运用和维护的过程，现行知识产权司法保护制度充分发挥着其明确创新权属、协调大数据创新成果各主体利益分配机制的作用。

我国《反不正当竞争法》第十条明确规定了三种不得采用的手段侵犯商业秘密的行为。由于我国对不正当竞争行为的界定是以举例加概括的形式，因此有些难以成为商业秘密的数据信息还可以通过反不正当竞争法中的一般性条例进行保护。

大数据产业和技术的意义不仅仅在于掌握庞大的数据信息本身，更体现在对具有意义的数据进行专业化的处理，从而实现数据的赋值、增值和价值显现。大数据通过挖掘、整理、计算等方式进行加工之后形成的特定算法或是计算机软件工具，以及通过软硬件与网络结合的系统解决一定的技术问题，此类具备鲜明技术属性的可以通过申请方法专利的方式进行保护。

（二）知识产权司法保护对大数据的促进意义

虽然我国现行的知识产权制度实行的是"双轨制"保护模式，即权利人可以通过知识产权行政主管机关主张权益保护，同时也可以通过法院诉讼的方式来维护自身合法权益，但由于知识产权保护的客体作为一种私权以及司法制度本身的制度优势，决定了司法保护知识产权是维护相关权益重要的方式。

随着互联网、物联网等现代网络技术的发展，大数据作为能够广泛带动各行业向信息化、智能化、网络化发展的力量，已然成了企业乃至国家的核心竞争力。运用知识产权司法保障数据产业的发展，能够形成一个良性的产业生态圈，促进社会经济的发展。

二 大数据司法保护面临的新形势和新任务

党的十九大做出了中国特色社会主义进入新时代的重大政治判断，第四次全国法院知识产权审判工作会议、第五次全国涉外商事海事审判工作会议深刻分析了知识产权、涉外商事审判面临的新机遇和新挑战。

（一）知识产权司法保护面临的新形势

十八届三中全会以来，中央对知识产权审判高度重视，为知识产权司法保护行稳致远提供了根本保证。世界新一轮科技革命同转变经济发展方式的历史性交汇为发挥知识产权司法保护职能作用提供了广阔舞台。我国经济已由高速增长转入高质量发展阶段，必须更加严格保护知识产权，使创新和竞争成为推动发展的强大动能。新一轮科技革命正在全球蓬勃兴起，新技术、新产品、新业态不断拓展法律边界，提出知识产权保护新问题。只有立足司法职能，把握经济形势，熟悉科技动态，在更加广阔的舞台上充分彰显知识产权审判对产权保护、激励创新、提高经济竞争力的作用。

国际环境变化对知识产权司法保护提出了新挑战。当前，知识产权日益成为全球最重要的无形资产，在国际经贸斗争中的核心地位更加突出，争夺知识产权全球治理规则主导权的斗争更加激烈。某些知识产权案件的处理事关国家利益，与国际斗争关系密切。要深刻领会、严格执行最高人民法院知识产权司法保护政策，对重大敏感案件尤其是涉外知识产权案件要按照最高人民法院相关要求及时上报，确保案件处理符合国家内政外交政策和社会经济文化需求，有助于增强知识产权司法保护的国际影响力。

（二）涉外商事审判工作面临的新形势

复杂多变的国际局势对涉外商事审判提出了新挑战。当前，世界经济复苏仍面临诸多不确定因素，经贸摩擦进入高峰期，必将伴生大量复杂多样的涉外商事纠纷。解决这些纠纷，需要裁判者准确把握我国涉外商事法律制度、熟悉国际商事规则和诉讼制度。"知己不足而后进，望山远岐而前行"。应当未雨绸缪迎难而上，集聚人才积蓄知识，发挥集体智慧破解难题，在涉外商事审判的每一个案件中刷新开放形象，依法捍卫国家利益。

三 现有知识产权法律框架下对大数据的保护

大数据的基本处理流程包括采集、存储、分析和结果呈现等环节。采集到的数据对存在语义模糊、数据缺失等问题而无法直接使用，所以该环节还应包括数据的预处理。存储数据的同时亦进行着数据管理，经分析和处理所得数据成果需通过应用而发挥其最终价值。因此，可以将数据的处理流程大概划分为数据采集与预处理、数据存储和管理、数据处理与分析、数据成果呈现与应用四个阶段。在当下现实语境下谈及大数据并非仅是数据本身，而是指数据和大数据技术的综合。

在现有知识产权法律法规框架内，可以通过著作权法、专利法以及反不正当竞争法对大数据及其成果进行保护。根据数据处理流程和阶段的不同，对数据以及数据成果的保护路径又各有所偏重。

（一）数据采集与预处理阶段的保护

该阶段涉及数据的取得、汇总以及初步的筛选工作，该阶段中采集到的数据内容大多可以通过著作权法予以保护，但是其中包含的一些来源于客观的信息或是用户的网络留痕数据不符合著作权法所要求的独创性要件，难以通过著作权法进行保护。

该阶段数据中的以文字、图片和视频等形态呈现的内容可以通过著作权法予以保护。司法实践中较为常见的有以下三类：第一类，软硬件服务商自行收集、整理后上传至自有平台的数据，比如某门户网站房产频道中关于某楼盘的介绍性文字和图片；第二类，网络媒体自行或委托创作以及经授权可以使用的资讯类内容，比如新闻资讯类网站中资讯新闻；第三类，网络用户自行制作和提供的内容，比如社交平台中用户发布的文字、图片以及视频、电商网站中的用户评价、旅游网站中旅友的游记。在这三类数据内容具有一定的独创性能够构成著作权法意义上的作品的情况下，即可以通过著作权法予以保护。

在司法实践中，第二类的资讯类内容通过著作权法进行保护的难度不大，但是第一类和第三类数据类型想要通过著作权法进行保护，不仅要满足构成作品的前提条件，还需要确认其权利归属情况。尤其是在第三种数据类型中，数据内容的产生基于用户自行制作和提供，平台商对该部分数据享有何种权利或者权益，在数据赋权仍未在法律层面进行确认的情况下，平台商以何种身份维权、主张对该种数据内容享有何种权利，仍是司法实务中的一个难点问题。另外，采集数据同样不能侵犯他人的权利，不仅包括不侵犯他人的著作权，同样包括不侵犯他人的商业秘密以及不违反网络爬虫类"君子协定"。其中商业秘密以及"君子协定"所涉及的诚实信用以及商业道德原则将在下文加以详细阐述。

（二）数据存储和管理阶段的保护

对于收集来的海量的结构化和非结构化数据，需要运用手段和技术对其进行存储和管理，在该阶段中多涉及数据的集合和汇总，比如数据库、数据仓库、云数据库等。该部分内容也可以通过著作权法予以保护。

《伯尔尼公约》明确将数据信息作为汇编作品予以保护，《与贸易有关的知识产权协议》第 10 条第 2 款规定："数据或者其他材料的汇编，无论采用机器可读形式还是其他形式，只要其内容的选择或安排构成智力创作，就应该给予保护。"我国《著作权法》第十四条规定："汇编若干作品、作品的片段或者不构成作品的数据或者其他材料，对其内容的选择或编排体现独创性的作品，为汇编作品，其著作权由汇编人享有，但行使著作权时，不得侵犯原作品的著作权。"在数据的存储和管理阶段中形成的数据库如果在内容的选择或者编排上体现出了一定的独创性，即可以将该数据库作为汇编作品通过著作权法予以保护。

大数据要在著作权法上获得保护，首先需要满足独创性的要求，但现实中多数资料来源于客观事实，数据的收集也多来自公开领域，基于某些用户的使用习惯或是行业惯例，收集到的数据信息可能无法给予数据采集者太多的个人创作空间，对于那些缺乏独创性的数据集合则无法通过著作权给予保护。由此，如何界定某一数据集合是否具有一定的独创性也成为通过著作权对其进行保护的一个难点。需要着重指出的是，著作权保护的是数据的选择或编排方法，而非数据选择或编排的内容，对于大数据而言他人可轻易改变编排方法，但实质性内容可能一致，该种情况下对于大数据本身的保护也是一个难题。

（三）数据处理与分析阶段的保护

对庞大数据集合进行处理和分析从而得到具有应用价值的数据或者数据产品。在此阶段数据的价值得到巨大程度的提升，具有商业价值的数据可以通过商业秘密予以保护，为分析处理数据所使用的方法可以通过方法专利予以保护。

通过数据处理和分析获得的数据成果一般都具有相当的经济价值，由此该类数据成果的实用性要件不难满足，在司法实践中该类数据成果的秘密性和保密性是论证其构成商业秘密的难点。北京阳光数据公司与上海霸才数据信息有限公司技术合同、不正当竞争纠纷案中法院认定原告阳光公司的《SIC 实时金融》数据分析格式符合商业秘密的构成要件。该案中涉及了两种常见的与数据资产相关的商业模式——租售数据模式与租售信息模式。租售数据模式是指售卖或者出租广泛收集、精心过滤、时效性强的数据。而信息与数据不同，是指经过加工处理，承载一定行业特征数据集合。

专业化处理实现使数据"赋值"和"增值"，专业化处理过程中所使用的挖掘、整理、计算等方式方法可以形成特定的算法，甚至是计算机软件工具，再通过软硬件以及与互联网的结合可以解决一定的技术问题，这些都具备鲜明的技术属性，可以将其划归到计算机程序的发明专利之列，通过申请方法专利予以保护。但是，专利权产生不同于著作权的自动产生，要求具有相当的新颖性且需要通过行政机关的审查才能取得，所以作为专利权进行保护的前提即为专利权的获得。目前，我国关于专利权的审查标准相对严格，是否能够顺利通过审查取得专利权亦成为是否能够获得知识产权保护的先决性条件。

（四）数据成果呈现与应用阶段的保护

数据成果呈现与应用是数据处理流程中的最后一个环节，也是数据"赋值"后数据价值的变现阶段，该阶段不仅会将较为抽象的数据转化为相对具象的成果，更会将该具象成果与具体的商业活动相结合，促使数据成果商业利益的最大化。

从数据处理与分析到数据成果呈现与应用，这一过程不仅需要投入大量的时间，更需要投入大量的人力和物力，这其中离不开开发人员的大量智力性投入。从现有情况来看，数据成果的具象化多以应用软件的形式出现，而该种类型软件的开发和运行均依托于大量相关数据的收集和分析，这一点有别于传统的应用软件。现阶段开发的一些具有人机交互功能的软件即属于这种类型，比如微软公司开发的人工智能软硬件"小冰"、亚马逊开发的智能音箱以及还在研发完善阶段的无人驾驶技术。该类数据成果的具象化如果以软件的形式存在则可以通过软件著作权予以保护。涉软件案件的审理过程中，关于软件的比对往往是案件审理的重点和难点，加之大量开源软件的存在，如何在软件开发过程中的自由再发布原则与软件著作权作为一种绝对性权利予以保护之间进行平衡，这对通过软件著作权保护数据成果提出了挑战、增加了难度。

在数据呈现与应用阶段还可能将数据成果通过构架运营某种商业模式的方式进行应用。在现有法律法规框架下，商业模式暂时还无法在整体上通过知识产权进行保护，但这并不影响将该商业模式内的某些构成要素通过知识产权进行保护。

四　大数据类知识产权案件疑难问题分析

大数据类知识产权案件中可能涉及知识产权问题相对其他案件更加全

面，在大数据采集、应用、交易、保护等多个阶段均可能涉及个人信息保护、著作权保护（含软件著作权保护）、方法专利的保护、商业秘密保护及不正当竞争的保护，还有可能受到《反垄断法》的调整等，有时更是多个问题的融合。

（一）大数据软件的著作权法保护

大数据软件可能遭受的侵权行为表现为：一是抄袭行为，即大数据软件作品源代码直接雷同，二是第三方恶意修改大数据软件作品，对大数据软件服务进行屏蔽、修改界面等。此类案件中，通常涉及如下问题。

一是技术中立抗辩，即软件提供了某种技术，技术不侵权，从而软件不侵权的抗辩逻辑。而该问题的实质是软件提供的是数据还是技术，目前，多数情况下，提供行为指向的客体是混同的，因此能够使用技术中立进行抗辩的情况愈来愈少，只有单纯的技术才可能不被苛责。二是实质性相似的判断，司法实践中两款软件的比对常成为案件难点。从我国法院关于软件作品实质性相似的侵权判决，包括其他类型作品的实质性相似的侵权判决，基本上是参照作品架构、语言风格、表达形式等要素，综合性地考虑是否构成实质性相似。

（二）《反不正当竞争法》在大数据类案件中的保护

一是数据库的反不正当竞争法保护。制作人对数据库投入了大量资金、劳动，只要竞争者利用了数据库中的数据，可认定竞争者的行为违反了《反不正当竞争法》规定的诚实信用、公平等基本竞争原则，构成第 2 条第 2 款意义上的不正当竞争行为。同时，如数据库符合商业秘密的条件，也可作为商业秘密进行保护。

二是商业秘密的保护。我国《反不正当竞争法》中对商业秘密的定义为不为公众知悉、能为权利人带来经济利益、具有实用性并经过权利人采取保密措施的技术信息和经营信息。因此，能够受到反不正当竞争法保护的商业秘密类数据不包含为公众可见的用户点评等数据信息。调研中多数企业对自己的数据采取了技术措施以商业秘密的形式予以保护，而第三方以不正当手段获取、使用商业秘密的行为大量存在，在寻求法律保护此类数据时难点是举证，原告不仅要对哪些数据构成其商业秘密进行举证，还应对其使用了某种技术保护措施进行保护进行举证，同时要对侵权方的不当手段进行举证。

（三）数据的垄断和排他

对于无形的数据进行权利界定，其规制对象智力成果均属于无形资产的范畴，单个数据本身的价值难以通过知识产权相关规定予以保护和规制，但是数据的分析和挖掘价值却可以通过知识产权的保护进行方方面面的规制。那么某一数据主体通过数据采集得到的数据能否成为其垄断资源。调研中，我们发现，目前已经出现的数据寡头与数据联盟之间的矛盾已渐现端倪。数据寡头利用其多平台的特点，收集大量数据进行相应的分析，在数据的采集、运用上享有了当然的话语权，但这种垄断地位不应是数据本身的性质，大数据的技术本身应当具有非排他性，即任何一个经过投入的主体，在对数据的采集和利用过程中均可以通过大数据的技术手段对数据加以一定形式的利用。

五　大数据司法保护的价值性判断

由于海量数据的存储和复制，多借助于互联网的分发和获得，在此过程中存在包括提供电信接入服务、支付服务、浏览器服务，内容服务和平台服务等多个环节，围绕不同时期和环节形成多维数据，企业间争夺产权将形成争议，而且企业的商业模式和广告分成也将受到影响，甚至可能存在假造数据的情况。对大数据知识产权保护，应当遵循如下原则。

（一）应当遵循人本原则

人本法律观是相对于神本法律观发展起来的，马克思曾指出"人是法律的出发点""全部人类历史的第一个前提无疑是有生命的个人的存在"。无论是科技还是法律，其发展和完善都应当为人类服务，脱离了这个本质，就会损害到人类自身整体的利益。

法律是因人而生，因人而存的。大数据的发展和完善应当遵循保护基本人类的自由、平等、安全、尊严价值，促进社会的福祉发展，在数据采集和使用的过程中，对于涉及个人隐私、信息安全方面的信息数据应当采取一定的保护措施，必要时可以对大数据行业进行立法规范，设置一定的行业准入门槛，防止数据采集和交易过程中损害个人自由、尊严、隐私等信息。

一种观念认为，基于大数据行业发展前景，使用人工智能制作各种形式的图文，充其量只能是一种逻辑的表达，其表达方式是非常有限的，不应当被视为作品，如果我们能够设置人工智能让他像人类一样"思考"，也只是在感官上更甚于常人，而不会产生感觉，这样的工作成果一般不应视为作品，不能通过作品的形式去获得保护，可以视为一种财产，人类使用工具劳动获得收益。还有一种观念认为，人工智能根据预置在程序架构中的逻辑以及使用人工智能的命令，随机组合各种图文创作了作品，作品著作权应当归属于程序开发者及使用者，但双方已经根据协议进行了约定的除外。我们倾向于前一种观念。

（二）应当遵循适度采集、隔离使用原则

适度采集。大数据企业存在不同的样态，不同的主体对于数据的兴趣和癖好也不一样，初始采集过程中，企业对于原始数据收集往往是兼收并蓄，尽可能多地收集各类数据，但是往往有些数据涉及敏感信息，如个人的账户、密码、身份等等，如果这类数据被买卖，将造成难以估量的后果，对于这类涉及特定的信息，应当慎重采集，采集后还应对数据信息进行脱敏处理。将个人信息进行大规模交易，可能会涉及刑事责任。

隔离使用。从法律层面来说，应当加大对数据采集的必要性管理，对于特定信息禁止收集、存储和使用。采集和使用的环节应当进行隔离，在企业间，企业各个部门之间对信息进行必要的分离管理，采集和使用应当分开进

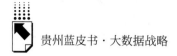

行，这样有利于明确责任主体。建立采集和使用行为分离机制，一方面有利于保护特定的主体的隐私、商业秘密等利益，另外一方面能够有效地预防犯罪，防止信息外泄的恶性事件。

（三）应当遵循合理避让原则

大数据基本形成或存储于服务器或者云端上，有些企业的数据是原始状态存储的，有些企业则是采取模型式存储，传输和存储环节存在不完善的地方，可以为其他企业抓取。在互联网环境下，即便数据保护已经逐步完善，如通过 https 的方式加密传输，但是由于分享和传播的需要，他人仍然可以接触到并加以破解，造成数据外泄。

在企业竞争过程中，可能存在各种矛盾，但竞争对手之间应当避免对于大数据的计算结果采取过度解读，从而形成对某一特定企业的恶意解读，损害企业的合法权益，即便这种解读是客观真实的，竞争企业间也应当避免类似情形。

企业之间通过网络开放协议，或者通过线下方式单独订立协议，对于加密或者开放的数据及数据统计结论，应当采取合理避让的方式，在竞争对手之间避免出现恶性竞争，防止利用大数据做出对竞争对手的侵权。

（四）应当遵循利益平衡原则

在数据采集、数据挖掘和数据交易等环节，数据本身并不产生价值，而是基于其二次开发和深度加工形成的分析报告存在显著价值，虽然有些公司开放了数据接口，但并不意味着可以任意取用，需遵守一定的协议。对于数据的保护应当遵守利益平衡的原则，特别是公共利益的保护。在数据的生产交易环节加强保护，通过适当的知识产权方式方法保护创新。

在采集时，应当平衡用户利益和平台利益。数据采集者和用户之间是对立统一体，采集者也可以根据用户的癖好和习惯，向用户推荐更多关心的信息，方便用户快捷精准获得资源。

在加工时，应当平衡数据采集者和数据中介服务机构之间的利益，对于数据的整理、存储、挖掘，也应该平衡各方利益，对于安全的需求、统一性的需求和便利性的需求，各方应当在数据加工时遵循一定的规范，按照行业或者国家标准来进行。

在数据交易中，还应当防止各种敏感数据，包括涉及商业秘密、个人隐私或者其他涉及法律权益的数据在市面流通，为交易双方提供合法公平的市场环境。

（五）鼓励数据流动、分享原则

大数据本质上是一个数据拼图，尽管它是多维的，如果企业将大数据作为企业经营的版图，引起行业恶性竞争或者数据垄断，必然损害整体的数据行业发展，进而损害到社会公共利益。大数据的垄断与大数据的本质背道而驰，最终毁掉的是大数据的价值。

鼓励企业将其经营的数据在脱敏以后加工进行交易，则会促进行业的整体发展，甚至于可以免费进行分享，但是这种机制必须在一定的安全机制下进行。

对于传统企业来说，大量的运营信息可数据化，以及数据化成果采集、挖掘和使用将是未来的行业发展的重点，有价值的数据将被逐步垄断，导致需方和售方博弈，在一定时期内，完成数据化将导致技术、人才竞争的加剧。

数据版图之争成为下一个纠纷的热点，围绕传统行业数据加工和挖掘，以及新兴市场主体的数据采集都会引发激烈的竞争。整体互联网依赖于分享机制的形成，公开的技术分享将大大促进行业整体进步。

（六）遵守法律伦理原则

人工智能实际上就是一种机器模仿人智力活动的技术，容易引发伦理困境。如前所述，技术虽然具有中立性，但是使用技术的人却具有一定的意图，对于人工智能模仿人类的活动所产生的法律效果缺乏评估的情况下，还是应当慎重认定法律行为和法律责任。从本质上来说，人工智能所遵循的是设备预先内置的逻辑思维能力，也就意味着这种规则是由人类创作的，而人类使用人工智能进行二次学习的过程中会产生下一阶段的活动，但由于无法预先评估机器在学习后会具备哪些能力，如果不加以评估，将产生法律问题。例如高速行驶的无人智能汽车，在极端情况下，可能要面临着是杀死乘车人还是行人的问题，具体决策都是根据计算机自动识别和评估来完成的，如果通过事先预置的智能系统进行决策，将导致灾难性后果，甚至开发者需承担刑事责任，但如果将这种情形下的决策权移交给驾驶者，就能相对缓解法律伦理困境。

大数据案件近年来逐步增多，与以往的涉互联网案件存在显著不同，以往的案件多以"信息"为载体，而大数据模式下的案件以"全息"为载体。采用全息的多维度，多样态来解读数据，在数据采集、数据分析和数据产权、数据成果等问题上非常复杂，我们通过提炼一定规则方法，希望能够在大数据产业起步阶段，有助于产业健康发展，培育和净化市场环境，促进社会创新的氛围。

B.18
大数据交易的法律保护路径研究

陈玉梅　韩姝娉*

摘　要： 通过大数据交易让大数据资源充分发挥其价值，是大数据业界一直关注的问题。近年来，我国大数据交易发展迅速，但由于法律规范的不足，大数据交易的风险也与日俱增。大数据交易的主体资格不明确、标的物质量难以确定、大数据交易平台监管措施不到位等都严重威胁着交易安全。为此，我们应设立大数据交易主体资格准入制度、完善大数据交易标的物的质量审查、加强大数据交易平台的监管等完善大数据交易的法律保护。

关键词： 大数据交易　大数据交易平台　数据主体　监管

大数据交易在我国属于新生事物，法律层面的规定尚不完善，交易过程不可避免地存在许多法律风险。法律风险若不能得到及时解决，将严重影响大数据交易整个产业的发展。风险主要表现在：交易主体不明确，交易环境法律规制不足，数据平台监管岌岌可危，责任承担方式不确定等。这些问题的存在时刻都在提醒着我们，在大力推动大数据交易发展的同时，必须加强大数据交易的法律保护。

在经济领域下，交易安全一直是交易环节的关键，只有通过大数据交易才能让大数据资源充分发挥其价值。让数据流通、数据共享，数据交易的出

---

* 陈玉梅，贵州财经大学文法学院党委常务副书记、教授，贵州省社会科学院大数据政策法律创新研究中心研究员，法学博士；韩姝娉，贵州财经大学法律专业硕士（法学）研究生。

现方便社会，造福于人类生活。我国目前在数据交易上需要制定出合理的法律法规，已备数据交易安全发展之需。

一 大数据交易的现状

（一）大数据交易发展的快速性

我国大约于2013年迈入大数据时代，2013年也被称为大数据元年。在大数据的发展历程中，随着科技的不断进步有了能采集、挖掘大数据的能力，从而大数据作为科技所制造出的产品被广泛使用。现实生活中，作为产品就需要满足两个条件：一是能够满足市场需求，二是能够满足人们的日常使用和消费，只有两个条件同时具备才能被称之为产品。大数据是虚拟终端的产品，不能达到自产自销的程度，所以需要借助人们在网络上浏览信息、留下痕迹作为大数据产生的途径。其次，大数据成为产品还需要满足市场需要和为人们日常生活带来可使用的价值。我们如何知道大数据是否能满足市场需要呢？那就是通过大数据交易。大数据交易能够让大数据在满足市场需要的前提下进驻市场，在市场上进行交易以实现其具有的使用价值。这种大数据交易市场可能是买卖双方直接建立的，也可能是通过第三方平台而间接实现交易行为的。这种能够间接帮助实现交易的第三方平台就被称为大数据交易平台。大数据交易平台的出现能够加快大数据交易的实现，这也使得大数据交易的价值不断上升。只有存在价值的产品才能激发市场对交易的兴趣，才能吸引需求方对大数据产品产生一种想要管理和掌控的心理，从而整体提升大数据价值。

1. 大数据交易平台的设立

大数据交易平台的设立最能体现大数据交易发展的快速性。在大数据还没有在我国被当成是一种资源、一种产品去交易时，大家对于大数据交易平台是陌生的。大数据交易平台的出现也依托于大数据交易市场的形成。笔者认为大数据交易平台之所以能在近几年之内得到如此迅速地发展，离不开交易市场的需求，这是由大数据具有的多特征决定的。众所周知，大数据具备数量大、种类多、价值低密度性和处理速度快的特点，同时在这些特征之外，也能看出大数据作为产品进行交易时，需要更多的技术支持。在买卖双方直接交易的过程中，虽然方便双方的直接沟通，但对卖方出卖的标的物提出了很高的要求，因为很多时候卖方往往并不具备应买方要求完整的处理大数据信息的能力和条件，因此很有可能会造成交易的终止。但通过大数据交易平台，能够给卖方降低技术成本和处理技术上的压力，同时大数据交易平台也只需要处理大数据信息，双方洽谈可以只在买卖双方间进行，谈妥之后将需求及时反馈给大数据交易平台。大数据交易平台本身就是为了实现大数据交易而设立的，在大数据的处理上能够保障交易产品的即时性、机密性、可利用性等。这就是大数据交易平台产生的主要原因，即帮助卖方处理大数据信息，满足买方的需求，从而完成大数据交易。

近三年，我国大数据交易平台的设立呈直线上升趋势，人们将此称为"井喷式"发展。大数据交易平台的职能主要包括，作为卖方直接完成交易或者作为第三方促成交易。在 2013 年大数据被提出之后，有着"中国数谷"之称的贵阳，于 2015 年在贵州成立了全国第一家以大数据命名的交易所——贵阳大数据交易所。[①] 虽然此前也有大数据交易平台，但据统计：2000～2004 年全国共成立大数据交易平台 2 家，2005～2009 年成立大数据交易平台 5 家，2010～2014 年成立大数据交易平台 15 家，但 2014～2018 年仅四年时间就成立了 37 家大数据交易平台。[②] 这个数据就足以说明大数据交易平台的设立是多么的迅速，也从一定层面反映出大数据交易发展的快速性。

2. 大数据交易的价值提升

大数据作为产品进行交易，与普通产品被交易一样，都是一种物权的转移。在买卖双方之间利用金钱或者其他具有财产性利益的物品与大数据产品

---

① https://baike.baidu.com/item/贵阳大数据交易/17210828？fr = aladdin，最后访问时间：2019 年 4 月 2 日。

② 李爱君：《2018 中国大数据法治发展报告》，"互联网金融监管"微信公众号，2018 年 12 月 17 日。

进行等价交换。卖方可以出卖所拥有的大数据所有权、使用权等给买方。买方因给付了等价物而获得大数据所有权或者使用权等权利，大数据交易的价值也就从中体现出来。大数据交易的价值反映了大数据的价值。王叁寿作为贵阳大数据交易所的执行总裁，在2018年的数博会应邀参加中央电视台《对话》栏目的采访中提道："最初，贵阳大数据交易所进行数据交易时，与商品交易和股票交易类似，适用佣金制。"投入与产出的价值相同，基本上是固定不变的，但这并没有达到大数据交易所预期的成果。大数据交易的目的在于物尽其用，发挥大数据的最大商业价值，从中获取更大的利益，但如果交易始终保持在投入与产出相等价值的情况下，并不会触发大数据交易所对于大数据交易的积极性，也就无法让大数据的价值得以充分发挥。贵阳大数据交易所认识到这种交易方式的不足，因此从佣金制转向增值式交易服务模式转变。投入的多少，决定交易产出时价值增长的倍数。①

（二）大数据交易风险的不确定性

大数据在交易的过程中，交易风险是不得不考虑的，毕竟有交易就不可避免地存在风险。大数据交易依靠的是交易平台，该平台是一种数字化的体现，可能不像我们日常在超市购物一样直观地接触和感受到物品，但是原理是相似的。大数据产品本身是一种无形的数据化信息，是许多代码的集合。大数据交易平台为了适应交易过程，只能将其通过数字化或电子化进行无实物交易。我们在购物选择商品时，不仅考虑商品外观的完整性，还会考虑商品的实际需求性和有效性。同理，在大数据交易过程中，买方在交易时也会尽可能地将大数据的所有性能考虑周全。但大数据产品本身的特殊性，决定了对大数据交易平台上的技术处理有更高的要求，不仅需要保证大数据产品能满足买方的需求，还要能够完整地体现产品信息，并且是及时有效的，而这些也正是风险所隐藏的地方。

---

① 贵阳大数据交易所，中央电视台《对话》嘉宾王叁寿：《大数据交易的价值》，2016年5月26日。

1. 侵害公民信息

大数据包括政府、企业、医疗、工业、科技等众多行业中的数据信息，而大数据主要来源途径为政府、企业、医疗行业，这其中包含了大量的公民个人信息。在这三类行业中，我们都或多或少的被采集过个人信息或者是留下与个人信息相关的痕迹。个人信息包括了身份证号、姓名、性别、手机号码等与公民个人息息相关的信息，众多信息中也涵盖了个人隐私信息。如果在大数据交易过程中，大数据交易平台或者是获取大数据的卖方不能将公民个人信息进行技术上的处理，在大数据产品聚合于平台或者数据市场后，就很容易被不法分子用非法手段获取，并且这种获取不是单个的获取，数据集合的区域更为不法分子提供了便利。通过裁判文书网对侵犯公民个人信息的案件进行检索，从 2011～2018 年我国发生非法获取公民信息的案件共有 643起，其中高发率在 2014 年（257 起）占比近 40%，2015 年（109 起）占比近17%。这两年正是大数据刚起步时期，也是大数据交易还不成熟的时期。案件高发地主要在上海市（111 起）以及浙江省（93 起），这两个地区互联网产业、网购产业是十分发达的，所获取的公民个人信息数据量也是相当大的。[①]人们在网上购物的同时就被获取了个人信息，由企业将这些数据进行聚集，就可能存在以下几种情形：1. 数据还没有流通到大数据交易平台便被非法获取；2. 数据进入大数据交易平台但尚未交易前被非法获取；3. 不法分子的目的不在于获取数据，而在于破坏数据的完整性，变成有瑕疵的数据无法再进行交易。上述三种可能都是大数据交易中的风险。数据没有被清洗、被处理就被获取，这就对公民个人信息造成了泄漏。当不法分子手握这些数据进行非法交易时，就可能导致与"徐玉玉"案类似的案件频繁发生。

2. 网络有害信息

网络空间拥有丰富的大数据资源，如何从海量的大数据中甄别出数据信息为有害信息，需要在建设大数据交易平台时进行技术开发。网络上每天传输的信息量巨大，这些信息在交易时都必须是合法、有效、完整的。因为大

---

① http://wenshu.court.gov.cn，中国裁判文书网，最后访问时间：2019 年 4 月 3 日。

数据交易的本质是让大数据能够流通，实现数据的商业化价值，而交易的前提是这些流通中的数据是符合法律规定、是被保护的数据，而不是任何数据都能参与流通。从数据信息获取后，我们最先判定获取的大数据是否为有害信息，是通过其中所包含的内容。例如贵阳大数据交易所近期在做对大数据的监测，打造出一款能对网络有害新信息的排查功能的产品。主要就是能够从表面直接发现数据中是否存在涉黄、涉赌、涉毒等网络违法行为。① 这种排查能有效地控制有害信息流入交易，但是笔者认为有害信息并不只限于此三类，大数据在被深度挖掘后，从其性能上分析一样还存在有害风险。在信息时代对于信息的要求是做到机密性、完整性与可用性。② 大数据是广泛的信息所集合的一种状态，更应该具备上述三类性质。大数据交易过程中，交易的大数据产品不能满足机密性时，同样应被认定为有害信息。首先，机密性是对数据信息的第一道防线，不能保证数据机密性，意味着当泄露风险出现时，数据的内容将全部被揭示，这当中可能就会牵涉到国家安全和个人信息安全；其次，第二道防线是保证数据的完整性，不完整的数据不应流入市场，有瑕疵的数据使用价值也不高，不应浪费交易资源去获取没有价值的产品；最后，第三道防线是可用性，这就要求进行大数据交易时是及时且有效的，大数据每时每刻都在不断更新，交易时所需要的一般是可用性最高的数据，那就需要满足及时获取、及时处理、及时交易，不能满足的数据就应当被剔除在外。

二 我国大数据交易存在的主要法律问题

（一）大数据交易主体资格不明确

在实务中，不论是数据权属问题还是数据交易问题，仍面临着数据主体

---

① 贵阳大数据交易所：《［交易所产品热搜榜］网络有害信息监测大数据平台》，"贵州大数据交易所"微信公众号，2019 年 4 月 3 日。
② 〔美〕詹姆斯.R.卡利瓦斯、迈克尔.R.奥弗利：《大数据商业应用风险规避与法律指南》，陈婷译，人民邮电出版社，2016。

不明确这一难题。因为数据本身是虚拟存在的，不像现实中购入的商品能够看得见、摸得着。例如，对于浏览各网站或者平台所留下的数据痕迹，是应当归属于浏览者个人还是开发网站的开发人，或是最终获取数据的企业？这些都将影响到数据主体的确定。在数据所有权主体尚不能明确的前提下，要确定数据交易主体就更加困难。

大数据交易在我国的发展状态，已经不再局限于只是买卖双方的交易，当中还会有第三方平台的介入。从各大数据交易平台或是拥有数据的公司现阶段的交易情况来看，常规模式下的交易主要还是发生在企业与企业之间。只是在商事主体的认定过程中，将"主体"概括为商个人、商法人和商合伙。从交易模式上看，现在的交易多数存在于商法人这一商事主体间。

（二）大数据交易标的物的质量难以确定

大数据交易过程中，需要确定交易主体、客体以及内容，而客体通常指的是交易主体权利义务所共同指向的对象即标的物。我国目前在交易的标的物的管理审查上还存在着许多不足，对交易标的物的质量也没有明确的规定。我们现在谈到的大数据交易，将大数据信息作为标的物进行交易，但是何种质量的大数据才是符合交易要求并没有明确。笔者认为，从现实角度分析，我们在超市购买食品时，会通过看生产日期、产地、成分构成、保质期等来判断商品的性质。大数据交易就要看大数据产品被采集之后至交易之前的时效性。时效性不高的一般有效性也就不强，这从大数据更新时速就足以可见。人们在选购其他商品时，还会将商品是否完整、是否合法、是否真实等因素考虑进来，再决定购买与否。同样在大数据交易的过程中，数据产品的完整性、合法性、真实性、有效性都是需求方会考虑的，也是卖方或者交易平台在出售数据时应当考虑的。当大数据交易标的物质量得不到规范时，就会损害交易双方或多方的利益，也会给数据本身带来不良影响。大数据是一个范围很广的产业，当中更是包含着极富竞争力的产品，全球都在关注着这个产业的发展动向。不能保证大数据交易标的物的质量，一旦危机爆发时，波及的范围也许不亚于一颗原子弹爆炸所影响的范围。

（三）大数据交易平台监管措施不到位

市场交易秉持自愿、平等、公平、诚实信用交易原则，目的就是促使整个交易过程是足够安全的。数据交易安全是数据流通中的重要环节，数据交易平台安全才能保障数据交易的安全。在现有情况下，如何保障数据交易平台的安全一直是一重要课题。其一，数据交易尚有许多待法律明确的规定，全国各地已如雨后春笋般成立了大数据交易平台，法律对于数据交易行为的规制严重滞后。其二，大数据在平台被交易后，后续并没有设置跟踪流程，是否能被安全的保管无从得知。数据泄露事件时有发生，恰恰说明数据没有被妥善的保管，当然也不排除买卖双方的恶意泄露行为的可能性。不论是我国还是其他国家，都面临着数据如何安全保管的问题。我国交易模式下要想数据被安全保管还得从数据交易平台的安全监管抓起。像美国在2016年爆发的Facebook数据泄露事件，事件的起因是源自数据平台的数据保管措施不到位，数据交易环节不安全才导致此类案件频发。大数据的崛起在我国也是近些年才有突飞猛进的态势，因此还有许多配套的体制机制没有构建起来。无法保障数据交易安全的情势下，数据交易能否给人类生活带来良性发展是一个有待探讨的问题。

三　大数据交易法律保护的完善

（一）设立大数据交易主体资格准入制度

从数据交易模式中的参与者来看，数据提供方多被看成卖方，数据交易平台被看成是中间商，需求方当中包含购买或租赁数据后而成为数据所有权人或数据使用权人的被看成是买方。

法律层面来说，针对数据交易的主体确定可以参照商法中对于主体的确定。商法上商事主体资格的取得通常需要在国家指定机关进行注册登记，那么数据交易主体的确定可以参照注册登记制，将商个人、商法人、商合伙在进行注册登记后成为数据交易的主体，登记注册制也能为之后的监管提供一定的保障。

在明确了数据交易主体后，应把相应数据主体准入资格再进行完善。在贵阳大数据交易所买卖双方想进行数据交易首先是要成为交易所的会员，这是一种资格准入的限制，不是会员皆不可参与数据交易。我国现在成立的许多平台和交易所，他们的交易模式能够为数据主体准入资格提供指导，但还存在数据交易主体没有入会，钻着法律对资格准入无规定的漏洞自行交易的情况，所以从法律层面来看，限制交易主体资格是有必要的，这样才能有效进行监管。

（二）完善大数据交易标的物的质量审查

大数据交易标的物质量是一个亟待完善和解决的问题，影响到对公民信息的侵害、对网络有害信息的认知、对整个大数据产业是否安全的思考。其实对于完善大数据交易标的物的质量，主要是在大数据产品被聚合之时，利用技术上的做法对标的物质量进行初步审查。这种方式在贵阳大数据交易所已开始实行，交易所已研发出的产品中有一种能实时监测数据信息的平台。通过建立违规关键词库、涉黄图片库、负面清单库，从多个方面对大数据中包含的信息进行深度挖掘、爬取，发现存在可疑词汇、疑似违规网站的将生成结果自动上报，那么这类标的物显然可以直接排除在交易之外。[①] 经过第一轮的初步筛查之后，大数据再进行交易之前，其大数据交易平台或者卖方还需要再对大数据的合法性、真实性、有效性、完整性进行第二轮过滤，这需要研发更高的技术产品加以应对。同时在法律上也要有的放矢地对大数据交易平台和卖方，严格规范其在没有尽到审查义务时应承担的责任。

（三）加强大数据交易平台的监管

在大数据交易的浪潮中，构建完善的监管制度、有效的监管措施、合理

---

① 贵阳大数据交易所：《［交易所产品热搜榜］网络有害信息监测大数据平台》，"贵州大数据交易所" 微信公众号，2019 年 4 月 3 日。

的监管手段，以保障数据交易的安全，为数据交易扫清障碍，就得从数据买卖双方以及平台上下功夫，以此为中心建立监管机制。

数据交易平台的监管疏忽会导致数据交易安全隐患的增加。不论是行政监管还是法律监管，当存在第三方交易平台时，就应把交易平台的监管放在首位。不存在第三方交易平台时，就需要严格规范买卖双方的交易。对于交易平台的监管，近些年交易平台的成立发展非常快，从贵阳成立第一家以大数据命名的交易所以来，其他各地就开始相继出现交易平台和交易所。本身交易平台的定位就十分模糊，多家平台和交易所又集中在 2014 年、2015 年涌现，无疑对监管带来了巨大的冲击，以至于在平台和交易所的成立条件还没来得及去规范。众筹平台相较于数据交易平台而言，在我国出现的时间较早，对众筹平台的规范路径也许能为大数据交易平台的规范路径提供参考。笔者认为，在大数据交易平台的监管上可参考借鉴众筹平台的监管路径，构建出符合大数据交易平台发展的新路径。从其现状来看，无论是对大数据交易平台还是众筹平台而言，处在"三无阶段"时期的监管思路应该放在资质的审查上。当前在数据交易监管上若是能出台相应的资格审查机制明确其定位，就能为日后对平台的监管把握方向。《贵阳大数据交易所 702 公约》中就有对交易所的服务范围、职能等方面进行限定。[①] 交易所主要承担撮合服务，也就是民法上居间合同中居间人的地位，那么将交易平台摆在居间人的地位也就有据可循，交易平台的认定应始终落在其应具有的中立性上，交易平台的目的旨在促成交易，而不参与交易。另外，大数据交易平台原则上应该有对其自身责任范围的规定，以便形成自律监管，而不是仅作为监管主体对其他事物进行监管，疏于对自身的监管。赋予大数据交易平台一定的监管职能，能有效保障原始数据权利人的利益，保证交易平台不被利益所驱使。在买卖双方的监管上，如果在平台上交易，平台应负有监管义务，保障交易的安全，维护用户的隐私。买卖双方应相互监督，遵循诚实信用原则，及时、全面履行合同义务

---

① 《贵阳大数据交易所 702 公约》，2015。

以确保交易安全。现买卖双方恶意串通买卖数据的情形，应承担相应法律责任以制裁可能出现的不合法交易现象。

结　语

数字经济时代，大数据是影响社会进步与发展的一项重要资源。大数据交易是让大数据资源发挥其价值的最好途径，也是能让资源共享的有利途径。大数据交易使数据孤岛效应被打破，同时还促进了大数据价值的实现，可谓是一举两得。但是大数据交易绝对不能是放任的发展，需要完善的法律规定和严格的监管制度。大数据交易是一把双刃剑，妥善的使用才能收获最大的效益。

附　　录

Appendices

B.19
贵州大数据地方性法规文件汇编
（2012～2018）

贵州省大数据发展应用促进条例[*]

第一章　总则

第一条　为推动大数据发展应用，运用大数据促进经济发展、完善社会治理、提升政府服务管理能力、服务改善民生，培育壮大战略性新兴产业，根据有关法律、法规的规定，结合本省实际，制定本条例。

第二条　本省行政区域内大数据发展应用及其相关活动，应当遵守本条例。

本条例所称大数据，是指以容量大、类型多、存取速度快、应用价值高

＊　2016年1月15日贵州省第十二届人民代表大会常务委员会第二十次会议通过。

为主要特征的数据集合，是对数量巨大、来源分散、格式多样的数据进行采集、存储和关联分析，发现新知识、创造新价值、提升新能力的新一代信息技术和服务业态。

第三条 大数据发展应用应当坚持统筹规划、创新引领，政府引导、市场主导，共享开放、保障安全的原则。

第四条 省人民政府坚持应用和服务导向，推进大数据发展应用先行先试；积极引进和培育优势企业、优质资源、优秀人才，促进大数据产业核心业态、关联业态、衍生业态协调发展；加快推进国家大数据综合试验区和大数据产业发展聚集区、大数据产业技术创新试验区、大数据战略重点实验室、大数据安全与管理工程、跨境数据自由港等建设发展，形成大数据资源汇集中心、企业聚集基地、产业发展基地、人才创业基地、技术创新基地和应用服务示范基地。

第五条 省人民政府统一领导全省大数据发展应用工作，市、州和县级人民政府负责本行政区域内大数据发展应用工作。

县级以上人民政府应当将大数据发展应用纳入本行政区域国民经济和社会发展规划，协调解决大数据发展应用的重大问题。

县级以上人民政府信息化行政主管部门负责大数据发展应用的具体工作，县级以上人民政府其他部门按照各自职责做好大数据发展应用相关工作。

第六条 省人民政府信息化行政主管部门会同有关部门，按照适度超前、合理布局、绿色集约、资源共享的原则，编制本省大数据发展应用总体规划，报省人民政府批准后公布实施。

市、州和县级人民政府以及省人民政府有关行政主管部门编制本区域、本部门、本行业大数据发展应用专项规划的，应当与省大数据发展应用总体规划相衔接，并报省人民政府信息化行政主管部门备案。

第七条 县级以上人民政府及其部门应当加强大数据发展应用宣传教育，提高全社会大数据发展应用意识和能力。

第二章　发展应用

第八条　省、市、州人民政府可以设立大数据发展应用专项资金，用于大数据发展应用研究和标准制定、产业链构建、重大应用示范工程建设、创业孵化等；县级人民政府根据需要，可以相应设立大数据发展应用专项资金。

依法设立大数据发展基金，引导社会资本投资大数据发展应用。

鼓励金融机构创新金融产品，完善金融服务，支持大数据发展应用；鼓励社会资金采取风险投资、创业投资、股权投资等方式，参与大数据发展应用；鼓励、支持符合条件的大数据企业依法进入资本市场融资。

第九条　县级以上人民政府可以确定本行政区域大数据发展应用重点领域，制定支持大数据产业发展、产品应用、购买服务等政策措施。

县级以上人民政府应当结合本行政区域大数据发展应用重点领域，制定大数据人才引进培养计划，积极引进领军人才和高层次人才，加强本土人才培养，并为大数据人才开展教学科研和创业创新等活动创造条件。

第十条　县级以上人民政府应当根据土地利用总体规划和大数据发展应用总体规划、专项规划，保障大数据项目建设用地；对新增大数据项目建设用地，优先列入近期城乡规划、土地利用年度计划；年度内新增建设用地，优先用于大数据建设项目。

第十一条　符合国家税收优惠政策规定的大数据企业，享受税收优惠。

大数据高层次人才或者大数据企业员工年缴纳个人所得税达到规定数额的，按照有关规定给予奖励；具体办法由省人民政府制定。

第十二条　鼓励高等院校、教学科研机构和企事业单位以设立研发中心、技术持股、期权激励、学术交流、服务外包、产业合作等方式，积极利用国内外大数据人才资源。

鼓励高等院校、科研机构、职业学校与企业合作，开展大数据发展应用技术研究，建立大数据教育实践、创新创业和培训基地。

支持高等院校大数据学科建设，开设大数据相关课程。

第十三条 省人民政府应当整合资源、加大投入，加快信息基础设施建设，推动省内通信网络互联互通，提高城乡宽带、移动互联网覆盖率和接入能力，推进全省通信骨干网络扩容升级，提升互联网出省带宽能力。

鼓励、支持网络通信运营企业加快骨干传输网、无线宽带网及新一代移动互联网建设和改造升级，优化网络通信基础设施布局，提高网络通信质量，降低网络通信资费。

第十四条 省人民政府应当组织有关部门、教学科研机构等积极开展大数据发展应用相关标准研究，推动建立地方、行业大数据发展应用标准体系。

鼓励大数据企业研究制定大数据发展应用相关标准。

第十五条 政府投资的大数据工程应当进行项目需求分析，科学确定项目建设内容和投资规模，严格项目审批程序，并按照国家有关规定加强项目全过程管理。

公共机构已建、在建信息平台和信息系统应当依法实现互联互通，不得新建孤立的信息平台和信息系统、设置妨碍互联互通的技术壁垒。

第十六条 省人民政府信息化行政主管部门会同相关部门制定公共数据资源分级分类管理办法，依法建立健全公共数据采集制度。

第十七条 任何单位或者个人不得非法采集涉及国家利益、公共安全、商业秘密、个人隐私、军工科研生产等数据，采集数据不得损害被采集人的合法权益。

通过公共平台可以获得的共享数据，公共机构不得向相关单位和个人重复采集，上级部门和单位不得要求下级部门和单位重复上报，法律法规另有规定的除外。

第十八条 培育数据交易市场，规范交易行为。数据资源交易应当遵循自愿、公平和诚实信用原则，遵守法律法规，尊重社会公德，不得损害国家利益、社会公共利益和他人合法权益。

数据交易应当依法订立合同，明确数据质量、交易价格、提交方式、数

据用途等内容。推行数据交易合同示范文本。

第十九条 鼓励和引导数据交易当事人在依法设立的数据交易服务机构进行数据交易。

数据交易服务机构应当具备与开展数据交易服务相适应的条件，配备相关人员，制定数据交易规则、数据交易备案登记等管理制度，依法提供交易服务。

第二十条 县级以上人民政府应当加强社会治理大数据应用，推动简政放权，提升宏观调控、市场监管与公共服务等决策、管理、服务能力。

实施"数据铁笼"，规范权力行使，对公共权力、公共资源交易、公共资金等实行全过程监督。

第二十一条 县级以上人民政府应当推进信息化与农业、工业、服务业等产业深度融合，推动现代山地特色高效农业、大健康、旅游、新型建筑材料等领域大数据应用，提升相关产业大数据资源的分析应用能力，培育互联网金融、大数据处理分析等新业态，推动产业转型升级。

第二十二条 县级以上人民政府应当在社会保障、公共安全、人居环境、劳动就业、文化教育、交通运输、综合治税、消费维权等领域开展大数据应用，优化公共资源配置，提高公共服务水平。

推进大数据精准扶贫，建设涉农数据交换与共享平台，实现涉农基本数据动态化、数字化、常态化精准管理。

第二十三条 县级以上人民政府应当积极支持大数据关键技术、解决方案、重点产品、配套服务、商业模式创新和应用研究，培养大数据骨干企业，推动大众创业、万众创新。

第三章　共享开放

第二十四条 省人民政府按照统一标准、依法管理，主动提供、无偿服务，便捷高效、安全可靠的原则，制定全省公共数据共享开放措施，推动公共数据率先共享开放。

第二十五条　数据共享开放，应当维护国家安全和社会公共安全，保守国家秘密、商业秘密，保护个人隐私，保护数据权益人的合法权益。任何单位和个人不得利用数据共享开放从事违法犯罪活动。

第二十六条　全省统一的大数据平台（以下简称"云上贵州"）汇集、存储、共享、开放全省公共数据及其他数据。

除法律法规另有规定外，公共机构信息系统应当向"云上贵州"迁移，公共数据应当汇集、存储在"云上贵州"并与其他公共机构共享。

鼓励其他信息系统向"云上贵州"迁移，其他数据汇集、存储在"云上贵州"并与他人共享、向社会开放。

"云上贵州"管理及公共数据共享开放的具体办法，由省人民政府另行制定。

第二十七条　实行公共数据开放负面清单制度。除法律法规另有规定外，公共数据应当向社会开放；依法不能向社会开放的公共数据，目录应当向社会公布。

依法不能向社会开放的公共数据，涉及特定公民、法人和其他组织重大利益关系的，经申请可以向该特定对象开放。

第二十八条　公共数据共享开放，应当符合统一的格式标准，内容应当真实、准确、完整。

通过共享开放获取的公共数据，与纸质文书原件具有同等效力。

第二十九条　实行公共数据共享开放风险评估制度。提供公共数据的单位应当按照法律法规和保密、安全管理等规定，对公共数据进行风险评估，保证共享开放数据安全。

"云上贵州"管理机构应当对通过该平台共享开放的公共数据进行风险审核，发现可能存在风险时，应当及时告知提供单位；提供单位应当及时处理并予以反馈。

第三十条　鼓励单位和个人对共享开放的数据进行分析、挖掘、研究，开展大数据开发和创新应用。

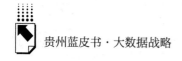

第四章 安全管理

第三十一条 省人民政府建立数据安全工作领导协调机制，统筹协调和指导本省数据安全保障和监管工作。

省大数据安全主管部门会同有关部门制定数据安全等级保护、风险测评、应急防范等安全制度，加强对大数据安全技术、设备和服务提供商的风险评估和安全管理，建立健全大数据安全保障和安全评估体系。

第三十二条 大数据采集、存储、清洗、开发、应用、交易、服务单位应当建立数据安全防护管理制度，制定数据安全应急预案，并定期开展安全评测、风险评估和应急演练；采取安全保护技术措施，防止数据丢失、毁损、泄露和篡改，确保数据安全。发生重大数据安全事故时，应当立即启动应急预案，及时采取补救措施，告知可能受到影响的用户，并按照规定向有关主管部门报告。

第三十三条 鼓励大数据保护关键技术和大数据安全监管支撑技术创新和研究，支持科研机构、高等院校和企业开展数据安全关键技术攻关，推动政府、行业、企业间数据风险信息共享。

第五章 法律责任

第三十四条 公共机构及其工作人员违反本条例第十五条第二款、第十七条第二款、第二十五条、第二十六条第二款、第二十七条第一款、第二十八条第一款、第二十九条第一款规定的，由其上级主管部门或者监察机关对直接负责的主管人员和其他直接责任人员依法给予行政处分。

第三十五条 国家机关及其工作人员违反本条例规定，或者玩忽职守、滥用职权、徇私舞弊，妨碍大数据发展应用工作，尚不构成犯罪的，由其上级主管部门或者监察机关对直接负责的主管人员和其他直接责任人员依法给予行政处分。

第三十六条 违反本条例规定，非法采集、销售涉及国家利益、公共安全和军工科研生产等数据的，按照有关法律法规的规定处罚。

非法采集、销售涉及商业秘密或者个人隐私数据，尚不构成犯罪的，由县级以上人民政府有关行政主管部门没收违法所得，并可处以违法所得1倍以上10倍以下罚款；没有违法所得的，处以1万元以上10万元以下罚款。

第三十七条 违反本条例规定的其他行为，有关法律法规有处罚规定的，从其规定。

第六章 附则

第三十八条 本条例下列用语的含义为：

（一）公共数据，是指公共机构、公共服务企业为履行职责收集、制作、使用的数据。

（二）公共机构，是指全部或者部分使用财政性资金的国家机关、事业单位和团体组织。

（三）公共服务企业，是指提供公共服务的供水、供电、燃气、通信、民航、铁路、道路客运等企业。

第三十九条 本条例自2016年3月1日起施行。

贵阳市政府数据共享开放条例*

第一章 总则

第一条 为了全面实施大数据战略行动，加快建设国家大数据（贵州）综合试验区，推动政府数据共享开放和开发应用，促进数字经济健康发展，

---

* 2017年1月24日贵阳市第十三届人民代表大会常务委员会第四十八次会议通过，2017年3月30日贵州省第十二届人民代表大会常务委员会第二十七次会议批准。

提高政府治理能力和服务水平，激发市场活力和社会创造力，根据《中华人民共和国网络安全法》《贵州省大数据发展应用促进条例》和有关法律法规的规定，结合本市实际，制定本条例。

第二条 本市行政区域内政府数据共享、开放行为及其相关管理活动，适用本条例。

本条例所称政府数据，是指市、区（市、县）人民政府及其工作部门和派出机构、乡（镇）人民政府（以下简称行政机关）在依法履行职责过程中制作或者获取的，以一定形式记录、保存的各类数据资源。

本条例所称政府数据共享，是指行政机关因履行职责需要使用其他行政机关的政府数据或者为其他行政机关提供政府数据的行为。

本条例所称政府数据开放，是指行政机关面向公民、法人和其他组织提供政府数据的行为。

第三条 政府数据共享开放应当以问题和需求为导向，遵循统筹规划、全面推进、统一标准、便捷高效、主动提供、无偿服务、依法管理、安全可控的原则。

第四条 市人民政府统一领导全市政府数据共享开放工作，统筹协调政府数据共享开放工作的重大事项。区（市、县）人民政府领导本辖区政府数据共享开放工作。

市大数据行政主管部门负责全市政府数据共享开放的监督管理和指导工作。区（市、县）大数据行政主管部门负责本辖区政府数据共享开放的相关管理工作，业务上接受市大数据行政主管部门的监督指导。

其他行政机关应当在职责范围内，做好政府数据的采集汇聚、目录编制、数据提供、更新维护和安全管理等工作。

第五条 县级以上人民政府应当将政府数据共享开放工作纳入本辖区的国民经济和社会发展规划及年度计划。

政府数据共享开放工作所需经费纳入同级财政预算。

第六条 行政机关应当加强政府数据共享开放宣传教育、引导和推广，增强政府数据共享开放意识，提升全社会政府数据应用能力。

第七条 鼓励行政机关在政府数据共享开放工作中先行先试、探索创新。

对在政府数据共享开放工作中做出突出贡献的单位和个人，由县级以上人民政府按照规定给予表彰或者奖励。

第八条 实施政府数据共享开放，应当依法维护国家安全和社会公共安全，保守国家秘密、商业秘密，保护个人隐私。任何组织和个人不得利用共享、开放的政府数据进行违法犯罪活动。

第二章　数据采集汇聚

第九条 市人民政府依托"云上贵州"贵阳分平台，统一建设政府数据共享平台（以下简称共享平台）和政府数据开放平台（以下简称开放平台），用于汇聚、存储、共享、开放全市政府数据。

除法律法规另有规定外，"云上贵州"贵阳分平台、共享平台、开放平台应当按照规定与国家、贵州省的共享、开放平台互联互通。

共享平台和开放平台建设、运行、维护和管理的具体办法，由市人民政府制定。

第十条 行政机关应当将本辖区、本机关信息化系统纳入市级政府数据共享开放工作统筹管理，并且提供符合技术标准的访问接口与共享平台和开放平台对接。

第十一条 政府数据实行分级、分类目录管理。目录包括政府数据资源目录以及共享目录、开放目录。

行政机关应当依照国家、贵州省的政务信息资源目录编制指南以及标准，在职责范围内编制本辖区、本机关的目录，并且逐级上报大数据行政主管部门汇总。

目录应当经大数据行政主管部门审核、同级人民政府审定，市级共享目录、开放目录应当按照规定公布。

第十二条 行政机关应当按照技术规范，在职责范围内采集政府数据，

进行处理后实时向共享平台汇聚。

采集政府数据涉及多个行政机关的，由相关行政机关按照规定的职责协同采集汇聚。

行政机关对其采集的政府数据依法享有管理权和使用权。

第十三条 行政机关应当对所提供的政府数据进行动态管理，确保数据真实、准确、完整。

因法律法规修改或者行政管理职能发生变化等涉及目录调整的，行政机关应当自情形发生之日起 15 日内更新；因经济、政治、文化、社会和生态文明等情况发生变化，涉及政府数据变化的，行政机关应当及时更新。

政府数据使用方对目录和获取的数据有疑义或者发现有错误的，应当及时反馈政府数据提供机关予以校核。

第三章　数据共享

第十四条 政府数据共享分为无条件共享、有条件共享。

无条件共享的政府数据，应当提供给所有行政机关共享使用；有条件共享的政府数据，仅提供给相关行政机关或者部分行政机关共享使用。

第十五条 无条件共享的政府数据，通过共享平台直接获取。

有条件共享的政府数据，数据需求机关根据授权通过共享平台获取；或者通过共享平台向数据提供机关提出申请，由数据提供机关自申请之日起 10 日内答复，同意的及时提供，不同意的说明理由。

数据提供机关不同意提供有条件共享的政府数据，数据需求机关因履行职责确需使用的，由市大数据行政主管部门协调处理。

第十六条 行政机关通过共享平台获取的文书类、证照类、合同类政府数据，与纸质文书原件具有同等效力，可以作为行政管理、服务和执法的依据。

行政机关办理公民、法人和其他组织的申请事项，凡是能够通过共享平台获取政府数据的，不得要求其重复提交，但法律法规规定不适用电子文书的除外。

第十七条 行政机关通过共享平台获取的政府数据，应当按照共享范围和使用用途用于本机关履行职责需要。

第四章 数据开放

第十八条 行政机关应当向社会开放下列情形以外的政府数据：

（一）涉及国家秘密的；

（二）涉及商业秘密的；

（三）涉及个人隐私的；

（四）法律法规规定不得开放的其他政府数据。

前款第一项至第三项规定的政府数据，依法已经解密或者经过脱敏、脱密等技术处理符合开放条件的，应当向社会开放。

第十九条 县级以上人民政府应当制定政府数据开放行动计划和年度工作计划，依照政府数据开放目录，通过开放平台主动向社会开放政府数据。

政府数据应当以可机读标准格式开放，公民、法人和其他组织可以在线访问、获取和利用。

第二十条 本条例施行之日起新增的政府数据，应当先行向社会开放。

信用、交通、医疗、卫生、就业、社保、地理、文化、教育、科技、资源、农业、环境、安监、金融、质量、统计、气象、企业登记监管等民生保障服务相关领域的政府数据，应当优先向社会开放。

社会公众和市场主体关注度、需求度高的政府数据，应当优先向社会开放。

第二十一条 公民、法人和其他组织认为应当列入开放目录未列入，或者应当开放未开放的政府数据，可以通过开放平台提出开放需求申请。政府数据提供机关应当自申请之日起 10 日内答复，同意的及时列入目录或者开放，不同意的说明理由。

公民、法人和其他组织对政府数据提供机关的答复有异议的，可以向市大数据行政主管部门提出复核申请，大数据行政主管部门应当自受理复核申请之日起 10 日内反馈复核结果。

第二十二条　县级以上人民政府应当建立政府与社会公众互动工作机制，通过开放平台、政府网站、移动数据服务门户等渠道，收集社会公众对政府数据开放的意见，定期进行分析，改进政府数据开放工作，提高政府数据开放服务能力。

第二十三条　行政机关应当通过政府购买服务、专项资金扶持和数据应用竞赛等方式，鼓励和支持公民、法人和其他组织利用政府数据创新产品、技术和服务，推动政府数据开放工作，提升政府数据应用水平。

县级以上人民政府可以采取项目资助、政策扶持等措施，引导基础好、有实力的企业利用政府数据进行示范应用，带动各类社会力量对包括政府数据在内的数据资源进行增值开发利用。

第五章　保障与监督

第二十四条　市人民政府应当依法建立健全政府数据安全管理制度和共享开放保密审查机制，其他行政机关和共享开放平台运行、维护单位应当落实安全保护技术措施，保障数据安全。

第二十五条　市大数据行政主管部门应当会同有关行政机关依法制定政府数据安全应急预案，定期开展安全测评、风险评估和应急演练。发生重大安全事故时，应当立即启动应急预案，及时采取应急措施。

第二十六条　市大数据行政主管部门应当定期组织行政机关工作人员开展政府数据共享开放培训和交流，提升共享开放业务能力和服务水平。

第二十七条　市人民政府应当制定考核办法，将政府数据共享开放工作纳入年度目标绩效考核，考核结果向社会公布。

第二十八条　县级以上人民政府应当定期开展政府数据共享开放工作评估，可以委托第三方开展评估，结果向社会公布。

鼓励第三方独立开展政府数据共享开放工作评估。

第二十九条　公民、法人和其他组织认为行政机关及其工作人员不依法履行政府数据共享开放职责的，可以向上级行政机关、监察机关或者市大数据行政主管部门投诉举报。收到投诉举报的机关应当及时调查处理，并且将处理结果反馈投诉举报人。

第六章　法律责任

第三十条　违反本条例规定，行政机关及其工作人员有下列行为之一的，由其上级机关或者监察机关责令限期改正，通报批评；逾期不改正的，对直接负责的主管人员和其他直接责任人员依法给予处分：

（一）不按照规定建设共享平台、开放平台的；

（二）不按照规定采集、更新政府数据的；

（三）不按照规定编制、更新目录的；

（四）不按照规定汇总、上报目录的；

（五）提供不真实、不准确、不完整政府数据的；

（六）不按照规定受理、答复、复核或者反馈政府数据共享或者开放需求申请的；

（七）要求申请人重复提交能够通过共享平台获取政府数据的；

（八）无故不受理或者处理公民、法人和其他组织投诉举报的；

（九）违反本条例规定的其他行为。

第三十一条　违反本条例规定，在政府数据共享、开放过程中泄露国家秘密、商业秘密和个人隐私的，依照有关法律法规处罚。

第七章　附则

第三十二条　法律、法规授权具有公共管理职能的事业单位和社会组织的数据共享开放行为及其相关活动，参照本条例执行。

供水、供电、供气、通信、民航、铁路、道路客运等公共服务企业数据的共享开放,可以参照本条例执行。

第三十三条 本条例自 2017 年 5 月 1 日起施行。

贵阳市大数据安全管理条例*

第一章 总则

第一条 为了加强大数据安全管理,维护国家安全、社会公共利益,保护公民、法人和其他组织的合法权益,促进大数据发展应用,推动实施大数据战略,根据《中华人民共和国网络安全法》等有关法律法规的规定,结合本市实际,制定本条例。

第二条 本条例适用于本市行政区域内大数据发展应用中的安全保护、监督管理以及相关活动。

涉及国家秘密的大数据安全管理,按照有关保密法律法规的规定执行。

本条例所称大数据安全,是指大数据发展应用中,数据的所有者、管理者、使用者和服务提供者(以下简称安全责任单位)采取保护管理的策略和措施,防范数据伪造、泄露或者被窃取、篡改、非法使用等风险与危害的能力、状态和行动。

本条例所称大数据,是指以容量大、类型多、存取速度快、应用价值高为主要特征的数据集合,是对数量巨大、来源分散、格式多样的数据进行采集、存储和关联分析,发现新知识、创造新价值、提升新能力的新一代信息技术和服务业态。

本条例所称数据,是指通过计算机或者其他信息终端及相关设备组成的系统收集、存储、传输、处理和产生的各种电子化的信息。

---

* 2018 年 6 月 5 日贵阳市第十四届人民代表大会常务委员会第十三次会议通过,2018 年 8 月 2 日贵州省第十三届人民代表大会常务委员会第四次会议批准。

第三条 实施大数据安全管理，应当坚持正确的网络安全观，遵循统一领导、政府管理、行业自律、社会监督、风险防控、权责统一、包容审慎、支持创新的原则。

第四条 市人民政府统一领导本市大数据安全管理工作。区（市、县）人民政府领导本辖区大数据安全管理工作。

第五条 市网信部门负责统筹协调全市大数据安全监督管理工作，组织开展全市关键信息基础设施监管等工作。区（市、县）网信部门按照职责负责综合协调本辖区大数据安全监督管理工作。

市公安机关负责开展大数据安全的等级保护、日常巡查、执法检查、信息通报、应急处置等监督管理工作。区（市、县）公安机关按照职责负责本辖区大数据安全监督管理工作。

市大数据主管部门统筹协调本市大数据安全保障体系建设。区（市、县）大数据主管部门按照职责负责本辖区大数据安全管理的相关工作。

保密、国家安全、密码管理、通信管理等主管部门按照各自职责，做好大数据安全管理的相关工作。

第六条 安全责任单位应当加强大数据安全能力建设，履行大数据安全保护职责，接受有关主管部门监督管理和社会监督。

第七条 县级以上人民政府以及网信、公安、大数据等主管部门和安全责任单位、大众传播媒介按照各自职责，做好大数据安全宣传教育工作。

第八条 市人民政府设立统一的大数据安全监管服务、投诉举报平台，建立相应的工作机制。

任何单位和个人都有权投诉举报危害大数据安全的行为；有关部门应当对投诉举报予以保密。

第二章　安全保障

第九条 安全责任单位应当根据职责明确、意图合规、质量保障、数据最小化、最小授权操作、分类分级保护和可审计的原则，采取有效措施保护数据的保密性、完整性、真实性、可控性、可靠性和可核查性。

第十条 安全责任单位的法定代表人或者主要负责人是本单位大数据安全的第一责任人。

安全责任单位应当根据数据的生命周期、规模、重要性和本单位的性质、类别、规模等因素，建立安全管理内控制度和支撑保障机制，明确安全管理负责人，落实不同岗位的安全管理职责；关键信息基础设施的运营者还应当设置专门安全管理机构。

第十一条 安全责任单位应当根据数据类型、级别、敏感程度以及数据安全能力成熟度等要求，制定安全规则、管理规范和操作规程，采取相应的安全管理策略、管理措施和技术手段实施有效管理。

第十二条 安全责任单位应当按照大数据安全等级保护要求进行系统安全功能配置，制定实施系统配置技术管理规程、软件采购使用限制策略和外部组件使用安全策略，规定配置管理的审批、操作流程，提供符合规范标准的管理与服务，对系统重要配置进行及时更新。

第十三条 安全责任单位应当制定完善访问控制策略，采取授权访问、身份认证等技术措施，防止未经授权查询、复制、修改或者传输数据。对个人信息和重要数据实行加密等安全保护，对涉及国家安全、社会公共利益、商业秘密、个人信息的数据依法进行脱敏脱密处理。

第十四条 安全责任单位应当建立大数据安全审计制度，规定审计工作流程，记录并保存数据分类、采集、清洗、转换、加载、传输、存储、复制、备份、恢复、查询和销毁等操作过程，定期进行安全审计分析。

第十五条 存储数据，应当选择安全性能、防护级别与其安全等级相匹配的存储载体，并且依法进行管理和维护。

销毁数据，应当按照数据分类分级建立审查机制，明确销毁对象、流程和技术等要求，设置相关监督角色，以不可逆方式销毁数据内容。

第十六条 安全责任单位服务外包业务涉及收集、存储、传输或者应用数据的，应当依法与外包服务提供商签订安全保护协议，采取安全保护措施，并对导出、复制、销毁数据等行为进行监督。

第十七条　支持依法成立的大数据行业组织依照法律、法规和章程的规定，制定行业安全规范和服务标准，对其会员的大数据安全行为进行自律管理，组织开展大数据安全教育、业务培训，推进大数据安全合作、交流，提高大数据安全管理水平和从业人员素质。

第十八条　市人民政府应当建立联席会议制度，研究、解决大数据安全工作的重大事项、重点工作和重要问题。

县级以上人民政府应当整合大数据安全防范、保障等资源，建立重点领域工作联动、会商、约谈、通报、巡查和决策咨询等机制，统筹有关职能部门履行大数据安全监督管理职责，防范安全风险。

第十九条　市人民政府建立大数据安全靶场和产品检验场地，对大数据安全新技术、新应用、新产品进行测试、检验，定期开展攻防演练，促进大数据安全城市建设。

第二十条　县级以上人民政府应当采取资金扶持、开设绿色通道等措施，支持大数据安全技术产业发展、安全技术研发应用和安全管理方式创新。

鼓励企业、科研机构、高等院校、职业学校和相关行业组织建立教育实践和培训基地，开设相关专业课程，加强人才交流，多形式培养、引进和使用大数据安全人才。

第二十一条　市公安机关负责大数据安全投诉举报平台的运行、维护和管理工作，公布投诉举报方式等信息，即时受理投诉举报，按照规定时限回复；对不属于本部门职责的，移送有关部门处理。有关部门处理后，应当按照规定时限反馈市公安机关。

安全责任单位应当建立大数据安全投诉举报制度，公布投诉举报方式等信息，接受和处理用户及相关利害关系人的投诉举报。

第二十二条　网信、公安、大数据、标准化、工业和信息化等主管部门应当加强大数据安全的国家标准、行业标准和地方标准的宣传、培训，引导、鼓励安全责任单位采用大数据安全国家推荐标准、行业标准和地方标准。

鼓励支持教育、科研机构和企业参与大数据安全的国家标准、行业标准和地方标准的研究、制定。

鼓励安全责任单位运用区块链等新技术手段，优化数据聚通用架构，强化信任认证和防篡改设计，提升大数据安全防护水平。

第二十三条 市大数据主管部门应当配合制定大数据安全保护标准体系，指导数据资源分类分级、数据安全能力成熟度认定和数字认证等相关工作。

第二十四条 县级以上人民政府以及有关部门应当通过报纸杂志、电台电视台、门户网站、微信微博等途径，运用安全宣传周、主题日、专题会、研讨班、应用场景展示、竞赛等形式，经常性地对公众以及大数据安全重点领域、重点行业、重点单位、重点人群等组织开展大数据安全法律法规、形势政策和知识技能的宣传培训。

安全责任单位应当制定计划，对员工、用户以及本单位的重点部位、重点设施、重点岗位安全工作人员开展大数据安全法律法规、知识技能等教育、培训和考核，提升大数据安全意识和防护技能水平。

第三章　监测预警与应急处置

第二十五条 市公安机关负责大数据安全监管服务平台的日常维护管理，加强对平台监测信息、监督检查信息和上级通报信息的分析、安全形势研判和风险评估，按照规定发布安全风险预警或者信息通报。

区（市、县）公安机关应当及时落实上级公安机关通过大数据安全监管服务平台发布的各项指令。

第二十六条 县级以上人民政府应当根据国家和省的规定，落实大数据安全应急工作机制，明确工作责任、程序和规范；制定大数据安全事件应急预案，明确应急处置组织机构及其职责、事件分级、响应程序、保障手段和处置措施；定期组织演练，评估演练效果，分析存在问题，总结处置经验，提出改进和完善应急预案的意见。

发生大数据安全事件时，县级以上人民政府应当依法按程序启动应急预案，组织网信、公安、大数据等主管部门针对事件的性质和特点，采取应急措施处置。

第二十七条　安全责任单位应当制定大数据安全事件预警通报制度和应急预案，建立和实施安全事件预警、舆情监控、风险评估和应急响应的策略、规程，保持与有关主管部门、设备设施及软件服务提供商、安全机构、新闻媒体和用户的联络、协作。

发生大数据安全事件时，安全责任单位应当依法按程序启动应急预案，采取相应措施防止危害扩大，保存相关记录，告知可能受到影响的用户，按照规定向有关主管部门报告。

第四章　监督检查

第二十八条　县级以上人民政府应当将大数据安全管理工作纳入年度目标绩效考核。

第二十九条　县级以上人民政府应当建立健全大数据安全工作监督检查机制，明确监督检查的牵头部门、责任分工、内容、重点、目标、方式和标准。

监督检查的情况，应当在有关主管部门之间互通和共享。

第三十条　公安机关应当监督、检查、指导安全责任单位建立、落实大数据安全管理的各项制度和技术措施，依法查处大数据安全违法案件。

第三十一条　大数据主管部门应当结合监督检查大数据安全责任落实的情况，定期组织开展大数据安全风险评估，发布评估报告。

第三十二条　有关主管部门在监督检查、风险评估和攻防演练中，发现安全责任单位存在安全问题的，应当及时提出改进建议，发出整改意见并且督促整改。

安全责任单位应当根据有关主管部门的整改意见进行整改，并且反馈整改情况。

第三十三条　公安、大数据主管部门应当建立大数据安全管理诚信档案，记录违法信息，纳入统一的信用共享平台管理。

第五章　法律责任

第三十四条　安全责任单位不履行本条例第十条、第十一条、第十二条、第十三条、第十四条和第二十七条规定的数据安全保护义务的，由有关主管部门责令改正，给予警告；拒不改正或者导致危害大数据安全等后果的，处 1 万元以上 10 万元以下罚款，对直接负责的主管人员处 5000 元以上 5 万元以下罚款。

第三十五条　违反本条例规定的其他行为，依据《中华人民共和国网络安全法》等法律、法规的相关规定处理。

第三十六条　安全责任单位中的国家机关不履行本条例规定的大数据安全保护职责的，由其上级机关或者有关机关责令改正；对直接负责的主管人员和其他直接责任人员依法给予处分。

大数据安全监督管理有关主管部门的工作人员玩忽职守、滥用职权、徇私舞弊，尚不构成犯罪的，依法给予处分。

第六章　附则

第三十七条　本条例自 2018 年 10 月 1 日起施行。

贵阳市健康医疗大数据应用发展条例[*]

第一章　总则

第一条　为了满足人民群众健康医疗需求，加强和规范健康医疗大数据应

---

[*] 2018 年 8 月 29 日贵阳市第十四届人民代表大会常务委员会第十五次会议通过，2018 年 9 月 20 日贵州省第十三届人民代表大会常务委员会第五次会议批准。

用发展，整合、扩大健康医疗资源供给，提升健康医疗服务质量和效率，培育健康医疗大数据应用发展新业态，根据有关法律、法规规定，制定本条例。

第二条 本市行政区域内信息系统接入市级全民健康信息平台（以下简称"市级平台"）的医疗卫生机构、健康医疗服务企业等，从事健康医疗大数据应用发展活动，适用本条例。

第三条 健康医疗大数据应用发展应当遵循政府主导、便民惠民、改革创新、规范有序、开放融合、共建共享、保障安全的原则。

第四条 市人民政府统一领导全市健康医疗大数据应用发展工作。区（市、县）人民政府负责本行政区域内健康医疗大数据应用发展工作。

医疗卫生行政主管部门按照职责权限，负责健康医疗大数据应用发展的统筹协调、监督指导和组织实施工作。

大数据、人力资源社会保障、食品药品、公安、医保、发展改革、财政、环境保护、民政、体育、扶贫、旅游、教育等主管部门和乡（镇）人民政府、社区服务管理机构应当按照各自职责和本条例规定，做好健康医疗大数据应用发展的相关工作。

第五条 医疗卫生行政主管部门应当建立健康医疗大数据应用发展诚信档案，记录医疗卫生机构、健康医疗服务企业及其相关从业人员的违法失信行为，纳入统一的信用信息共享平台管理。

第六条 各级人民政府及其有关部门、社区服务管理机构、医疗卫生机构和健康医疗服务企业应当加强健康医疗大数据应用发展的宣传教育。

第七条 任何单位和个人有权投诉举报健康医疗大数据应用发展中的违法行为。

医疗卫生行政主管部门应当建立健康医疗大数据应用发展投诉举报制度，公布投诉举报方式等信息，及时登记、处理和回复投诉举报。

第二章　采集与汇聚

第八条 市医疗卫生行政主管部门负责统筹建设、管理、运行和维护市级全民健康信息平台，用于全市健康医疗数据的汇聚、存储和应用，并与省级全民健康信息平台互联互通。

区（市、县）医疗卫生行政主管部门按照职责做好市级平台的管理、运行和维护。

医疗卫生行政主管部门根据需要，可以通过依法委托、购买服务、协议合作等方式建设、管理、运行和维护市级平台。

第九条 市级及市级以下公办医疗卫生机构、国有健康医疗服务企业应当按照国家和地方相关目录、标准，采集公共卫生、计划生育、健康服务、医疗服务、医疗保障、药品供应、医疗器械、应急指挥、健康管理和综合管理等健康医疗数据，建设、改造、管理和维护自身信息系统，并与市级平台互联互通。

鼓励前款以外的医疗卫生机构和健康医疗服务企业等按照国家和地方标准采集健康医疗数据，建设、改造自身信息系统，接入市级平台。

第十条 医疗卫生机构和健康医疗服务企业等应当采集服务对象本人或者其监护人居民身份证号，作为电子病历、电子处方等健康医疗数据的标识。没有居民身份证的应当提供其他有效身份证明。服务对象本人或者其监护人应当提供真实有效的身份信息。

第十一条 医疗卫生等有关主管部门、医疗卫生机构和健康医疗服务企业应当按照有关数据标准、规范，将其依法履行职责、提供服务等业务活动产生的健康医疗数据汇聚、存储到市级平台。

鼓励医疗卫生机构、健康医疗服务企业等按照有关数据标准、规范，利用可穿戴设备、智能健康电子产品、健康医疗移动应用等采集相关健康医疗数据，汇聚、存储到市级平台。

鼓励医疗卫生机构、健康医疗服务企业按照国家和地方标准整理健康医疗存量数据，汇聚、存储到市级平台。

第十二条 医疗卫生等有关主管部门、医疗卫生机构和健康医疗服务企业应当按照谁主管谁负责、谁提供谁负责、谁运营谁负责的原则，对健康医疗数据进行更新，实行动态管理。

第三章　应用与发展

第十三条　市人民政府应当统筹推进智慧医保建设，组织人力资源社会保障、医疗卫生等有关主管部门整合新型农村合作医疗、城镇居民基本医疗保险等信息系统，对居民健康卡、社会保障卡等应用进行集成，实现一卡通用、诊间结算。

第十四条　医疗卫生行政主管部门应当组织医疗卫生机构通过市级平台协同建立覆盖全人口的居民电子健康档案，明确数据信息使用权限，实现居民电子健康档案个人在线查询、下载、使用和授权医疗卫生机构调阅。

医疗卫生行政主管部门应当规范医疗物联网、视联网、智能卡、健康医疗应用程序等的设置和管理，推进互联网健康咨询、网上预约分诊、移动支付、候诊提醒、费用查询、物流查询、检查检验结果查询、随访跟踪和预警消息即时推送等应用，建立规范、共享、互信的诊疗流程。

第十五条　市医疗卫生行政主管部门应当通过市级平台建立医疗检查检验结果互认机制。

市医疗卫生行政主管部门应当会同有关部门推动同级医疗卫生机构之间、医联体内医疗卫生机构之间的检查检验结果互认，下级医疗卫生机构认同上级医疗卫生机构的检查检验结果。

第十六条　医疗卫生行政主管部门、医疗卫生机构和健康医疗服务企业应当通过市级平台和自身信息系统，改进服务管理流程，开展健康理念和知识的宣传、普及、应用，开展全生命周期的预防、治疗、康复和健康管理等服务。

鼓励有条件的医疗卫生机构应用健康医疗大数据开展辅助诊疗、慢性非传染性疾病诊疗和康复护理等专业服务。

第十七条　医疗卫生机构应当应用远程医疗网络和健康医疗大数据向下级医疗卫生机构提供远程医疗、健康医疗咨询、网上处方点评和检验检查质量控制等服务，促进优质医疗资源下沉。

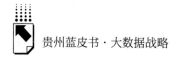

第十八条 医疗卫生行政主管部门应当应用市级平台数据和居民电子健康档案，组织开展农村低收入困难群体因病致贫、因病返贫的调查与分析，核实患病家庭、人员、病种、诊治和健康情况，推进医疗服务、公共卫生、医疗救助协同联动，实施精准健康扶贫。

第十九条 医疗卫生行政主管部门应当推进健康医疗大数据在健康管理、疾病防控、妇幼保健、卫生监督、临床科研、医院评价、医疗机构监管、卫生应急、血液管理、药品耗材采购和医疗废物监管等方面的应用，提升管理能力和服务水平。

第二十条 医疗卫生、人力资源社会保障、发展改革等主管部门应当按照各自职责，应用健康医疗大数据对医疗卫生机构的医疗服务价格、居民医疗负担控制、医保支付、药品耗材使用等实时监测，对健康医疗服务活动全过程监督。

第四章 促进与保障

第二十一条 县级以上人民政府应当将健康医疗大数据应用发展纳入国民经济和社会发展规划以及卫生健康事业发展专项规划，实行年度目标绩效考核。

县级以上人民政府应当将需要由财政保障的健康医疗大数据应用发展项目建设资金和运行维护、人才培养等工作经费，列入同级财政预算。

第二十二条 县级以上人民政府应当采取资金扶持、优惠政策等措施，培育健康医疗大数据应用发展市场。

第二十三条 县级以上人民政府应当发展互联网＋医疗健康的线上线下一体化医疗服务模式。

鼓励健康医疗业务与大数据技术深度融合，构建健康医疗大数据产业链，与养生、养老、家政、饮食、环境、旅游、休闲、健身等关联行业协同发展，创新发展健康医疗大数据应用新业态。

鼓励健康医疗服务企业利用市级平台进行数据挖掘、分析和应用，开展居家健康信息服务，规范网上药店和医药物流第三方配送等服务。

鼓励社会资本参与健康医疗大数据的基础工程、应用开发和运营服务。

鼓励商业保险、社会保险、医疗救助机构参与医疗卫生机构健康医疗信息化建设、资源共享，提供大病保险、基本医疗保险和医疗救助等一站式服务。

第二十四条 鼓励教学科研机构与医疗卫生等有关主管部门、医疗卫生机构和健康医疗服务企业合作，开展健康医疗大数据应用发展技术研究和成果转化，建立健康医疗大数据应用创新创业、教育培训和应用示范基地。

支持高等院校和职业学校开设与健康医疗大数据应用发展相关课程，组织优质师资推进网络医学教育资源开放共享和在线互动、远程培训、远程手术示范、学习成效评估等应用。

第二十五条 各级人民政府、医疗卫生行政主管部门、社区服务管理机构应当加强人才队伍建设，通过招录、招聘等方式配备健康医疗大数据应用发展专业人员。

第二十六条 医疗卫生等有关主管部门、医疗卫生机构和健康医疗服务企业应当根据《中华人民共和国网络安全法》《贵阳市大数据安全管理条例》等法律、法规的规定，建立、完善安全管理制度，落实安全责任、操作规程和技术规范，保障数据安全，保护个人隐私。

第五章　法律责任

第二十七条 公办医疗卫生机构、国有健康医疗服务企业及其从业人员违反本条例规定，有下列情形之一的，由医疗卫生行政主管部门责令限期整改；拒不改正的，由其主管部门或者有关机关对直接负责的主管人员和其他直接责任人员依法予以处理：

（一）未履行信息系统建设、改造、管理和维护义务，或者未将信息系统与市级平台互联互通的；

（二）未按照国家和地方相关标准采集数据的；

（三）未按照规定采集居民身份证号或者其他有效身份证明作为电子病历、电子处方等健康医疗数据标识的；

（四）未将业务活动产生的健康医疗数据汇聚、存储到市级平台的；

（五）未对健康医疗数据进行更新，实行动态管理的。

其他医疗卫生机构、健康医疗服务企业及其从业人员违反前款第三项、第四项、第五项规定的，由医疗卫生行政主管部门责令限期改正。

本条规定的行为，本市无管理权限的，报请有管理权限的省级有关部门依法处理。

第二十八条 有关部门及其工作人员违反本条例规定，有下列情形之一的，由其上级主管部门或者有关机关责令改正；拒不改正的，对直接负责的主管人员和其他直接责任人员依法予以处理：

（一）未公布投诉举报方式等信息，或者未登记、处理和回复投诉举报的；

（二）未履行市级平台管理、运行和维护义务的；

（三）未对健康医疗数据进行更新，实行动态管理的；

（四）未组织建立覆盖全人口的居民电子健康档案的；

（五）未按照规定组织实施精准健康扶贫的；

（六）未履行实时监测或者全过程监督职责的；

（七）其他未履行健康医疗大数据管理、服务职责的。

第二十九条 违反本条例规定，法律、法规有处罚规定的，从其规定。

第六章 附则

第三十条 本条例所称健康医疗数据，主要包括医疗卫生等有关主管部门、医疗卫生机构、健康医疗服务企业依法履行职责和提供服务过程中产生的医疗服务、公共卫生、健康管理等方面的数据。

本条例所称医疗卫生机构，是指依照《医疗机构管理条例》的规定取得《医疗机构执业许可证》的机构和从事疾病预防控制、采供血、卫生监督等活动的机构。

第三十一条 本条例自 2019 年 1 月 1 日起施行。

贵州省大数据领域地方政府规章和
其他重要规范性文件目录

《贵阳市政府数据资源管理办法》（贵阳市人民政府令第 52 号，2017 年 11 月 23 日）

《贵阳市政府数据共享开放实施办法》（贵阳市人民政府令第 55 号，2018 年 1 月 12 日）

《贵阳市政府数据共享开放考核暂行办法》（贵阳市人民政府令第 60 号，2018 年 6 月 27 日）

《贵州省人民政府印发〈关于加快大数据产业发展应用若干政策的意见〉、〈贵州省大数据产业发展应用规划纲要（2014～2020 年）〉的通知》（黔府发〔2014〕5 号，2014 年 2 月 25 日）

《贵州省人民政府关于促进大数据云计算人工智能创新发展加快建设数字贵州的意见》（黔府发〔2018〕14 号，2018 年 6 月 11 日）

《贵州省人民政府关于〈智能贵州发展规划（2017～2020 年）〉的批复》（黔府函〔2017〕182 号，2017 年 9 月 5 日）

《贵州省人民政府办公厅关于印发〈贵州省政务数据资源管理暂行办法〉的通知》（黔府办发〔2016〕42 号，2016 年 11 月 1 日）

《贵州省人民政府办公厅关于印发〈贵州省应急平台体系数据管理暂行办法〉的通知》（黔府办函〔2016〕234 号，2016 年 11 月 10 日）

《贵州省大数据发展领导小组办公室关于印发〈贵州省数字经济发展规划（2017～2020 年）〉的通知》（黔数据领办〔2017〕2 号，2017 年 2 月 6 日）

B.20
贵州省大数据典型案例

贵阳大数据交易所——全国首家

贵州实施大数据战略行动、建设首个国家级大数据综合试验区，释放数据价值、大数据赋能经济社会发展是其重要目的之一。要实现这一目的就需要让数据流通起来，数据交易便成为不可或缺的一个环节，贵阳大数据交易所应势而生。

一　基本概况

2015年4月14日，随着首笔数据交易（卖方为深圳市腾讯计算机系统有限公司、广东省数字广东研究院，买方为京东云平台、中金数据系统有限公司）的完成，全国首家大数据交易所——贵阳大数据交易所正式运营。贵阳大数据交易所全名是"贵阳大数据交易所有限责任公司"，由贵州技术产权交易所有限责任公司于2014年底名称变更而来。公司注册资本5000万元人民币，统一社会信用代码91520100770579960X，主要股东包括贵州阳光产权交易所有限公司、九次方大数据信息集团有限公司、北京亚信数据有限公司、郑州市迅捷贸易有限公司和贵阳移动金融发展有限公司等，为国有控股的有限责任公司。

贵阳大数据交易所是一个面向全国提供数据交易服务的创新型交易场所，遵循"开放、规范、安全、可控"的原则，采用"政府指导、社会参与、市场化运作"的模式，旨在促进数据流通，规范数据交易行为，维护数据交易市场秩序，保护数据交易各方合法权益，向社会提供完整的数据交

图 1　贵阳大数据交易所

易、结算、交付、安全保障、数据资产管理和融资等综合配套服务。具体包括：大数据资产交易，大数据金融衍生数据的设计及相关服务，大数据清洗及建模等技术开发，大数据相关的金融杠杆数据设计及服务等。

二　主要成效

2015 年 4 月 14 日贵阳大数据交易所完成首笔数据交易，2017 年实现盈利，截至 2018 年 7 月，交易所交易额累计突破 3 亿元，发展会员超 2000 家，接入 225 家优质数据源，可交易数据产品 4000 多个，可交易的数据总量超 150PB。在数据交易品类上，贵阳大数据交易所打造综合类、全品类交易平台，涵盖 30 多个领域，包括金融数据、行为数据、企业数据、社会数据、交通数据、通信数据、电商数据、工业数据、投资数据、医疗数据、卫星数据等。交易模式已从纯数据交易模式升级为数据的泛交易模式，跟数据交易有关的产品，组成部分都可以进行数据交易。

贵阳大数据交易所自运营以来，相继制定了《数据源管理办法》《数标准体系建设大纲》《数据交易资格审核办法》《数据交易规范》《数据确权暂行管理办法》《数据应用管理办法》《数据定价试行办法》《数据交易结算制度》《数据交易风险控制守则》等大数据交易机制性规定，探索大数据交易各个环节落地措施。

贵阳大数据交易所积极参与国家大数据产业"一规划四标准"（《大数据产业"十三五"发展规划》，《大数据交易标准》、《大数据技术标准》、《大数据安全标准》和《大数据应用标准》四项标准）的制定、参与研究国家级科研项目课题"服务数据资源产权交易服务关键支撑技术研究"、参与筹建国家技术标准创新基地大数据交易委员会等一系列重量级国家项目；为国家政策标准建言献策。

作为贵州大数据发展应用的示范窗口，贵阳大数据交易所主动接受全国各地政府职能部门、企业、社会组织、研究机构工作人员访问，宣传大数据交易基本理念、介绍大数据交易基本情况，让政府、企业、社会、公众了解大数据，关注大数据交易，宣传推荐贵州政策环境，为促进贵州大数据发展应用工作做出了独特贡献。

三　应用实例

为保证数据买卖双方在贵阳大数据交易所交易的安全性，交易所设立了一套完整的数据交易安全体系与技术标准，并且对数据供应商实行"会员制"管理。2016 年底贵阳大数据交易所开始为中信银行提供数据服务。具体包括三个主要内容：一是数据服务。包括：提供外部数据应用方案；根据应用方案，编写满足应用实现包括的数据字段、数据加工规划、数据展现形式等内容的数据应用需求、按数据应用需求提供数据；提供当前存量客户相关的基本信息数据；根据现存对公授信客户、零售信贷客户、信用卡客户、结合企业集团关联方客户、个人关联联系人的信息查询服务。二是风险大数据平台建设。具体包括：提供数据应用平台的架构设计；根据数据应用平台架构及数据应用需求，编写数据平台需求；协助完成风险大数据平台建设；协助完成外部数据的平台导入、数据结果验证与应用策略的调整和呈现。三是建设金融大数据应用实验室。具体包括：实现对金融数据的大数据智能化分析，分析出潜在客户动态的金融消费特点和资金需求特点，在金融产品设计、二次开发、客户体验等领域辅助精准营销；通过大数据监控风险因素的变动趋势，通过设置预警区间，评价各种风险状态偏离预警线的强弱程度，进而为决策层发出预警信号；实现对金融服务及产品方案的损益计算，以大数据智能支撑金融决策的准确制定以及适时调整。

货车帮——用大数据提升传统物流

货车帮原是在成都创立的，属公路物流领域，面向司机和货主的货运交易平台企业。因贵州发展大数据，2013 年货车帮落地贵阳，并继而将总部设在贵阳。3 年时间，这家企业以惊人速度成长，贵阳也因数据的汇集成为全国物流数据中枢，鲜花和掌声随之而来。

作为贵州大数据企业代表，货车帮以降低公路货运市场信息不对称、实现最优车货匹配为目标，为公路货运市场提供了一个创新的协调组织机制。即通过互联网平台连接"空车"和货源，运用货运大数据对市场供需做精准把握，并用数学模型优化市场引导措施，从而实现最优资源配置和供需平衡。

近几年，货车帮快速发展，2017 年 11 月完成与运满满的合并。合并后，平台拥有诚信司机会员 520 万人，诚信货主会员 125 万家，形成了一张覆盖全国的公路物流信息网络。

一 车货匹配，创新物流信息新业态

在我国，公路物流领域普遍存在着由于信息不对称而导致的车主找货难、货主找车难的问题。我国社会物流总费用占 GDP 比重约是美国的两倍。

除了产业结构偏重、流通效率偏低以外，一个重要原因是我国 85% 以上的大型货车都是个体户经营，近 700 万辆大、中型货车空载率高达约 40%，大量时间浪费在等货、配货上。

货车帮成立的初衷就是为了解决物流信息不对称这一痛点。通过搭建开放、透明、诚信的货运信息平台和社会"公共运力池"，有效降低公路物流运输成本。货车帮通过推广手机终端 App 完成数以百万计的数据汇集，搭建起中国第一张覆盖全国货源信息网，将传统的车找货、货找车进行互联网化。

而利用机器学习、人工智能等先进的技术手段，货车帮对平台积累的大数据进行清洗、挖掘和分析，通过精准的智能匹配算法、完善的用户画像体系和高效的数据分析平台，极大提升了司机的响应速度及匹配效率。信息匹配只是第一步，货车帮通过对用户行为、征信数据、GPS 数据等大数据进行分析，建立货运交通"天网"系统，实时监控货物运输、规划运输线路以及道路预警等服务。

此外，货车帮通过自建和联建的方式，打造智慧物流示范园区，为区域物流产业发展提供新动能，注入新活力。一方面，通过建立呼叫中心、信息展示大厅、货车综合后服务区、货车司机生活服务区为一体的物流数字港，货车帮改变了以往物流园区传统的物流地产模式，规避园区信息闭塞的问题，打通线上、线下信息服务及货车后服务，使物流园区成为城市有机和谐的组成部分，为全国未来 10 年物流园区的建设树立了一个良性的样板。目前货车帮已建成货车帮贵阳智慧物流示范园。

另一方面，货车帮也积极帮助传统物流业态实现转型升级。对于物流业态中的基本载体——物流园区，货车帮以互联网为手段将它们连在一起，通过货车帮园区一体化系统的植入，提供精准车货匹配信息，为各地传统的物流园注入新鲜血液，带来技术的创新和品牌认知度的提升，成为当地互联网＋物流园的范本。不仅降低了物流成本，提高了司机和物流园区的生产效率，还极大减少了物流园区车辆、人员集中而造成的交通压力、环境噪声污染和治安案件的发生。

二 开启万亿产业时代

作为现代服务业重要组成部分的物流业，发展互联网＋高效物流，构建物流信息共享体系，加快建设物流信息交易平台，是未来大势所趋。2017年，在巩固车货匹配业务的基础上，货车帮通过大数据的需求挖掘，发力车后市场，搭建车辆后服务体系，实现线上线下资源的整合，为货车与货主提供增值服务。

货车帮已与多家高速达成战略合作，累计发行 ETC 卡超过 136 万张，日充值金额超 1.2 亿元，成为中国货车 ETC 最大的发卡和充值渠道。

由于物流行业的交易规则，货车运营中难免遇到资金周转不灵的问题，由于没有稳定的收入等财务证明，货车司机往往很难享受到银行的贷款等金融服务，同时"短、小、频、急"的用款特点更加难以满足金融机构的服务要求。

货车帮基于平台司机行为数据、行驶数据、ETC 充值/消费数据等大数据分析建立了场景化的风控体系，与金融机构合作开展了小额信贷业务——ETC 白条，对司机在一个周期中的运营数据划分信用等级发放贷款，有效缓解了货车司机资金短缺的问题，将普惠金融落实到物流人群中。

同时，货车帮强强联手太平洋保险、华泰保险、众安保险、中国人寿保险等知名保险公司，陆续推出针对货主和司机的多种保险产品，致力于解决公路货运物流中长期存在的货物损失、运费损失以及人身意外伤害等问题。

针对卡车日常支出占比 20% 以上的油品业务，货车帮已实现与全国2000 多家油站的合作，司机在货车帮合作油站加油，只需通过货车帮 App就可完成线上支付。货车帮利用大数据优势，支持加油站智能推荐、成本最优加油路线规划、热点加油站错峰加油机制设定等创新服务，并与中化石油以及东明石化、和顺石油等国内知名民营油站合作让利用户，每年最高可以为司机节省油费 5 万元左右。近日，货车帮宣布其单月车油增值业务 GMV（成交总额）超 1.5 亿元。

此外，新车层面，货车帮与一汽青岛、中国重汽、陕汽重卡、福田汽车、柳汽等主机厂展开全面合作，共同探索"互联网＋重卡制造"新模式。同时，货车帮对用户在平台购买新车也提供贷款业务，贷款周期长，利息低，解决了司机在新车购买方面的痛点，给用户带来了实惠和便利。

三　信息共享，"独角兽"积极承担企业责任

货车帮的大数据优势还被应用到行业诚信体系的建立中。2016 年 11月，货车帮与国家发改委签订了加强信用信息共享共用和推进公路货运领域信用建设的合作备忘录，成为国内货运领域信用体系建设首家试点单位，将在建立信用信息共享机制、加快联合奖惩措施在公路货运领域的落地应用等方面开展合作。同时，货车帮将依据相关法律法规及监管要求，将全国信用信息共享平台提供的相关信用信息纳入产品体系，实现更加高效地为客户服务，并适时将归集的守信或失信信息与全国信用信息共享平台共享。

2018 年 1 月，货车帮平台发布《会员行为守则》，是全国首家互联网平台"会员行为守则"。守则从守法合规经营、安全驾驶、诚实守信、合法维权、守信奖励等多方面引导规范平台会员行为。用更加优质的运力为更加优质的货主服务。用数据分析判断虚假货源，自动筛选虚假货源，使平台诚信交易基础变得更加坚实。

在国家交通战备办公室的指导下，货车帮正在开发"交通战备民用运力（货车）动员潜力实时掌控与指挥调度平台"。这个系统利用大数据技术和货车帮平台的货车资源，提出了在非常时期用互联网信息技术为民用运力国防动员提供解决方案，能够及时执行救灾抢险任务。2017 年 8 月九寨沟地震，货车帮首次试用了此系统，提供救灾货源置顶、周边运力调配、司机救灾报名入口等动态支持。

根据自身大数据优势，货车帮第一时间筛选出全国到九寨沟的救灾物资货源并将其置顶，并将此后发到灾区的救灾物资货源设置为自动置顶，以保证货源在最短的时间内让最多的司机看到。货车帮拥有数百万司机的位

置、车牌、车型、状态、驾驶员姓名、联系方式等数据，基于大数据精准匹配车辆要求，货车帮迅速调取了 8 月 8 日九寨沟县 200 公里内的司机 4706 名，以备抗震救灾应急指挥部运力需求。货车帮还在 App 首页弹窗、信息流广告位、小浮窗等位置开通"抗震救灾司机志愿者报名"入口。货车帮在震后三天内置顶了 580 余条救灾物资信息，召集了 1900 多名货车司机志愿者。

四 战略合并，开创智慧物流新格局

2017 年 11 月 27 日，货车帮与运满满联合宣布战略合并，新的集团公司满帮诞生。货车帮已经完成了商业模式的探索以及规模化平台建立的初级阶段，未来要从以中长途货车"车货匹配"服务为主要功能的初级阶段，跨越到实现全面构建物流生态圈的高级阶段，需要技术来支撑和实现。满帮集团正在借助已经形成的规模优势，以及正在形成的成本优势，从一个信息平台转变成为交易平台，打造交易闭环。

合并后，发展增值业务无疑是平台的重点发力方向。据相关人士透露，满帮集团 ETC 的能力覆盖超过 500 万货车司机，白条业务预计可以覆盖超过 100 万的货车司机，而且基于数据场景和交易场景的保险产品也将推出。

如此多的增值服务场景，不难推断，金融业务也将是 2018 年货车帮的主要发力点。金融或与增值业务双向联动、相互支撑、互为促进，并以科技创新为驱动，帮助货车帮建立一个开放、共享的信用体系和金融服务平台。

如今，货车帮未来的路径越发清晰——一个面向所有物流企业提供一站式服务的平台，一个中国公路物流能源的供应者，一个物流垂直领域的互联网保险巨头，一个搭建物流金融基础和体系的开拓者，一个高速消费闭环的生态平台，一个用科技满足未来物流场景的物流园区网络，一个数量在千万级的货车 B 端流量入口。

云上贵州及其 App

一 云上贵州大数据产业发展有限公司

云上贵州大数据产业发展有限公司于 2014 年 11 月经贵州省人民政府批准成立，注册资金 23500 万元，由贵州省大数据发展管理局履行出资人职责，贵州省国有企业监事会进行监管。

云上贵州大数据产业发展有限公司致力于推动大数据电子信息产业发展，构建大数据产融生态体系，建设运营云上贵州系统平台，发起设立各类基金，搭建投融资平台，建设运营双创基地，孵化培育项目和企业。通过全方位的大数据基础设施、数据处理与存储、数据挖掘与交易、产业投资与基金管理、信息技术咨询、通信网络设备租赁、互联网接入、软件开发及信息系统集成服务和专业的云平台及云应用服务，满足各级政府部门和各类企业客户的差异化需求。

公司自成立以来，经过公司全体员工的不懈努力，迄今已发展成为拥有资产 5 亿多元，各类人才云集的先锋企业。公司员工平均年龄 28 岁，专业技术人员占 90% 以上，具有硕士及以上学历和海外留学经历的占 40%，高层次管理人员 5 人。

公司本部下设党委办公室、董事会（CEO）办公室、纪检监察部、运营管控部、人力资源部、财务管理部、资本运营部、政务事业部、应用集成事业部、战略创新事业部、网络安全事业部、重大项目事业部、行政部等部门。公司目前拥有贵州中软云上数据技术服务有限公司、贵州航天云网科技有限公司、云上贵州大数据产业基金管理有限公司、云上长城（贵州）技术有限公司、浪潮云上（贵州）技术有限公司、云上米度（贵州）科技有限公司、贵州云上数据有限公司、中电科大数据研究院有限公司、贵州伟东云上大数据发展有限公司、云上北斗（贵州）科技股份有限公司、云上（贵州）大数据科学应用研究院有限公司、贵州省黔云集中招标采购服务有限公司、贵州云上产业服务有限公司、贵州大数据金融投资有限公司、贵州云上大数据创投有限公司、贵州云上新为科技有限公司、云上艾珀（贵州）技术有限公司共17家全资、控股及参股公司，贵州大数据金融发展有限公司、贵州金融云数据有限公司共2家二级子公司，贵州省登记结算有限责任公司1家三级参股公司。设立贵州云上贵通大数据产业引导基金、云上贵州大数据产业1号私募投资基金、云上贵州大数据产业母基金、贵州云上大数据双创投资基金、贵州华芯集成电路产业发展基金有限公司共5只基金，业务涉及大数据电子信息产业链和大数据金融等多个领域。

未来，公司将继续坚持"产融生态引领未来"的可持续发展理念，实现社会、环境及合作伙伴的和谐共生，致力于成为政企云服务、大数据应用解决方案和产融资本运作领域领先的战略性领导型企业。

二 云上贵州 App 基本介绍

贵州省作为全国首个国家大数据综合试验区，为创新电子政务发展方式，整合各类政府应用和数据资源，充分发挥"互联网＋政务服务"的作用，打造了全省统一的政府服务 App 平台。2017年4月11日，云上贵州 App 平台上线仪式在贵州省公共资源交易中心隆重举行。该 App 平台由云上贵州大数据产业发展有限公司倾力打造，整合了全省各级政府及政府部门政务民生服务，是目前移动互联网上全国第一个省级政务民生服务综合平台。该平台通过统一入口、统一用户认证体系、统一消息推送体系，为老百姓提供涵盖医疗、教育、交通、生活缴费等多领域的一站式便民服务。

三 云上贵州 App 主要功能

平台按照"集中建设、统一门户"的原则和"统一用户管理、统一消息管理、统一用户体验管理"的要求，创新公共服务供给模式，将全省各级各部门的政务民生服务应用进行移动化和标准化改造并统一汇聚，实现统一对外推广和提供服务。App 平台主要包括服务频道、城市频道、部门频道三个栏目和网上办事大厅、群众需求征集两个独立版块。通过服务频道、城市频道、部门频道，都可以进入并办理用户所需要的政务民生服务和获取相关资讯。

其中，服务频道根据用户的使用频率，提供全省政务民生服务中公众关注度高的优选服务直接入口，如医疗健康、交通出行、教育服务等。城市频道是市州分平台的入口，可以获取省级覆盖市州的政务民生服务和本市州个性化提供的政务民生服务。部门频道是以省直政府部门为维度，提供各部门政务民生服务应用的入口。网上办事大厅版块，直接提供省政府政务服务中心覆盖省市县乡村五级的近十六万项政务服务。群众需求征集版块，则是加强与广大用户的互动，在线收集群众对政务民生服务的需求，广泛听取意见，及时改进工作。

图 2　云上贵州 App 平台

云上贵州 App 平台将不断完善平台的底层功能，不断迭代更多符合用户体验需求的服务，计划在 2017 年实现所有市州、所有省直政府部门全部上线提供服务，打造全国领先的政府民生服务品牌，真正实现"让数据多跑路、让群众少跑腿"。

贵州省惠水县百鸟河数字小镇

百鸟河数字小镇是惠水县委加快惠水产业转型升级，探索新型工业化路子而规划建设的新型园区。园区位于惠水县城西部，总规划面积 18 平方公里，起步区百鸟河核心区域 5 平方公里。按一镇七村规划布局进行建设。围绕打造大数据加工清洗集聚区、大数据总部经济集聚区、大数据企业成长孵化集聚区三个集聚区，发展信息和服务外包基地、智能智造基地、数字新技术应用基地三个基地，建成"三生"融合示范区、小镇经济示范区、创新创业示范区三个示范区战略定位，聚焦信息和服务外包、智能终端制造和数字新技术应用三大数字产业领域，发展智能终端制造、大数据加工与处理、信息和服务外包、数字文化创意、电子商务、智慧应用六大主要业务。完善要素条件，壮大数字产业规模，拓展经济发展新空间，致力打造特色鲜明、功能完善的数字经济总部基地。园区内主要为大数据产业、教育文化产业、健康养老产业、文化旅游产业等新兴产业。

百鸟河数字小镇是惠水县委县政府坚守发展和生态两条底线，抢抓大数据产业发展的战略机遇，借助贵州盛华职业学院人才优势和教育扶贫成功经验等优势资源，为实现产业转型升级和跨越赶超发展、规划建设的互联网＋大数据应用为引领的新型产业园。数字小镇自 2014 年 10 月底启动建设以来，在省委省政府、州委州政府的正确领导和大力支持下，现已建成互联网营销村、互联网创客村共 13 万平方米的办公、员工公寓和生活配套用房投入使用，水、电、道路、10G 专用光纤、排污等基础建设配套完善。先后获得"全国企业信息化建设示范基地""贵州省数字经济示范小镇"称号。计划到"十三五"期末，数字经济对经济增长的贡献增强，数字经济年均增长 30% 以上，企业引进与培育成效显著，人才引进与培养效果明显。实现数字小镇"五个 1"工作目标，即引进 100 家以上大数据开发企业、其中 10 家以上世界知名企业，培育 10 家以上上市公司，实现带动相关产业规模 100 亿元以上，引进 10 名左右"两院院士"到数字小镇领军产业研发，解决 1 万名以上大学生创业就业。将百鸟河数字小镇建成国内一流、国际知名的大数据产业小镇、文化小镇、旅游小镇。

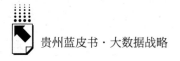

一 小镇企业情况

（一）入驻企业概况

目前，数字小镇入驻企业有以百度、HTC 等为代表的大数据产业企业；以百鸟河茶业等为代表的大健康产业企业；以贵州盛华职业学院、贵州财经大学商务学院、贵州大学科技学院、贵州课工厂等为代表的大教育产业企业，以保达科技、天成汇金、碧水源等为代表的总部企业，共 80 多家企业入驻，引进初创型企业及创客团队 50 余家，实现带动相关产业规模 10 亿元以上，解决大学生就业 5000 人以上。

（二）企业平台公司简介

百鸟河数字小镇投资发展有限公司是由惠水县人民政府出资设立，独立核算、自主经营，法人治理结构完善的授权经营管理的国有独资公司。公司负责小镇范围内建设项目的投融资与建设业务；整个园区大数据、大扶贫、大旅游、大文化、大健康、大农业产业投资建设；市政基础设施投资建设；环保项目投资建设；土地一级开发；GAP 种植；河道整治；资产运营、大型会展服务；工程咨询；商贸物流等业务。

近年来，以公司为主开展融资、投资、管理等工作，实现市场化经营，通过与各种金融机构融资合作筹集发展资金，多家央企、上市公司和台资企业都参与了小镇的建设，为公司发展提供金融支持，总体投、融资规模近 30 亿元，逐步盘活数字小镇资产，使数字小镇具备自我发展能力。

公司通过不断完善要素条件，壮大数字产业规模，拓展经济发展新空间，致力打造特色鲜明、功能完善的数字经济总部基地。一是着力打造大数据加工清洗、大数据总部经济、大数据企业成长孵化三个集聚区；二是着力发展信息和服务外包、智能智造地、数字新技术应用三个基地；三是着力创建生态生活生产"三生"融合、小镇经济、创新创业三个示范区；四是通过聚焦信息和服务外包、智能终端制造和数字新技术应用三大数字产业领域，发展智能终端制造、大数据加工与处理、信息和服务外包、数字文化创意、电子商务、智慧应用六大主要业务。

公司现已完成百鸟河大数据营销基地、双创园、供电、供水、路网等基础设施项目建设，正在加快推进建设商业中心、游客接待中心、漫花谷、电竞产业园等多个项目。经过 2014 年以来的发展，公司资产包含已新建的项目固定资产、七里冲茶果场、黔惠林场等，资产总量超过 25 亿元。

二 小镇产业发展情况

（一）特色产业

百鸟河数字小镇主要为大数据产业、教育文化产业、健康养老产业、文化旅游产业等新兴产业。

（二）产业布局

"营销村"重点发展互联网＋大数据营销产业等电子商务；"桃李村"发展"互联网＋"高等教育、职业教育、在线教育；"创客村"着力建设全省一流的大学生创新创业基地；"养心村"重点发展互联网＋大健康医疗养生产业；"文苑村"布局动漫制作、文化创意、民族文化产业；"汇智村"重点发展互联网＋现代服务外包产业；"金领苑"重点引进院士专家领军开发和总部经济。

（三）产业规划

小镇通过不断完善要素条件，壮大数字产业规模，拓展经济发展新空间，致力打造特色鲜明、功能完善的数字经济总部基地。通过聚焦信息和服务外包、智能终端制造和数字新技术应用三大数字产业领域，发展智能终端制造、大数据加工与处理、信息和服务外包、数字文化创意、电子商务、智慧应用六大主要业务。

（四）取得成效

截至 2018 年，小镇已引进大数据企业 75 家，同国内 BAT、360 等大数据领军企业进行了深度合作，形成了以迦太利华、梦动科技、汇付天下、金百合、村域金服等成长性较好的企业；引进了金一黄金、碧水源等总部企业 11 户，一批企业正在成长壮大；常驻创客团队 25 家，孵化项目 100 余个，解决带动大学生就业 1000 余人，实现大数据产业规模达到 26 亿元。

铜仁市智慧党建一体化平台建设

近年来，铜仁市以建设国家大数据综合试验区为契机，应用大数据、云计算、"互联网＋"等现代信息技术，以智慧党建一体化平台、组工微信平台、"三量管理"平台、智慧党建展示中心、党建直播间、组织部网站（以下简称"三平台一中心一直播间一网站"）等为抓手，以全市各级基层党组织、党员、第一书记和驻村干部等结构化、半结构化和非结构化数据为基础，促进各领域基层党建整体统筹、一体运行和自身优化，逐步形成自动化感知、大数据分析、智能化管理、智慧化决策的一体化基层党建新模式。

抢抓关键因素建精细化实用化平台。一是坚持精细化设计。抓住平台、网络、数据、终端等关键元素，依托贵州大数据云平台建立"党建智慧"平台；致力于软件开发，设计组织生活、网络学院、党建办公、乡村振兴、综合评价等 9 个版块 43 项内容，做到硬件设备统一托管、软件模块统一维护，着力打造发布政策法规和党建动态的载体、宣传展示基层党建经验做法的平台，党员干部政治理论学习的园地、党务工作者办理业务的助手，党委（党组）分析党员思想状况的工具、加强政治思想引导的前沿阵地。二是坚持实用化运行。依托平台推出管理、宣传、办公、学习、服务、评价六大功能，通过轻点鼠标或手指一滑，实现"四个一"，即党建应用"一网集成"，党员活动"一机通用"，组织动员"一呼即应"，党员服务"一线牵连"。同时，运用多媒体技术把日常党建工作内容、步骤、要求、方法等流程化、制度化，形成包括市、县、乡镇（街道）、村（社区）4 个层面基层党组织党建工作一套流程、一个标准，实现党建信息一体化管理的具体设想。

享有多种模式访可视化立体化平台。一是实现四维终端立体式访问。利用三网三屏融合技术，使党员应用访问时通过 PC（计算机浏览器）、微信公众号、手机安卓 App、苹果 App 四种终端来实现，促进访问方式从由"单一方式"向"多元方式"转变。二是实现六类数据地图化可视。将《系统》数据库与高精度电子地图相结合，将已有党组织、党员、第一书记、驻村干部、村活动室和远教站点等六类基本数据导入到系统中，建立"红色地图"，实现基础信息数据与空间位置的双向查询，所有基层党组织行业属性、组织设置、地理分布、党员队伍构成和活动开展情况一目了然，把平面、静止的数据生动直观地表现出来，实现党建数据信息"可视化"。目前，铜仁市 8000 余个党组织、14 万余名党员也完成电子信息录入登记。三是实现五位一体全方位宣传。依托微信公众号、门户网站、手机客户端、电视、广播等平台，通过文字、声音、画面等全媒体、融媒体手段，升级"铜仁智慧党建"展示中心，开通"铜仁组工"微信平台，搭建"铜仁党建直播间"，开发"铜仁智慧党建"手机 App 客户端，打造包含组工微信、组织网站、党建录播、一体化平台展播、展示中心展播的"五位一体"宣传格局，改变文字交流单向传输宣传的简单模式。

严学习教育、创学分化栏目化平台。一是建好学习平台。以网络平台为载体，以学分制管理为手段，构建以广大党员需求为导向的网络学院新平台。开发选修和必修两大板块，启用资料课程查看、维护、学习、统计以及课时标准、学习督促等功能，学习过程自动统计，学习行为全程记录，改变党员"一支笔、一张嘴、一张报"的传统学习方式。同时，为避免学习流于形式，学习结束后，平台自动生成题库，对学习状况进行测试。二是用活学习栏目。运用网言网语、图文动漫、视频新闻，大到党的基本理论、党纪法规，小到心得体会、学习感悟，满足不同层次党员干部学习需求。开设"每日一学"学习教育专栏，连载习近平重要讲话精神、修订的党章党规、脱贫攻坚惠民政策等内容，确保广大党员特别是年轻党员"学"在常态；

创新开播铜仁党建直播间，开设党建课堂、支书课堂等栏目，将线下教育拓展到线上，实时转播最新资源，增强党员教育的吸引力。三是拓展学习抓手。建立严肃党内政治生活的质量评估平台，采取"线上＋线下"和组织评价＋党员评价＋平时评价的"双线三评"评估办法，明确各基层党组织配置专人记录各党支部召开"三会一课"、民主生活会、组织生活会及民主评议党员、开展"主题党日"活动的内容、时间、到会人数等，并及时上传图文、视频，量化党员学习积分、组织生活参与度、主题活动贡献度、个人业绩评价积分等底层数据，内嵌数据分析模型，切实让党内政治生活"严起来"。

提办公效率、造标准化数据化平台。突出办公便捷，致力于解决效率不高的问题。一是打造OA办公网络。完善办公流程标准化、业务数据协同化、身份认证网络化运作模式，打造OA办公三个"规范"。规范党建日常工作办公和审批流程，实现机关公文、督查督办、行政资源管理和共享等日常工作便捷操作。规范组织系统数据的采集、填报、汇总、统计、对接和共享，大大缩减数据传递与报送等环节的时间。规范全市统一的身份数字化认证，加强非涉密信息网上传输，加大全系统网络纵向和横向互联互通力度，提高行政办公效率。二是开通办公直通车。开通办公直通车，将非涉密的会议通知、工作指导性文件，第一时间送达基层党组织，鼓励下级党组织班子成员、科室等直接与上级党组织相应成员直接对话交流，不断缩短办公时间，提高办公效率。同时，利用短信平台，对重大事项、重点工作进行及时提醒，实现任务随时派发、进度随时查看、问题即时反馈，让党建工作不受时间、空间束缚，随时随地都可以办公，开启"互联网＋办公"新常态。三是考核办公数据化。通过多渠道采集各种信息，采取数据分析手段及时跟踪和了解基层党建工作情况，融入精细管理、绩效管理、目标管理等，吸收严肃党内政治生活细则、基层党组织积分制管理办法等标准，加大定量指标的权重，建立自下而上的"上级评价、自我评分、群众打分、平台统分、系统分析"5个层次的基层党组织和党员考核监督评价体系，各基层党组织和党员完成考评中的规定内容，系统自动生成结果，自动打分定级。

助持续扶贫、搭展示化功能化平台。一是村级集体经济引领发展。搭建村集体经济产品展示平台，设定集体经济查看、维护、统计等功能，各村级党支部根据需要上传包括产品名称、类型、简介、图片、售价、计量单位、生产基地、联系电话、购买方式等内容后，经乡镇党委管理员审批后得以展示，真实反映集体经济发展变化，帮助各级党组织掌握实时数据，供下步分析发展产业，着力推进村级集体经济产业品牌战略体系建设引领经济发展。二是春晖带动助力发展。结合"民心党建＋'三社'融合促'三变'＋春晖社"改革，着力"三库一平台"建设助力村级发展。全面统计春晖社和乡友人才基本信息，建立完善春晖社成员、春晖使者、乡友人才三个信息库；制定春晖社章程，探索建立"春晖基金"，搭建信息沟通平台，促进农村生产力、生产关系和资源要素等更好融合，形成党政领导、共青团主导、村"两委"引导、社会各界支持、群众广泛参与的工作格局，助力农村经济社会持续快速发展。三是驻村管理推动发展。切实加强全市1100名机关干部、130名第一书记和425名驻村帮扶干部的网上管理，各级党组织按月查看第一书记包括月工作日数、请假、外出、缺勤等签到记录，并根据工作时间段不在所在村2公里范围内或最后一次位置上传时间超过4小时的情况，确定是否在岗，进一步做好监督管理，推动脱贫帮扶工作更精准。同时，列出派出单位帮扶查看、维护和统计等功能，着力掌握帮扶进度，确保帮扶工作实现帮扶精准见成效。

"智慧门牌"应用

2014年12月贵阳市云岩区公安局率先应用智慧门牌管理系统，之后智慧门牌应用陆续扩展应用在贵阳、六盘水、安阳、赣州、绵阳等地区城市管理工作之中。该系统由贵州零壹科技有限公司研发，是基于标准地址二维码等技术开发的智慧城市块数据管理平台，由智慧门牌＋房管助手App＋智慧门牌管理平台等软硬件组成。通过智慧门牌应用，结合公安等业务部门的实际业务需求，积极推动城市管理"以静制动"，提高人口管理效率；加强城市管理基础信息化建设，规范数据出入口，增强数据保鲜度；智慧门牌的建设实现了一牌多用，降低城市管理和建设成本，助力智慧城市的建设。

图3　智慧门牌示例

　　智慧门牌应用可以有效破解流动人口管理难、智慧城市地址管理难、城市基础地理空间数据分散孤立、信息采集管理机制效率低等城市管理难题。在实际使用过程中，城管部门扫描房屋智慧门牌，获得的是房屋违建、卫生费缴纳信息，而卫生健康管理部门则可轻松获得已婚育龄人员、未婚育龄人员、新生儿童的详细信息。通过智慧门牌应用系统，可以实现多种功能。一是实现地址标准化，夯实数据共享基础。在城市管理中，人、事、地、物、组织信息（比如房产、水、电、气、电信等）常因地址标准不统一，无法实现数据叠加，影响多部门协同治理效果。智慧门牌应用以标准地址为基础开展城市数据化建设，让分散在政府各职能部门的人、事、地、物、组织数据无缝叠加，实现数据可复用、可叠加，提高智慧城市管理水平。二是可实现一码多用，让各类民生服务得以个性化提供。智慧门牌通过活码技术，实现公安、住建、城管、工商、水电气等业务部门以及市民、游客等群体分类使用，根据扫码人员身份提供对应的服务，实现服务个性化定制。三是

"互联网＋政务"落地在居民家门口，服务最后一公里。整合公安、住建、城管、计生、民政、教育、水电气等业务，实现业务归口管理，通过智慧门牌，将"政务大厅"搬到居民家门口，通过利用OCR、业务在线预约、在线办理等技术和手段，快速实现信息录入和关联，有效实现"互联网＋政务"中政务服务最后一公里。四是实现数据多源流入，让管理和服务自流程化。智慧门牌借力活码技术，创新数据多源汇聚，利用大数据技术手段，实现数据的自我修复、自我比对，人口、房屋自动分色，任务自动推送，实现城市治理的精准化治理、精准化防范、精准化服务、自流程化服务。五是可以规范出租屋管理，实现流动人口动态管控。通过智慧门牌，房屋出租人和承租人可通过智慧门牌实时更新和发布房屋租赁信息，为基层减负、降低基层工作人员基础数据采集工作量的同时，实现对人员实现动态管控，比如出租人录入的承租人信息中出现可疑人员信息，系统则会自动预警，这样保障出租人安全利益，调动了出租人参与社会治理的积极性。

B.21
贵州大数据发展大事记（2012~2018）

2012年

1月12日　国务院印发《关于进一步促进贵州经济社会又好又快发展的若干意见》（国发〔2012〕2号），将贵州发展上升为国家发展战略，从财税、投资、金融、土地、人才等方面给予一系列优惠政策，为贵州科学发展、转型发展、跨越发展，与全国同步实现全面小康提供政策支撑。

11月9日　贵州省委、省政府出台《关于加强信息产业跨越发展的意见》（黔党发〔2012〕27号），明确"构建以贵安新区为核心，贵阳市、遵义市为两极，多地协同发展的'一区、两极、七基地'产业格局"，全力抢占新一代信息技术发展先机。

2013年

7月　贵州省委、省政府发布《贵州省云计算产业发展战略规划》，规划明确通过设立云计算产业园、制定扶持政策，实施六个重点项目，在贵州打造完整的云计算产业链。

9月8日　贵阳市人民政府与中关村科技园区管理委员会在贵阳正式签署战略合作框架协议，并为"中关村贵阳科技园"揭牌，成功结盟"国家自主创新示范区"与"全国生态文明示范城市"两个国家级示范区。北京与贵阳城市发展的战略结盟为大数据发展提供强大的技术、产业、人才支撑。

10月21日　中国电信云计算贵州信息园项目和富士康贵州第四代绿色产业园在贵安新区开工建设。

12月16日　中国联通（贵安）云计算基地和中国移动（贵州）数据中心项目在贵安新区开工建设。

2014年

1月6日　国务院印发《关于同意设立贵州贵安新区的批复》（国函〔2014〕3号），同意设立国家级新区——贵州贵安新区，贵安新区成为第八个国家级新区。贵安新区的目标定位是打造我国西部地区重要的经济增长极、内陆开放型经济新高地和生态文明示范区。

2月19日　《贵州贵安新区总体方案》经国务院原则同意后，由国家发展和改革委员会印发贵州省政府和国务院各部委、各直属机构。

2月25日　贵州省人民政府印发《关于加快大数据产业发展应用若干政策的意见》和《贵州省大数据产业发展应用规划纲要（2014～2020年)》。《意见》明确将从多方面发力，推动大数据产业成为贵州经济社会发展的新引擎。《纲要》提出贵州将以三个阶段推动大数据产业稳步快速发展，到2020年成为全国有影响力的战略性新兴产业基地。

3月1日　贵州·北京大数据产业发展推介会在北京举行。京黔两地分别在信息基础设施、数字资源集聚和管理、产业链支撑能力重大战略性应用与示范、产业布局、安全保障能力等方面展开大数据产业发展的深度合作。

3月27日　在第四届中国数据中心产业发展联盟大会暨IDC产品展示与资源洽谈交易大会上，贵阳被评为"最适合投资数据中心的城市"。

5月1日　《贵州省信息基础设施条例》正式颁布实施，该《条例》是全国第一部关于信息基础设施建设的地方性法规。

5月28日　贵州省大数据产业发展领导小组成立，贵州省省长陈敏尔担任组长，省委常委、副省长秦如培，省委常委、贵阳市委书记陈刚担任副组长。

8 月 21 日 2014 贵阳云计算——大数据高峰论坛暨大数据产业技术联盟揭牌仪式在贵阳举行，在高峰论坛上，来自戴尔、英特尔、甲骨文、华为等国内外知名企业的专家共同探讨大数据产业发展的未来；技术联盟将联合全球大数据企业、教育机构和研究机构，形成共生共荣的大数据产业链。

9 月 14 日 2014 中国"云上贵州"大数据商业模式大赛正式启动，该赛事募集大数据商业模式，与招商引资、引智入黔相结合，将催生更多的颠覆性创新，推动经济新常态下贵州传统产业的转型和升级。

10 月 15 日 "云上贵州"系统平台正式上线运营，该系统平台成为全国第一个统筹省级政府数据存储、交换、管理、共享的大数据云服务平台。

11 月 21 日 贵州省人民政府印发《信息基础设施建设三年会战实施方案（2015～2017 年）》（黔府发〔2014〕31 号），推动全省信息基础设施加快建设，以基础兴产业，以基础促消费，推动以大数据为引领的信息产业发展水平和信息消费能力迈上新台阶，为全省经济社会加快发展提供强有力的支撑。

12 月 20～22 日 "2014 阿里云开发者大会西南峰会"在贵阳举办，这是阿里巴巴集团首次将阿里云开发者大会放在杭州以外的地区举办，贵州与阿里巴巴进一步加强深度合作。

2015年

1 月 6 日 贵阳市委、市政府下发《关于加快大数据产业人才队伍建设的实施意见》，为贵阳打造成为全国大数据产业先行区和西部智能终端产业基地提供人才支撑。

2 月 12 日 工业和信息化部批准创建"贵阳·贵安大数据产业发展集聚区"，全国首个国家级大数据发展集聚区正式落户贵州，标志着"中国数谷"正式落户贵州。

3 月 《贵安新区推进大数据产业发展三年计划（2015～2017 年)》出台，该计划将实施完善"贵安云谷"基础设施、建立大数据资源平台、搭建公共服务平台、加速产业集聚示范四大重点任务，配套实施相关的重点工程和项目，推进大数据产业培育成为贵安新区重要的战略性新兴产业。

4月14日 全球第一家大数据交易所——贵阳大数据交易所（GBDEX）正式挂牌运营并完成首批大数据交易。

5月1日 贵阳全域免费WiFi项目第一期工程投入运行，贵阳成为中国首个全域公共免费WiFi城市。

5月24日 北京市科学技术委员会和贵阳市人民政府在贵阳举行京筑创新驱动区域合作年会，会上双方共同建立的大数据战略重点实验室揭牌。

5月26～29日 全球首次以大数据为主题的峰会和展会——贵阳国际大数据产业博览会暨全球大数据时代贵阳峰会举行，主题为"大数据时代的变革、机遇和挑战"。

6月17日 中共中央总书记、国家主席、中央军委主席习近平在贵州调研时，来到贵阳市大数据广场，走进大数据应用展示中心，听取贵州大数据产业发展、规划和实际应用情况介绍，指出"贵州发展大数据确实有道理"。

7月15日 科技部正式函复贵州省人民政府，同意支持贵州省开展"贵阳大数据产业技术创新试验区"建设试点。

8月31日 国务院印发《促进大数据发展行动纲要》（国发〔2015〕50号），明确提出"推进贵州等大数据综合试验区建设"，贵州大数据综合试验区建设正式进入国家战略。

9月18日 贵州省人民政府召开新闻发布会，正式启动国家大数据（贵州）综合试验区建设，通过3～5年努力，将贵州大数据综合试验区建设为全国数据汇聚应用的新高地，这也是国务院印发《促进大数据发展行动纲要》后我国启动的首个大数据发展区域试点。

11月17日 贵阳市公安交通管理局与百度地图签署战略合作框架协议，双方依托交通大数据资源和百度公司优势技术，在数据挖掘与民生应用方面开展深度合作。

11月30日 上海贝格计算机数据服务有限公司与贵安新区签署共建贵

安大数据小镇合作协议，双方合作共建贵安数据小镇。

12月1日　贵州省人民政府与IBM签署云计算大数据产业合作备忘录，双方将围绕大数据及云计算技术，在人才培养、技术创新研发、新技术应用、产业发展等方面展开全面合作。

12月23日　贵州省社会科学院组建大数据政策法律创新研究中心，该中心依托贵州省哲学社会科学"大数据研究"创新工程和"大数据治理学"重点学科，对贵州省大数据产业、管理、政策、法制的应用对策及创新发展进行研究。

2016年

1月8日　全国首家大数据金融产业联盟正式落户贵阳，全国首家大数据评估实验室在贵阳正式揭牌。

1月15日　贵州省十二届人大常委会第二十次会议第三次全体会议通过《贵州省大数据发展应用促进条例》，标志着全国首部大数据地方性法规在贵州诞生。

1月17日　全球芯片巨头高通和贵州省人民政府签署战略合作协议，并为合资企业贵州华芯通半导体技术有限公司揭牌。同日，2016中国国际电子信息创客大赛暨"云上贵州"大数据商业模式大赛在北京举行的中国电子信息创新创业高峰论坛上正式启动。

2月25日　国家发展改革委、工业和信息化部、中央网信办联合发函批复，同意贵州省建设国家大数据（贵州）综合试验区，标志着贵州作为全国首个国家级大数据综合试验区建设进入正式议程，贵州成为全国首个获批建设的国家级大数据综合试验区。

3月1日　全国首部大数据地方性法规《贵州省大数据发展应用促进条例》开始施行。

3月2日　云上贵州·大数据招商引智（北京）推介会在北京举行，国家大数据（贵州）综合试验区在本次会上揭牌。

5月24日 工业和信息化部授予贵州"贵州·中国南方数据中心示范基地"称号，贵州成为我国首个获批的数据中心示范基地。

5月25～29日 中国大数据产业峰会暨中国电子商务创新发展峰会在贵阳召开，中共中央政治局常委、国务院总理李克强出席本次数博会开幕式并做了重要讲话。

6月3日 贵州大数据战略行动推进大会在贵阳召开，贵州省委书记、省人大常委会主任陈敏尔强调，要坚定不移地实施大数据战略行动，加快国家（贵州）大数据综合试验区建设。

9月5日 贵州省委常委、贵阳市委书记陈刚调研贵州金融城建设情况，强调要突出大数据金融特色，坚持建设与发展并重，提升功能配套、形成新的发展模式和发展业态，省市联手打造贵州金融城。

10月18日 贵州省召开网络安全和信息化领导小组会议，马宁宇被正式任命为贵州省政府副秘书长及省大数据发展管理局局长，标志着全国首个省厅级大数据管理机构正式成立。

11月8日 国家发改委批复贵州建设全国首个国家大数据工程实验室，主要应用于提升政府治理能力的大数据应用技术国家工程实验室。同日，"中英大数据港"在贵阳揭牌。

12月1日 贵州省大数据发展管理局将云上贵州大数据灾备服务中心授牌给中国电信贵州公司；中国电信贵州公司联合华为、阿里巴巴、甲骨文、华三、曙光、东软、浪潮、中兴、信通院、长城网际、神州数码等40多家业界知名企业共同发起了成立贵州电信大数据产业联盟。

12月28日 国务院国资委率多家中央企业来到贵阳，为贵州大数据产业注入央企力量。

2017年

1月3日 国务院办公厅发布《国务院第三次大督查发现的地方典型经验做法》共计32项，其中第24项为"贵州省积极推进大数据战略行动促进创新驱动发展"，贵州大数据发展风生水起，大数据战略行动促进全省创新驱动、促进经济高质量发展的经验得到国家的认可及表彰。

1月26日 贵州省第十二届人大常委会第四次会议开幕，贵州省代省长孙志刚做政府工作报告时表示，"十三五"时期，贵州将重点实施大扶贫、大数据战略行动，将大数据作为该省弯道取直、后发赶超的战略引擎，运用大数据推动经济发展加快转型、社会治理能力快速提升和公共服务水平全面提升。

2月6日 经贵州省人民政府同意，贵州省大数据发展领导小组办公室印发《贵州省数字经济发展规划（2017～2020年）》（黔数据领办〔2017〕2号），该规划是全国首个发布的省级数字经济发展专项规划。

3月12日 中共贵州省委、省人民政府印发《关于推动数字经济加快发展的意见》（黔党发〔2017〕7号），这是全国第一个省级关于推动数字经济发展的实施意见。

4月11日 贵阳市人大常委会召开新闻发布会，发布《贵阳市政府数据共享开放条例》。该《条例》于2017年5月1日起正式实施，这是全国第一部政府数据共享开放的地方性法规。《条例》将国家、省、市关于政府数据共享开放的相关规定和贵阳市实践中的成功做法提炼在法规中并进行固化，使政府数据共享开放进入法制轨道运行。

4月16日 中国共产党贵州省第十二次代表大会在贵阳开幕，省委书记、省人大常委会主任陈敏尔代表十一届省委做报告，报告提出今后五年，贵州省将全力实施大扶贫、大数据、大生态三大战略行动。大数据成为贵州省"三大战略行动"的重要组成部分。

5月26日 贵州省人民政府发展研究中心在2017数博会上发布《贵州省大数据发展报告（2016）》（简称"白皮书"），该白皮书是全国第一部系统总结大数据发展成就及经验的政府发展报告。白皮书综述了自2012年以来，贵州省积极推进大数据战略行动、大数据发展从探索起步到腾飞的简要历程，从十个方面总结了贵州省大数据发展主要做法及成效，阐明了未来贵州大数据的发展重点。

5 月 26～29 日　由国家发展改革委、工业和信息化部、国家互联网信息办公室、贵州省人民政府共同主办的 2017 中国国际大数据产业博览会在贵阳市举行，2017 年数博会正式升格为国家级博览会。数博会已经成长为全球大数据发展的风向标，产业界最具国际性、权威性的国际化交流平台。中共中央政治局常委、国务院总理李克强为数博会发来贺信，中共中央政治局委员、国务院副总理马凯出席开幕式并发表讲话。本次数博会以"数字经济引领新增长"为年度主题，继续聚焦全球大数据的探索与应用，展示了大数据最新的技术创新成果与应用，成为中国最具国际化、专业化和产业化的高端大数据专业平台。本次数博会取得了丰硕成果、盛况空前，签约项目 119 个，签约金额达 167 亿元，对接企业共计 1479 家，达成签约意向项目 244 个，意向金额达 322.2 亿元。

7 月 12 日　苹果公司宣布将在贵州省建设在中国的第一个数据中心，项目落成后，中国用户的数据将存储在中国的数据中心。贵州省人民政府与苹果公司共同签署了《贵州省人民政府　苹果公司 iCloud 战略合作框架协议》，按照协议，项目在贵州的投入将达到 10 亿美元，项目由云上贵州公司负责运营，苹果公司提供技术支持，云上贵州大数据产业发展有限公司成为苹果公司在中国大陆运营 iCloud 服务的唯一合作伙伴，在 iCloud 落户贵州后，双方将共同为中国广大用户提供更加畅快、更加可靠的 iCloud 体验，更好地为中国消费者服务。

8 月 3 日　华为七星湖数据存储中心在贵安新区开工。该数据中心将存储华为在全球 170 个国家的管理数据，今后华为的高层、重点培养人才都将云集贵州，每年进入七星湖数据中心的人数将超过万人。

8 月 23 日　贵州省委常委、副省长秦如培率队前往杭州，与阿里巴巴集团董事局主席马云举行会谈，双方在大数据发展全面提速的背景下召开了深化战略合作的第三次推进会，就如何深化云计算和大数据等领域深入合作。贵州省再次与阿里巴巴加强合作，推进云上贵州系统平台建设、大数学院和人才培养、农村淘宝、菜鸟物流、大数据安全实验室等，将便捷支付试点向全省中心城市和重点旅游城市推开，共同打造兴农扶贫频道助力扶贫脱贫攻坚，扩大全域旅游智慧旅游网格化综合提升，将贵州作为阿里巴巴新业务的试验基地。

10月15日 继2017年7月国务院发布《新一代人工智能发展规划》、新一代人工智能发展上升为国家战略后，贵州省率先制定并发布省级智能发展规划《智能贵州发展规划（2017~2020年)》，对智能制造、智能旅游、智慧能源、智能交通服务、智能医疗健康、智能精准扶贫、智能生态环保等领域的发展进行了规划布局，积极构建贵州智能发展新格局。

12月6日 贵州省人民政府发展研究中心发布《贵州省大数据深度融合发展研究报告》，报告总结全省大数据融合发展情况，剖析面临的痛点难点，提出推动贵州省大数据深度融合发展的对策建议。

12月14日 健康医疗大数据中心第二批国家试点启动仪式在济南举行，根据部署，健康医疗大数据中心第二批国家试点将在山东、安徽、贵州三个省开展，与江苏、福建（属第一批试点省）作为东南西北中五个健康医疗大数据区域中心建设及互联互通试点省，同时，要求各试点省按照国务院的统一部署和要求，结合本省实际，加强省部共建，加快建设健康医疗大数据区域中心及国家、省、市、县四级互联互通信息平台，深化健康医疗大数据的规划应用发展。

12月20日 贵州省人民政府与国家统计局在北京签署《共办大数据统计学院战略合作协议》，协议要求双方将从构建大数据统计智慧服务体系、融合科研体系、人才培养体系等方面共同推进大数据统计学院建设，大数据统计学院将按照"2＋N"模式合作共办，"2"是指国家统计局、贵州省人民政府，"N"是指贵州省统计局、贵州财经大学、贵州省大数据发展管理局、贵州省教育厅等省直有关部门及单位。

2018年

1月18日 在贵阳东盟国际会议中心举行的"政产学研大数据融合应用（贵州）研讨会"上，贵州省大数据发展管理局与中国知网共同发布了

"贵州大数据智库平台"，该平台为贵州各级政府提供面向具体问题的全过程精确知识服务和决策支撑。

1月24日 "云上贵州"商标通过国家工商总局商标局的评审认定，这标志着"云上贵州"即日起在使用过程中受到法律的保护。

2月11日 贵州省人民政府印发《贵州省实施"万企融合"大行动打好"数字经济"攻坚战方案的通知》（黔府发〔2018〕2号），并编制《大数据与实体经济深度融合评估体系》，在全省14947户实体经济企业中推广应用，加快大数据与实体经济深度融合，助力数字经济发展，加速推进国家大数据综合试验区建设。

3月22日 贵州省交通运输厅、省大数据发展管理局召开会议，安排全省"通村村"农村出行服务平台全省推广应用工作。"通村村"是全国首个解决农村群众出行难、小件物流进山出山难的智慧交通调度系统，是通过信息化与大数据技术让更多农村群众享受到改革红利的一项重要举措。

5月24日 以"融合·创新·智造"为主题的2018数博会数字化转型推动企业发展百鸟河大会暨全国CIO大会在贵州省惠水县百鸟河数字小镇开幕，吸引了600余家企业代表参会，共谋大数据合作、共促大数据发展、共享大数据红利。近年来，百鸟河数字小镇发展大数据的优势越来越突出，集聚效应越来越明显，正在成为大数据产业发展"新高地"，并与百度、HTC、联想等知名企业纷纷"牵手"。

5月25日 由贵州省社会科学院负责开发建设的贵州省社会科学云服务平台（简称"社科云"）正式上线试运行，这是全国社会科学院系统的首家社会科学大数据平台。

5月26日 以"数化万物、智在融合"为主题的2018数博会在贵州省贵阳市开幕。本届数博会盛况空前，展览面积达6万平方米，参展的中外企业达388家，参会的中外嘉宾超过4万人，成为全球主要的大数据产业交流合作平台。

5月26日 国家大数据（贵州）综合试验区暨中国国际大数据产业博览会专家咨询委员会成立，在大数据领域具有较高代表性和权威性的专家学者受聘为专家咨询委员会委员。此后，贵州在推动大数据与各行各业深度融合、人才培养等方面将获得强大的智力支撑。

5月28日 作为2018中国国际大数据博览会系列活动之一，生态文明研究网（生态文明研究数据库）上线试运行新闻发布会在贵州省社会科学院举行。生态文明研究网（生态文明研究数据库）由贵州省社会科学院、中国社会科学院社科文献出版社、多彩贵州网有限责任公司联合建设，旨在打造生态文明研究门户网站，建设学术专题数据库，未来能将其建成生态文明研究的大数据平台，为我国生态文明建设提供权威、专业的智库成果，为政府生态文明建设实践提供决策参考，为生态文明研究提供交流共享的平台。

6月6日 贵州省发改委批复同意《贵州省大数据产业基金组建方案》，这标志着贵州省大数据领域首只由省级政府出资设立的产业基金正式成立。基金的组建将有效撬动社会资本，通过基金的杠杆作用，引入更多社会资本，有效拓宽大数据企业融资渠道，提升企业市场竞争能力，助推贵州省大数据产业发展迈上新台阶，助力数字贵州加快发展。

8月3~5日 贵州省大数据发展管理局会同贵州省投资促进局组织全省各市（州）、贵安新区的大数据、投资促进等主管部门，在深圳开展招商推介洽谈会，开展项目投资对接洽谈。

8月29日 在2018年国务院大督查中，贵州主动请求对大数据产业进行督查，在"规定动作"外主动请督增加"自选动作"，此举展现了大数据产业在贵州的地位。

9月13日 国家技术标准创新基地（贵州大数据）在贵阳高新区揭牌成立，这是继贵州省2017年2月在全国率先组建大数据标准化技术委员会后，在抢占大数据标准化"制高点"上的又一重大举措，也标志着贵州省成为全国首个建设大数据国家技术标准创新基地的省份。

10月19日 云上贵州大数据（集团）有限公司成立，中国贵州茅台酒厂（集团）有限责任公司以4.5亿元入股，位列贵州省政府国有资产监督管理委员会之后成为第二大股东，贵州金融控股（集团）有限责任公司、贵阳市工业投资（集团）有限公司、贵州双龙航空港开发投资（集团）有限公司分别为第三、第四、第五大股东。

10月25日 贵州省黔南州领导带队与都匀市、惠水县等相关领导赴北京考察北京同方软件股份有限公司等企业，并就惠水县与同方公司的智慧城市大数据项目进行深入洽谈并举行正式的签约仪式。

10月31日 医疗大数据及人工智能研发企业"医渡云"落户贵州，成为国家大数据（贵州）综合试验区的首家医疗大数据创新企业，为贵州大数据产业发展注入了新的力量。

11月19日 大数据产业技术联盟在贵阳高新区成立，成立仪式上宣布贵州大数据产业创新平台落户贵阳。这一联盟旨在通过促进产业生态与大数据融合、传统行业与新兴产业融合、学术机构与产业界融合，为大数据资源整合、跨域合作、技术应用及创新等做出积极贡献。

12月5日 贵州科学院组建大数据研究院，该研究院旨在应用互联网技术、物联网技术、云计算和大数据技术，创新体制机制，广聚八方人才，着力成果转化，服务区域经济，实现合作共赢。

12月13~14日 贵州航天云网科技有限公司和贵阳朗玛信息技术股份有限公司入选《2018年度中国产业互联网TOP100》排行榜，为贵州传统产业与互联网相互融合、全产业链发展、产业互联网的研究和实践树立了标杆。

12月19日 贵州省大数据发展管理局与贵州股权交易中心签订战略合作协议，充分发挥省大数据发展管理局政策、企业资源和技术等方面的优势，联手助力贵州省大数据企业做强、做大、做优。

社会科学文献出版社

皮书系列

❖ 皮书起源 ❖

"皮书"起源于十七、十八世纪的英国，主要指官方或社会组织正式发表的重要文件或报告，多以"白皮书"命名。在中国，"皮书"这一概念被社会广泛接受，并被成功运作、发展成为一种全新的出版形态，则源于中国社会科学院社会科学文献出版社。

❖ 皮书定义 ❖

皮书是对中国与世界发展状况和热点问题进行年度监测，以专业的角度、专家的视野和实证研究方法，针对某一领域或区域现状与发展态势展开分析和预测，具备原创性、实证性、专业性、连续性、前沿性、时效性等特点的公开出版物，由一系列权威研究报告组成。

❖ 皮书作者 ❖

皮书系列的作者以中国社会科学院、著名高校、地方社会科学院的研究人员为主，多为国内一流研究机构的权威专家学者，他们的看法和观点代表了学界对中国与世界的现实和未来最高水平的解读与分析。

❖ 皮书荣誉 ❖

皮书系列已成为社会科学文献出版社的著名图书品牌和中国社会科学院的知名学术品牌。2016年，皮书系列正式列入"十三五"国家重点出版规划项目；2013~2019年，重点皮书列入中国社会科学院承担的国家哲学社会科学创新工程项目；2019年，64种院外皮书使用"中国社会科学院创新工程学术出版项目"标识。

权威报告·一手数据·特色资源

皮书数据库
ANNUAL REPORT(YEARBOOK)
DATABASE

当代中国经济与社会发展高端智库平台

所获荣誉

- 2016年，入选"'十三五'国家重点电子出版物出版规划骨干工程"
- 2015年，荣获"搜索中国正能量 点赞2015""创新中国科技创新奖"
- 2013年，荣获"中国出版政府奖·网络出版物奖"提名奖
- 连续多年荣获中国数字出版博览会"数字出版·优秀品牌"奖

成为会员

通过网址www.pishu.com.cn访问皮书数据库网站或下载皮书数据库APP，进行手机号码验证或邮箱验证即可成为皮书数据库会员。

会员福利

- 已注册用户购书后可免费获赠100元皮书数据库充值卡。刮开充值卡涂层获取充值密码，登录并进入"会员中心"—"在线充值"—"充值卡充值"，充值成功即可购买和查看数据库内容。
- 会员福利最终解释权归社会科学文献出版社所有。

数据库服务热线：400-008-6695
数据库服务QQ：2475522410
数据库服务邮箱：database@ssap.cn
图书销售热线：010-59367070/7028
图书服务QQ：1265056568
图书服务邮箱：duzhe@ssap.cn

社会科学文献出版社 皮书系列
SOCIAL SCIENCES ACADEMIC PRESS (CHINA)

卡号：482889572375
密码：

S 基本子库
UB DATABASE

中国社会发展数据库（下设 12 个子库）

全面整合国内外中国社会发展研究成果，汇聚独家统计数据、深度分析报告，涉及社会、人口、政治、教育、法律等 12 个领域，为了解中国社会发展动态、跟踪社会核心热点、分析社会发展趋势提供一站式资源搜索和数据分析与挖掘服务。

中国经济发展数据库（下设 12 个子库）

基于"皮书系列"中涉及中国经济发展的研究资料构建，内容涵盖宏观经济、农业经济、工业经济、产业经济等 12 个重点经济领域，为实时掌控经济运行态势、把握经济发展规律、洞察经济形势、进行经济决策提供参考和依据。

中国行业发展数据库（下设 17 个子库）

以中国国民经济行业分类为依据，覆盖金融业、旅游、医疗卫生、交通运输、能源矿产等 100 多个行业，跟踪分析国民经济相关行业市场运行状况和政策导向，汇集行业发展前沿资讯，为投资、从业及各种经济决策提供理论基础和实践指导。

中国区域发展数据库（下设 6 个子库）

对中国特定区域内的经济、社会、文化等领域现状与发展情况进行深度分析和预测，研究层级至县及县以下行政区，涉及地区、区域经济体、城市、农村等不同维度。为地方经济社会宏观态势研究、发展经验研究、案例分析提供数据服务。

中国文化传媒数据库（下设 18 个子库）

汇聚文化传媒领域专家观点、热点资讯，梳理国内外中国文化发展相关学术研究成果、一手统计数据，涵盖文化产业、新闻传播、电影娱乐、文学艺术、群众文化等 18 个重点研究领域。为文化传媒研究提供相关数据、研究报告和综合分析服务。

世界经济与国际关系数据库（下设 6 个子库）

立足"皮书系列"世界经济、国际关系相关学术资源，整合世界经济、国际政治、世界文化与科技、全球性问题、国际组织与国际法、区域研究 6 大领域研究成果，为世界经济与国际关系研究提供全方位数据分析，为决策和形势研判提供参考。

法律声明

  "皮书系列"（含蓝皮书、绿皮书、黄皮书）之品牌由社会科学文献出版社最早使用并持续至今，现已被中国图书市场所熟知。"皮书系列"的相关商标已在中华人民共和国国家工商行政管理总局商标局注册，如LOGO（🖐）、皮书、Pishu、经济蓝皮书、社会蓝皮书等。"皮书系列"图书的注册商标专用权及封面设计、版式设计的著作权均为社会科学文献出版社所有。未经社会科学文献出版社书面授权许可，任何使用与"皮书系列"图书注册商标、封面设计、版式设计相同或者近似的文字、图形或其组合的行为均系侵权行为。

  经作者授权，本书的专有出版权及信息网络传播权等为社会科学文献出版社享有。未经社会科学文献出版社书面授权许可，任何就本书内容的复制、发行或以数字形式进行网络传播的行为均系侵权行为。

  社会科学文献出版社将通过法律途径追究上述侵权行为的法律责任，维护自身合法权益。

  欢迎社会各界人士对侵犯社会科学文献出版社上述权利的侵权行为进行举报。电话：010-59367121，电子邮箱：fawubu@ssap.cn。

社会科学文献出版社